玩转 MTK 系列丛书

MTK 应用开发从入门到精通

曙海集团嵌入式学院　李现路　编著

北京航空航天大学出版社

内 容 简 介

本书作者具有丰富的项目开发经验,以项目开发中所遇到的常见开发问题为依据,循序渐进地对 MTK 开发进行了深入浅出的阐述,内容详尽,实例丰富,有大量源代码例子供读者参考。

本书的应用开发部分重点讲解了 MMI 资源的使用、高级控件的使用、按键操作、触摸屏操作、高级模板、输入法、多国语言、网络编程、任务的使用、串口操作、iPhone 高仿案例、MTK Java 开发等。驱动开发部分主要讲解了 LCD 移植、触摸屏配置、摄像头、SD 卡、中断、GPIO 口、声音、Flash、键盘、USB、AUX 等开发。基本涉及驱动开发的所有常用方面,以案例方式讲解,易于掌握;且提供了驱动源代码。

随书所有实例源代码都可以从北航出版社网站(www.buaapress.com.cn)"下载专区"或www.51qianru.com/mtkcode.htm 免费下载。

本书适合想从事 MTK 开发以及已经从事 MTK 开发的工程师阅读,也可用作高校教材或企业内训教材。

图书在版编目(CIP)数据

MTK 应用开发从入门到精通 / 李现路编著. --北京：北京航空航天大学出版社,2012.2
ISBN 978 - 7 - 5124 - 0684 - 1

Ⅰ. ①M… Ⅱ. ①李… Ⅲ. ①移动电话机—芯片—技术开发 Ⅳ. ①TN929.53

中国版本图书馆 CIP 数据核字(2011)第 274290 号

版权所有,侵权必究。

MTK 应用开发从入门到精通
曙海集团嵌入式学院　李现路　编著
责任编辑　刘　标　郭　燕　董立娟
*
北京航空航天大学出版社出版发行
北京市海淀区学院路 37 号(邮编 100191)　http://www.buaapress.com.cn
发行部电话:(010)82317024　传真:(010)82328026
读者信箱: emsbook@gmail.com　邮购电话:(010)82316936
涿州市新华印刷有限公司印装　各地书店经销
*
开本:787×960　1/16　印张:25.25　字数:566 千字
2012 年 2 月第 1 版　2012 年 2 月第 1 次印刷　印数:4 000 册
ISBN 978 - 7 - 5124 - 0684 - 1　定价:49.00 元

若本书有倒页、脱页、缺页等印装质量问题,请与本社发行部联系调换。联系电话:(010)82317024

前言

　　MTK平台的手机俗称国产机、山寨机,目前在中国的市场占有率达到70%,而且已经走出国门远销印度、东南亚、中东、非洲、拉美等地区。很多MTK手机开发厂商已经从山寨、小规模逐渐向品牌高附加值转变。由于MTK平台的特点(程序员直接操作平台源代码),也产生出一批从MTK平台走出来的厂商,他们基于MTK平台去开发其他衍生产品,如智能安防、远程监控、手持Pos机等。

　　MTK方兴未艾,但是市场上关于MTK开发的资料少之又少,略显单薄。本书从企业项目实践出发,结合作者多年的项目开发经验,围绕个人学习和企业开发中常见的问题进行阐述,深入浅出,尽量既让从来没有从事过MTK开发的读者看明白、读懂,又让正在从事MTK开发的工程师能从本书中获得项目开发过程中疑问的答案。

本书的特点:
- 既讲解了MMI应用开发,又讲解了MTK平台的驱动开发,且实战案例丰富。
- MMI的开发讲解得比较系统,从资源的构建到高级控件的使用以及企业项目开发中常见的开发方向都进行了阐述,如Socket开发、高仿iPhone、任务、串口开发、短信开发、SIM开发等。
- 驱动开发突出了实战性,以案例的方式讲解,即使没有驱动开发基础的读者也能看得懂,同时又能把握某个外设驱动的开发完整流程。
- 有丰富的案例,通过研究这些案例读者能在实践中迅速把握开发要点和开发思想。
- 遵循教育心理学,循序渐进,深入浅出地介绍相关知识点,一步步带领读者进入MTK开发的殿堂。
- 涵盖了企业在项目开发中所涉及的各方面,并且对每个方面的内容作了充分详尽的讲解,力争做到有深度。
- 本书所有源代码都经过实际验证,部分代码取自作者在曙海集团的开发项目,应该说

前言

这些含金量很高。

本书的读者对象：

① 从没接触过 MTK 平台，想进入该领域的读者。

② 已经在进行 MTK 开发，在开发中遇到阻力的读者。

③ 做企业 MTK 内训的单位。

④ 高校教师或学生，本书可用作高校 MTK 课程的教材。

本书内容及重点：

第 1 章为 MTK 的前生今世：介绍 MTK 产生的背景、各平台的对比、历史版本、MTK 平台的优势及发展趋势等。

第 2 章为 MTK 平台工作原理与架构：通过阅读本章内容，可以了解各种开机流程，理解 MTK 平台的启动原理，同时对平台的硬件原理有更深的理解。本章也介绍开发应用程序和驱动程序应该关注的目录和文件。

第 3 章为开发前的准备工作：介绍 MTK 开发所需软件和编译工具的介绍，重点介绍 Flash Tool、Source Insight、分布式编译软件 IncrediBuild 等工具的使用。

第 4 章为典型应用程序开发流程及资源的综合使用：学习本章的内容时，要重点掌握 MTK 平台基本应用程序和独立模块应用程序的开发方法。资源构建的过程非常繁琐，尤其是菜单资源的使用更是如此。要想很好地掌握本章的内容，一个便捷的方法就是掌握本章中"字符串、菜单、图片资源和对话框的综合使用"的例子。

第 5 章为绘画、图像、背景和层：学习本章的内容时，要重点把握各种绘画函数是怎样使用的，同时重点掌握三个方面的内容，一是理解图像和动画的显示方式，二是掌握控制背景的结构体的使用，三是掌握层的创建、激活、合并以及通透等特殊效果的实现。

第 6 章为控件、键盘和触摸屏编程：在本章学习中，要重点掌握菜单控件和各种对话框的特性和编程方法以及群组按键和触摸屏的编程过程，同时要理解触摸屏响应函数的注册过程。

第 7 章为屏幕模板与高级模板、控件的构建与使用：学习本章的内容时，要重点关注屏幕模板的构建与使用，以及"模板数据库"和"自绘制控件"等概念。

第 8 章为输入法、字库与文件操作：学习本章内容时，要重点掌握添加输入法的流程。

第 9 章为任务（Task）与定时器：本章的关键是理解任务创建的流程。任务部分要关注消息在其中所起的作用，同时定时器在工作中使用得也很频繁，要重点掌握。

第 10 章为双卡单待开发及 MTK 调试方法：在本章的学习中，要特别注意电话簿中几个数据结构的使用，如 MMI_PHB_ENTRY_BCD_STRUCT PhoneBook[MAX_PB_ENTRIES]、MMI_PHB_LOOKUP_NODE_STRUCT LookUpTable[MAX_LOOKUP_TABLE_COUNT]等，以及双卡单待的移植要点，同时还应重点掌握 Catcher 工具的使用方法。

第 11 章为 Socket：通过本章的学习，读者应掌握 Socket 开发的整个流程。

第 12 章为短信编程：学习本章内容时除了要了解短信的工作流程，还要重点理解本章中商务短信的开发要点。目前在MTK远程监控开发应用中,MTK短信功能起着举足轻重的作用,可以使用它来完成远端设备的控制,所以这部分内容要重点掌握。

第13章为怎样高仿苹果iPhone手机:本章学习的重点是了解高仿应该修改哪些地方,至于修改的具体方式,应重点参考本章最后高仿苹果手机日历和高仿苹果手机的旋转菜单的效果的例子。

第14章为MTK驱动开发:要求深刻理解MTK平台驱动的开发的流程和方法,因此本章的内容在全书中都占有重要地位。

第15章为MTK平台Java应用程序开发:通过本章的学习,要重点掌握Java开发环境的搭建,以及怎样在Java环境下开发应用程序。

致 谢:

编写本书花费了比较长的时间,得到了各方的支持和帮助,在此表示感谢。

感谢北航出版社的大力支持,他们为本书的编写提供了很多指导意见,受益匪浅。

感谢曙海集团的各位领导的支持,感谢曙海嵌入式学院教务处徐国娇老师的支持,她为本书的编写提供了很多建议。感谢曙海项目研发组的全体同仁,他们提供了部分案例的源代码。

正是由于他们的支持才有本书的出现,谢谢他们。

有兴趣的读者,可以登录http://www.51qianru.cn/mtkbbs论坛,与作者进一步沟通;也可以发送电子邮件到:xdhydcd5@sina.com,与本书策划编辑进行交流。

本书所有源代码都可以从北航出版社网站(www.buaapress.com.cn)"下载专区"或www.51qianru.com/mtkcode.htm免费下载。

作　者

2011年10月

目 录

第 1 章 MTK 的前生今世 1
  1.1 时代的呼唤——MTK 平台诞生的前前后后 1
  1.2 竞争者分析——当前主流手机平台介绍及其对比 1
    1.2.1 MTK 平台 2
    1.2.2 Symbian 平台 2
    1.2.3 Windows Mobile 平台 3
    1.2.4 展讯平台 3
    1.2.5 J2ME 3
    1.2.6 Brew 3
    1.2.7 iPhone 3
    1.2.8 Android 4
  1.3 脱颖而出的资本——MTK 平台的优势 4
  1.4 历史的足迹——平台的历史版本以及主要版本的异同 5
  1.5 从山寨到 3G——大步走向智能手机时代的 MTK 6

第 2 章 MTK 平台工作原理与架构 8
  2.1 MTK 平台工作原理及主要芯片的作用 8
  2.2 开机流程和故障检测 10
  2.3 MTK 平台架构 17
    2.3.1 平台架构框图 17
    2.3.2 MTK 平台架构与项目开发 17
  2.4 Nucleus 实时操作系统 17
  2.5 MTK 平台中能自行采购的部分 18
  2.6 平台开发常涉及的目录 18
    2.6.1 MMI 应用程序开发常涉及的目录 18
    2.6.2 驱动开发涉及的目录和重要的文件 19

目录

第3章 开发前的准备工作 ... 21
3.1 MTK 平台所需的软件 ... 21
3.2 重要软件介绍 ... 22
3.2.1 Flash Tool 使用介绍 ... 22
3.2.2 Perl 脚本介绍 ... 30
3.2.3 ActivePerl 的安装 ... 31
3.2.4 ADS1.2 的安装 ... 32
3.2.5 开发环境检测 ... 33
3.2.6 IncrediBuild 的使用 ... 34
3.2.7 Source Insight 的使用 ... 38

第4章 典型应用程序开发流程及资源的综合使用 ... 41
4.1 VC6.0 开发工具 ... 41
4.1.1 对 MMI 工程的编译和调试 ... 42
4.1.2 开发时需要关注的目录 ... 42
4.2 怎样建立一个完整的 MMI 程序 ... 43
4.3 建立一个复杂的具有独立模块的程序 ... 45
4.4 资源 ... 49
4.4.1 资源的使用 ... 50
4.4.2 字符串资源、菜单资源、图片资源、对话框综合使用的案例 ... 51

第5章 绘画、图像、背景和层 ... 59
5.1 MMI 的架构 ... 59
5.2 绘画前的知识准备 ... 60
5.3 绘画函数使用举例 ... 62
5.4 图像 ... 66
5.4.1 图像的显示 ... 66
5.4.2 图像的缩放 ... 67
5.4.3 动画编程 ... 67
5.5 背景 ... 69
5.5.1 背景的概念 ... 69
5.5.2 应用编程举例 ... 70
5.6 层 ... 73
5.6.1 层的创建和使用 ... 73
5.6.2 层的特效实现 ... 75

第6章 控件、键盘和触摸屏编程 ... 79
6.1 控件 ... 79
6.2 屏幕 ... 83
6.2.1 菜单 ... 83
6.2.2 提示框 ... 84
6.2.3 其他 ... 85
6.3 控件应用编程举例 ... 85
6.3.1 文本图标列表菜单使用的步骤 ... 86
6.3.2 一步步编写文本图标列表菜单 ... 86
6.4 键盘与 KEYCODE ... 90
6.5 触摸屏 ... 97

第7章 屏幕模板与高级模板的构建与使用 ... 106
7.1 屏幕模板的构建与使用 ... 106
7.2 高级模板的构建与使用 ... 115
7.2.1 模板数据库 ... 116
7.2.2 将普通模板加入 DM ... 117
7.3 自绘制控件 ... 118

第8章 输入法、字库与文件操作 ... 122
8.1 输入法调用流程 ... 122
8.2 初始化输入法 ... 123
8.3 需要输入法的短消息界面的进入 ... 123
8.4 虚拟键盘的使用 ... 124
8.5 语言种类的选择 ... 124
8.6 字库的选择与添加 ... 125
8.7 文件操作 ... 134
8.7.1 常用函数 ... 134
8.7.2 典型函数分析 ... 136
8.7.3 文件读/写函数的使用总结 ... 140
8.7.4 文件读/写函数的使用实例 ... 140

第9章 任务与定时器 ... 142
9.1 MTK 中任务的概念 ... 142
9.2 任务的创建 ... 142
9.3 任务的使用流程 ... 144
9.4 Task 应用实例 ... 145

目 录

9.5　MTK 定时器的使用	150
9.5.1　MTK 定时器基本分析	150
9.5.2　MTK 定时器消息处理机制	151
9.5.3　MTK 定时器使用案例一	162
9.5.4　定时器使用案例二	163

第 10 章　双卡单待开发及 MTK 调试方法　167

10.1　电话薄在 MTK 系统中的存储方式	167
10.2　系统中电话薄的存储结构与 SIM 卡中电话薄存储结构的区别	169
10.3　短信、来电如何实现号码快速匹配名字	169
10.4　快速查找如何实现	170
10.5　拨打电话	170
10.6　双卡单待移植简要步骤	173
10.7　MTK 平台的典型调试方法及 Catcher 工具的使用	175
10.8　VC 加模拟器进行调试（在模拟器中使用断点）	180
10.9　使用超级终端进行调试	182

第 11 章　Socket　184

11.1　MTK 平台 Socket 的概念	184
11.2　Socket 实验设置	184
11.3　Socket 编程原理	185
11.4　Socket 编程案例一	186
11.5　Socket 编程案例二	191
11.6　Socket 编程案例三	196
11.6.1　MTK 平台 Socket 联网过程	196
11.6.2　CMNET、CMWAP 方式下的 HTTP 请求内容格式	197
11.6.3　CMNET、CMWAP 的连接差别	198
11.6.4　SIM1 还是 SIM2 联网	198
11.6.5　联通卡还是移动卡	198
11.6.6　HTTP1.1 与 Transfer-Encoding 为 chunked 的编码方式	199
11.7　Socket 编程案例四	199
11.8　CMWAP 和 CMNET 的主要区别与适用范围	209

第 12 章　短信编程　212

12.1　全局变量和资源	213
12.1.1　短信字串和屏幕资源	213
12.1.2　短信的容量	213

12.1.3 信箱和索引表 ········· 213
12.2 发短信 ········· 214
   12.2.1 发送过程详解 ········· 214
   12.2.2 短信发送流程 ········· 219
12.3 接收短信 ········· 220
   12.3.1 短信接收过程 ········· 220
   12.3.2 新短信提示 ········· 223
   12.3.3 读取短信 ········· 224
   12.3.4 更新短信状态 ········· 225
12.4 短信箱 ········· 225
   12.4.1 信箱初始化 ········· 225
   12.4.2 信箱入口 ········· 226
   12.4.3 阅读短信 ········· 227
   12.4.4 短信"选项"菜单 ········· 228
12.5 商务信箱开发案例 ········· 229
   12.5.1 定义相关资源 ········· 229
   12.5.2 接收商务短信 ········· 230
   12.5.3 阅读新短信 ········· 234
   12.5.4 查看商务短信箱 ········· 238
   12.5.5 查看商务短信内容 ········· 242
   12.5.6 开机加载短信 ········· 243

第13章 怎样高仿iPhone手机 ········· 245
13.1 高仿iPhone手机要修改的地方 ········· 245
   13.1.1 日历项以及音乐播放提示栏 ········· 245
   13.1.2 状态栏 ········· 246
   13.1.3 快捷键 ········· 247
13.2 综合修改 ········· 247
   13.2.1 修改每个新版本的默认日期 ········· 247
   13.2.2 通话的修改 ········· 248
   13.2.3 拨号盘的修改 ········· 248
13.3 具体修改案例一——高仿iPhone的日历 ········· 248
13.4 具体修改案例二——高仿iPhone手机的旋转菜单的效果 ········· 253
   13.4.1 更改主菜单入口函数 ········· 253
   13.4.2 画旋转菜单——ShowCategoryRotaryMainScreen ········· 254

目录

- 13.4.3 画 ICON——旋转菜单设计思路 ……………………………… 256
- 13.4.4 画 ICON 的代码实现 ……………………………………… 259
- 13.4.5 触摸屏处理 …………………………………………………… 264
- 13.4.6 后期完善——给日历图标添加日期 ………………………… 270
- 13.4.7 旋转菜单源代码 ……………………………………………… 273
- 13.4.8 旋转菜单入口函数头文件、结构及相关宏定义源代码 …… 293

第 14 章　MTK 驱动开发 …………………………………………… 298
- 14.1 MTK 平台硬件概况 ………………………………………………… 298
  - 14.1.1 概　述 ………………………………………………………… 298
  - 14.1.2 硬件启动流程 ………………………………………………… 299
  - 14.1.3 操作系统启动流程 …………………………………………… 300
  - 14.1.4 Single-Bin 二进制文件和 Multi-bin 二进制文件 …………… 301
  - 14.1.5 驱动初始化 …………………………………………………… 301
  - 14.1.6 典型硬件环境和板载资源 …………………………………… 302
- 14.2 驱动开发案例 ……………………………………………………… 304
  - 14.2.1 摄像头移植案例 ……………………………………………… 304
  - 14.2.2 LCD 移植案例 ………………………………………………… 306
  - 14.2.3 触摸屏开发案例 ……………………………………………… 312
  - 14.2.4 声音的驱动开发实例 ………………………………………… 313
  - 14.2.5 Flash 配置案例 ………………………………………………… 315
  - 14.2.6 PWM 配置案例 ……………………………………………… 316
  - 14.2.7 键盘配置案例 ………………………………………………… 319
  - 14.2.8 外部中断配置案例 …………………………………………… 320
  - 14.2.9 AUX TASK 驱动开发案例 …………………………………… 323
  - 14.2.10 ADC 开发案例 ……………………………………………… 325
  - 14.2.11 USB 配置案例 ……………………………………………… 326
  - 14.2.12 GPIO 设置 …………………………………………………… 328
  - 14.2.13 中断调试 …………………………………………………… 330

第 15 章　MTK 平台 Java 应用程序开发 …………………………… 332
- 15.1 MTK 平台和 Java 的结合 ………………………………………… 332
- 15.2 Java 环境的搭建 …………………………………………………… 335
  - 15.2.1 搭建 Java 开发环境所需工具 ………………………………… 335
  - 15.2.2 具体搭建 Java 开发环境 ……………………………………… 335
- 15.3 MTK 平台进行 Java 开发的流程 ………………………………… 348

15.3.1　创建新的 J2ME Midlet 项目 ··· 348
　　15.3.2　运行及调试 ·· 350
　　15.3.3　打包 Midlet ·· 352
　　15.3.4　把现有项目导入工程 ·· 352
第 16 章　MTK 串口原理及应用开发 ·· 354
　16.1　串口通信的特性 ·· 354
　16.2　串口的握手方式 ·· 355
　16.3　串口特性总结 ·· 356
　16.4　串口的功能接口 ·· 357
　16.5　串口编程实例 ·· 358
　　16.5.1　编程要点 ·· 358
　　16.5.2　完整代码 ·· 361
　16.6　USB 转串口线的制作过程 ·· 368
附录　常见 AT 指令及使用方法
　A.1　AT 指令概念 ··· 373
　A.2　AT 指令使用举例 ··· 373
　A.3　使用 AT 指令前对手机和计算机串口调试工具的配置 ················· 373
　A.4　典型 AT 指令的解释 ··· 374
　　A.4.1　常用操作 ·· 374
　　A.4.2　通话操作 ·· 375
　　A.4.3　短信息操作 ·· 377
　　A.4.4　蓝牙部分 ·· 382
参考文献 ·· 387

第1章

MTK 的前生今世

引　子：
　　初涉 MTK 平台的读者很想知道 MTK 平台值不值得去选，已经在从事 MTK 开发的想知道 MTK 平台的发展方向，以及相关手机平台的情况，这些都可由本章给您答案。

1.1　时代的呼唤——MTK 平台诞生的前前后后

　　中国的手机市场一直以来被诸如诺基亚、摩托罗拉等外资品牌所主导，本土品牌很难和这些外资品牌相抗衡，生存得很艰难。有的本土品牌想用好的创意来突围，比如漂亮的外观设计，但是由于质量不过关，返修率太高，市场的反应并不好，外资手机平台的地位仍然稳固。虽然如此，但是变革的要求一直存在。
　　中国台湾手机芯片商联发科技（简称联发科，MTK）正是顺应了这个要求，契合了这个趋势，很快就把市场的需求释放出来了，取得了有目共睹的成功，它的地位也因此大升。那么它到底怎样顺应了市场需求呢？
　　2006 年，联发科开发出了一种称为 MTK 的手机芯片，将手机的主板与软件集成在了一起，从而大大降低了手机生产的门槛：普通厂商在没有核心技术的情况下，只需采购 MTK 芯片及其配件便可批量生产出手机，也就是俗称的"山寨机"。山寨机普遍具有价格低，功能齐全，外观极具创新力等特点，一些山寨机还以模仿最新款名牌手机见长。因此山寨机很受追求时尚的年轻人及收入偏低人群的爱好，占有很大的市场份额，其销量超过 2.5 亿部，对正规品牌手机造成不小冲击。

1.2　竞争者分析——当前主流手机平台介绍及其对比

　　手机客户端软件开发最大的困难就是平台不统一，手机开发平台太多。目前市场上的手机开发平台简直是百花齐放，但由于标准不统一，也在某种程度上给开发造成了困扰。
　　手机开发平台可分为开放式平台和封闭式平台两种，开放式平台包括 Symbian、Windows Mobile、Linux、iPhone、Android、Black Berry、J2ME、Brew 等，支持手机应用程序通过 OTA

下载和安装；封闭式平台包括MTK、展讯、飞利浦等。下面分别进行介绍。

1.2.1 MTK平台

　　MTK平台最近几年异军突起，近90%的国产手机采用MTK的芯片和平台，山寨机更几乎是MTK的代名词。国内厂家只有夏新没有采用MTK的方案。联发科技提供一种名为"Turn-key"的全面解决方案，厂商采用了这个方案，只需要加一个手机外壳即可成品——这大大降低了出货时间，一般厂家只需修改界面、铃声以及增加一些应用软件。MTK平台以一个市场挑战者姿态杀入手机市场，改变了手机市场的运行规则，给开发者提供的方案有效降低了手机开发的费用，更降低了成本。其开拓市场的方式契合了手机市场发展的规律，所以其迅速发展也就毫不奇怪了。

　　MTK平台的操作系统为Nucleus；主要用C语言开发，Java开发也逐渐成为流行趋势，所以要熟悉MTK开发必须首先熟悉掌握C语言。MTK的SDK与VC6集成，MMI的各控件和窗口之间通过回调函数实现通信。MTK平台的手机如图1.1所示。MTK手机2009年市场份额为25%。

1.2.2 Symbian平台

　　Symbian平台在中国智能手机(通常意义的智能手机指开放操作系统、CPU,可扩展硬件和软件，提供第三方开发API的手机)市场上位列老大，在全球市场智能手机市场上占40%以上，尤其是在欧洲和亚洲，占有绝对优势，但在美国市场份额少得可怜。但最近Symbian平台前景逐渐暗淡，不支持触摸操作成了其硬伤，在3G功能开发方面的繁琐更是雪上加霜。Symbian平台手机如图1.2所示。

图1.1 MTK平台手机

图1.2 Symbian平台手机

1.2.3 Windows Mobile 平台

智能手机全球市场中 Windows Mobile 占 10％左右市场份额。开发与 Windows 平台类似，所以熟悉 Windows 开发的能很快上手。Windows Mobile 平台手机如图 1.3 所示。

1.2.4 展讯平台

展讯平台也发展很快，其开发模式和 MTK 的很类似，最初基本也是给厂家提供整体解决方案。国内主要是夏新、联想、文泰等采用展讯平台。展讯平台采用的嵌入式操作系统是 ThreadX，为封闭平台，开发语言为 C，开发环境为 VC6，MMI 的各控件和窗口之间与 Windows 类似，通过消息机制实现通信。采用展讯平台的手机如图 1.4 所示。

图 1.3 Windows Mobile 平台手机

图 1.4 采用展讯平台的手机

1.2.5 J2ME

J2ME 平台为手机上运用最广泛的开放式平台，绝大部分手机均已经支持 J2ME 了。

1.2.6 Brew

Brew 的全称是无线二进制运行时环境。Brew 平台是高通公司开发的，从无线应用程序开发、设备配置、应用程序分发以及计费和支付的完整端到端解决方案中的无线应用程序开发部分。目前绝大部分 CDMA 手机都支持 Brew 平台。

1.2.7 iPhone

iPhone 是苹果公司开发出的手机操作系统，使用 Objective C 语言开发。Objective C 是 C 语言和 C＋＋语言的混合体。iPhone 在智能手机市场占有领导地位。iPhone 手机如图 1.5 所示。

1.2.8 Android

Android 是 Google 开发并提供技术支持的一个开源的手机平台。Android 平台操作系统使用 Linux 内核，Bootloader 部分是 Uboot，而应用开发部分使用的是 Java 语言。作为开源的手机平台，Android 平台可以非常容易地移植到任何目标板，再加上完善的应用软件，Android 平台成为当前热门的平台。采用 Android 平台的手机如图 1.6 所示。

图 1.5　iPhone 手机

图 1.6　采用 Android 平台的手机

1.3　脱颖而出的资本——MTK 平台的优势

MTK 平台风靡全国，把手机的生产开发彻底拉下神坛，形成了庞大的忠实用户群，那么用户为什么如此喜爱它呢？主要有以下几点：

（1）价格便宜。现在的 MTK 手机普遍只有两三百人民币，这个价格只是其他手机的几分之一，简直是白菜价，用户掏钱不心疼。即使是农村的消费者，也能买得起。

（2）质量可靠。联发科把整个方案都基本做好了，其他厂商不过是加个壳子，加个其他外设什么的，这其中联发科的质量决定了整个手机的质量。实践证明 MTK 手机的质量是比较可靠的，返修率也比较低。

（3）功能比较全。具备触摸屏、MP3、MP4、手写输入、电脑 USB 方式充电、双卡双待等功能，比较符合用户的需要，而且很多功能能让用户耳目一新。

（4）MTK 的主菜单和子菜单都可以用数字选择，其他手机，比如诺基亚的子菜单就要一个个往下按。

（5）MTK 平台有定时开关机功能，很多其他手机没有定时关机功能，可以选择在闹钟响的时候开机。

（6）MTK 可以内置支持模拟器游戏，其他手机，比如诺基亚可以用 Java 来支持，但键盘操作就没这么方便了。

（7）MTK 平台支持 TXT 文本阅读，并且支持 MP3 和歌词的同步显示。很多其他平台的手机，比如诺基亚，目前不支持 TXT 文本阅读，不支持 MP3 歌词同步显示。MTK 平台可以很灵活地调节屏幕的亮度和对比度，而很多手机（比如诺基亚）的屏幕亮度和对比度都是不可以调节的。

（8）MTK 平台输入法的选择很灵活。很多其他手机，把拼音输入法做默认输入法，并且不可以更改。

1.4 历史的足迹——平台的历史版本以及主要版本的异同

MTK 平台经过这几年的迅速发展，形成很多历史版本。MTK 平台主要是以其芯片特性来定义的，所经历的版本主要有 MT6205、MT6217、MT6218、MT6223、MT6225、MT6226、MT6227、MT6228、MT6235、MT6253 等。其中 MT6205、MT6217、MT6218、MT6223、MT6225、MT6226、MT6227、MT6228、MT6253 是 ARM7 的内核，而 MK6235 是 ARM9 的内核，是联发科最近向市场推出的一款高端芯片。

很多初涉 MTK 的读者需要注意的是，MT6305、MT6305B、MT6138 是电源管理芯片，而 MT6129、MT6139 为 RF 芯片（射频芯片），这些芯片只是上面平台的一部分，不能和上面的平台并列。

早期的 MT6205 平台只有 GSM 功能，只能打电话，做比较简单的应用，满足人们对手机的基本需求。到了 MT6218 平台，就多了 GPRS 功能，同时，人们也可以使用 WAP 浏览器上网了，甚至还可以把手机当 MP3 用，娱乐的功能大大增强了。到了 MT6219 平台，联发科给手机增加了 1.3M 的摄像头，人们可以用手机来拍照了，不仅如此，原来的 MP3 也扩充到了 MP4，不仅可以听音乐也可以观看视频。用户只要通过数据线，把视频从计算机下载到手机的存储卡，就可以自由地享受 MP4 带来的快乐。到了 MT6225 平台，功能就非常丰富了，支持双卡双待，增加了蓝牙模块等。MT6225 平台是目前的主流平台，市场上采用联发科方案的手机大多是这个平台。MT6226 平台在 MT6225 的基础上对内部配置进行了优化，增加了 TV OUT 功能，功能进一步提升。

前面的所有平台使用的都是 ARM7 的内核，到了 MT6235 平台，开始使用 ARM9 的内核，系统整体上了一个层次。下面重点介绍当前主流平台及其对比。

当前典型主流平台主要有 MT6223C/23D、MT6225、MT6238 以及 MT6516 平台。

1. 典型平台对比

（1）MT6225 是 MTK 平台前两年的主流中端方案，主频为 104 MHz。

（2）MT6223C/23D 是 MTK 的低端方案，主频为 52 MHz，其中 MT6223C 支持 T 卡和 CAMARA，而 MT6223D 不支持 T 卡和 CAMARA。

(3) MT6235 平台是 ARM9 的架构，主频为 208 MHz。

(4) MT6238 是搭载 Android 的智能机方案。

(5) MT6516 是搭载 Windows Mobile 的智能机方案。

(6) MT6253 平台是 ARM7 的架构，主频为 104 MHz，MT6253 平台将电源芯片和中频集成到 CPU 中。

2. MT6235 与 MT6253 平台的对比

很多刚接触 MTK 平台的读者对这两个平台搞得不是很明白，容易混淆，现在把这两平台对比着说明一下，主要有以下几点：

(1) MT6235 平台是 ARM9 的架构，主频 208 MHz，支持 Java，是一款相对高端的平台。

(2) MT6253 平台是 ARM7 的架构，主频 104 MHz，MT6253 平台将电源芯片和中频集成到 CPU 中，是 MTK 最近主推的一款单芯片方案。

(3) MT6235 套片是高端的，MT6253 套片是 MT6225 套片的替代品，属于中端。

(4) MT6253 是 2010 年 MTK 主推的中端方案，成本比 MT6225 低而性能比 MT6225 高。从长期趋势来看，MT6225 会渐渐被 MT6253 所取代。

(5) MT6235 是高端方案，市面上很多高仿 iPhone 的手机就是 MT6235 平台，主频为 208 MHz，目前性价比不高。

1.5 从山寨到 3G——大步走向智能手机时代的 MTK

现在联发科正向智能手机领域大步迈进。2009 年 2 月，联发科发布了 MT6516 智能手机，并把 Windows Mobile 的优势融合在了其中。

MT6516 支持 WVGA 级别的 LCD 解析度、MPEG-2 解码，并且整合了多种视频编解码器以支持 CMMB、DVB-T、DVB-H 等手机电视应用标准。MT6516 是业界首款不需要外加多媒体处理器(AP)即可以支持上述强大多媒体功能的智能手机解决方案，而在以往要实现同样的功能需要两个甚至更多的芯片。

同以往的模式一样，联发科将为手机厂商/设计公司直接提供 Turn-key 方案，从而将智能手机设计的门槛大大降低。

到目前为止，智能手机设计的门槛仍很高，联发科已经成了山寨机向智能机进军的旗手。如今，山寨机市场上智能手机的比重正在上升，2009 年下半年达到了将近 4 成，而且还在不断增加。

MTK 据说又要支持 Android 平台，发展前景将更加光明。2010 年成为中国 3G 用户快速膨胀的一年，运营商定制必将成为手机市场的主流，而 Android 已经得到中国移动、中国联通和中国电信的认可，并正在大力推广。MTK 智能手机转向 Android，显然有助于其客户入围运营商定制。联发科 MT6516 平台手机如图 1.7 所示。

图 1.7　联发科 MT6516 平台手机

结　语：

本章介绍了 MTK 产生的背景、各平台的对比、历史版本、MTK 平台的优势及发展趋势等。可以感知到，MTK 平台一直随着时代的进步而发展。将来 MTK 和 Android 可能结合得很紧，由于 Android 是使用 Java 开发应用程序的，因此用 Java 开发 MTK 应用程序或许是我们应该关注的一个趋势。

第 2 章

MTK 平台工作原理与架构

引 子：

当了解了第 1 章的内容后，读者不禁要问，MTK 平台的工作原理是怎样的？这个平台的源代码有两三百兆大，该从何入手呢？下面的内容将回答读者的疑问。

2.1 MTK 平台工作原理及主要芯片的作用

MTK 平台按电路功能来划分，可以分成 4 个组成部分：射频电路部分、基带电路部分、控制电路部分和接口电路部分，如图 2.1 所示。

其中，ANT、FEM、PA RF3146、MT6219 属于射频电路部分，MT6305、SIM、BAT、USB 等属于电源控制电路部分，MT6219、NAND、NOR、AU PA 等属于基带电路部分，KEY、FM、HP、MIC、SPK、CAM、LCD、T-F 属于接口电路部分。

现在以 MT6219 平台为例，分别介绍 MTK 平台的以上 4 个组成部分。

第一部分：射频电路部分，由下面的模块构成。

(1) FEM(Front-End Module，前端模块)：由分频器和双工器组成。进行 GSM RX(GSM 信号的接收)、GSM TX(GSM 信号的发送)、DCS/PCS 的 RX(接收)和 TX(发送)之间的转换。

(2) RF3146 模块：射频功放，把射频信号放大到需要的功率水平。

(3) MT6129 射频芯片：所有的 RF 调制/解调在此完成，由发射器、接收器、频率合成、亚控振荡器、稳压器、锁相环等组成。

(4) 温补晶振：为 MT6219 提供基准频率，同时为内核和 DSP(Digital Signal Processor，数字信号处理器)提供时钟。

理解射频部分的工作原理，需要理解两通路的概念。两通路是指射频的接收通路和发射通路，下面就这两部分分别进行介绍。

(1) 接收通路工作原理：从天线接收到的射频信号经过滤波选出需要的信号，先经过噪声放大，混频，增益放大器，然后通过正交信号四路信号，最后经过低通滤波器消除高频干扰后送给 MT6219 射频芯片进行 A/D 转换。

第 2 章　MTK 平台工作原理与架构

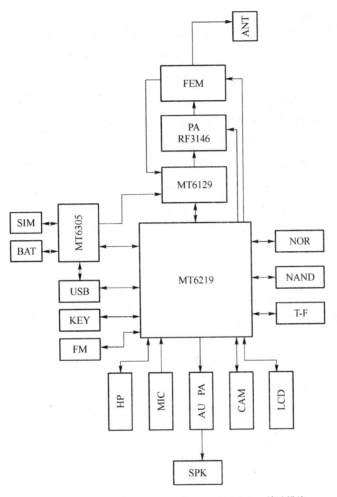

ANT：天线馈点　　　　　　　　　FEM：Front-end Module，前端模块
PA RF3146：射频功放　　　　　　MT6219（上）：射频芯片
MT6219（下）：MT6219基带芯片　　MT6305：电源管理芯片
SIM：SIM卡　　　BAT：电池电源　　USB：USB接口　　KEY：键盘接口
FM：FM收音机　　HP：耳机　　　　MIC：麦克风　　　AU PA：AUDIO PA，音频功放
SPK：Speaker,喇叭　CAM：Camera，照相机　　　　　LCD：液晶屏
T-F：TF卡接口　　　NAND：NAND flash，主要用做存储用户数据
NOR：NOR flash，主要用做存储系统文件，如平台编译后生成的bin文件

图 2.1　MTK 平台的组成

（2）发射通路工作原理：将基带 MT6219 传过来的 4 路模拟基带 I、Q 信号经过 IQ 调节器，再经过带通滤波器、衰减器进入 PA 进行功率放大，最后送到天线发射出去。

小贴士：

(1) FEM=ASM(Antenna Switch Module,天线开关模块)＋SAW Filter(声表面滤波器)。

(2) 射频(Radio Frequency)，简称 RF。射频就是射频电流，是一种高频交流变化电磁波的简称。每秒变化小于 1 000 次的交流电称为低频电流，大于 10 000 次的称为高频电流，而射频就是这样一种高频电流。

第二部分：基带部分，主要由 MT6219 基带芯片、存储器、晶振、AUDIO PA(音频功放)等部分组成。下面对这几部分分别介绍。

(1) 基带芯片 MT6219 部分，MT6219 集成了 MCU(包括了 ARM7 核,512 KB SRAM 异步存储器)和 DSP(主要执行底层协议和音频处理)。

(2) 存储器部分，主要包括 NOR 和 NAND。

① NOR：大部分采用 128 MB flash 和 32 MB SRAM 存储器，这两部分封装在了一个芯片中。其中，flash 部分主要用于存储手机系统软件，射频校准数据和用户设置数据；SRAM 主要起到内存的作用。

② NAND：主要用做存储用户的数据。

(3) 晶振：主要起到以下 3 个作用：

① 基带唤醒。

② RTC(实时时钟)，维持平台的时间，为平台提供实时时钟。

③ 维持手机与基站的同步。

(4) AUDIO PA：音频功放，输出音频信号经过这里放大后再从喇叭输出。

第三部分：控制电路部分，由电源管理芯片 MT6305(主要)和其他各种电源 IC 组成。

第四部分：接口电路部分，主要包括 LCD 电路、Camera 电路、USB 电路、SIM 电路、键盘电路等。

2.2　开机流程和故障检测

1. 手机正常开机流程以及开机常见故障诊断

图 2.2 是手机正常开机的时序图。

关于图 2.2 的注释：

(1) 时序图的 4 个信号线如下。

① Power on key：开机键。

② LVDs：低差分稳压信号线。

③ Reset：复位键。

第 2 章 MTK 平台工作原理与架构

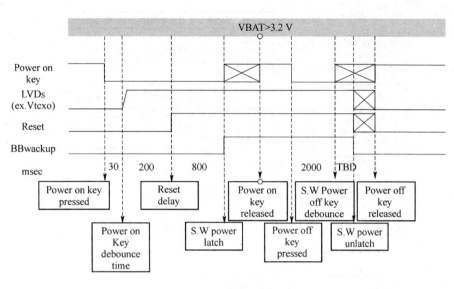

图 2.2 正常开机过程

④ BBwakeup：BB 唤醒信号线。

（2）其他：

① Power on key pressed：开机电源键按下。

② Power on key debounce time：开机电源键防反跳时间。

③ Reset delay：复位延时。

④ Power on key released：开机电源键释放。

⑤ Power off key pressed：关机电源键按下。

⑥ Power off key released：关机电源键释放。

⑦ msec：毫秒。

图 2.2 所显示的开机流程如下：

当按下 Power on key 后，二极管导通，PWRKEY 检测到低电平，驱动 PMIC 电源管理芯片打开 LVDs（低压差分信号线），之后 PMIC 电源管理芯片使 BBwakeup 信号线复位，随之 BBwakeup 信号线起来进入软件开机程序，从而完成开机。而按 Power on key 关机时，MTK 平台首先执行软件关机程序，随后复位，LVDs 也被关闭，从而完成关机。

正常开机流程中的某些步骤中运行不正常的现象基本诊断如图 2.3 所示，读者可自行诊断手机的常见故障。这个过程可以加深对手机工作原理的理解，对开发工作有很大的帮助。但仅仅理解正常开机的流程还不够，另外两个开机过程也非常重要，那就是闹钟开机过程和充电开机过程，理解了这两个开机过程，对开机流程才能有完整的把握。

第 2 章　MTK 平台工作原理与架构

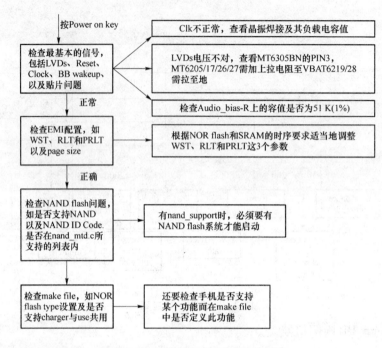

图 2.3　手机开机过程及故障诊断

2. 闹钟开机流程

闹钟开机时序图如图 2.4 所示。

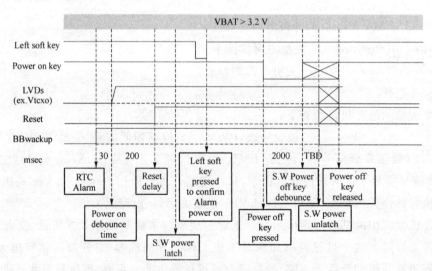

图 2.4　闹钟开机时序图

(1) 时序图的 5 个信号线如下：

Left soft key：左软按键。　　Power on key：开机键。　　LVDs：低差分稳压信号线。

Reset：复位键。　　　　　　BBwakeup：BB 唤醒信号线。

(2) 其他。

Power on key pressed：开机电源键按下。

Power on key debounce time：开机电源键防反跳时间。

Reset delay：复位延时。　　Power on key released：开机电源键释放。

Power off key pressed：关机电源键按下。

Power off key released：关机电源键释放。　　RTC Alarm：实时时钟闹钟。

Left soft key pressed to confirm Alarm power on：左软按键按下以确认闹钟打开。

msec：毫秒。

上面时序所体现的开机过程如下：

当闹钟醒来时，BBwakeup 信号先起来，它由低电平变为高电平，然后 PMIC 电源管理芯片的所有 LVD(稳压信号)后起来。过了 200 ms 后，PMIC 电源管理芯片使 BBwakeup 信号线复位，执行软件开机程序。当按下左按键停止闹钟时，就完成开机过程。其关机过程同正常关机一样。

3. 充电开机

充电开机时序图如图 2.5 所示。

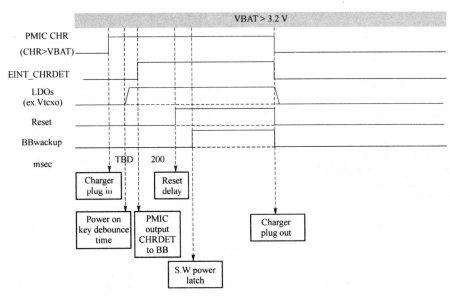

图 2.5　充电开机

第2章 MTK平台工作原理与架构

(1) 时序图的5个信号线如下：
PMIC CHR：电源管理芯片信号。　　　　EINT_CHRDET：中断。
LVDs：低差分稳压信号线。　　　　　　Reset：复位键。　　BBwakeup：BB唤醒信号线。
(2) 其他：
Charger plug in：充电器插入。Power on key debounce time：开机电源键防反跳时间。
Reset delay：复位延时。　　　Charger plug out：充电器拔出。　　　msec：毫秒。
上面的充电开机时序图显示的开机过程如下：
当充电器给手机充电时，CHRIN检测到高电平，驱动PMIC（电源管理芯片）打开LVDs低差分稳压信号线。如果此时电池的电压＞3.2V，则PMIC（电源管理芯片）产生EINT中断（高电平）；如果此时电池的电压＜3.2V，MTK平台先小电流充电使电池的电压大于3.2V，然后PMIC使BBwakeup信号复位，BBwakeup起来后执行软件开机程序，从而完成充电开机过程。

4. 系统启动涉及的关键文件

bootarm.s（mcu\init\src\bootarm.s）和init.c（mcu\init\src\init.c）是MTK平台的启动主要涉及的两个文件，其中bootarm.s代码用ARM指令编写，以提高代码执行的效率。
(1) 先看看bootarm.s，摘录其中一部分代码如下：

```
    ……
    LDR    a4,EMI_BASE_REG
    IF :DEF: MT6229 :LOR: :DEF: MT6228 :LOR: :DEF: MT6225 :LOR: :DEF: MT6230 :LOR: :DEF: MT6238
    IF :DEF: MT6238
    LDR    a1,[a4,# 0x70]
    ELSE
    LDR    a1,[a4,# 0x60]             ; Skip if it is an abnormal reset
    ENDIF
    ELSE
    LDR    a1,[a4,# 0x40]
    ENDIF
    AND    a1,a1,# 0x03               ; under remapped configuration
    MOV    a2,# FLASH_SRAM_REMAP
    CMP    a1,a2
    BEQ    MTK_LoadPC

    LDR    a1,EMI_26MHZ_SETTING       ; Setting EMI for 13MHZ MCU clock
    STR    a1,[a4]                    ; C2WS= 1, C2RS= 1, WST= 2, RLT= 2
    STR    a1,[a4,# 0x08]             ; 16 bits device

    MOV    a2,# BOOTROM_FLASH_REMAP   ; Restore remapping on \CS0 and \CS1

    IF :DEF: MT6229 :LOR: :DEF: MT6228 :LOR: :DEF: MT6225 :LOR: :DEF: MT6230 :LOR: :DEF: MT6238
```

```
IF :DEF: MT6238
LDR    a1,[a4,# 0x70]
BIC    a1, a1, # 3
ORR    a2, a2, a1
STRH   a2,[a4,# 0x70]
ELSE
STRH   a2,[a4,# 0x60]
ENDIF

ELSE
STRH   a2,[a4,# 0x40]
…………
```

我们可以用记事本打开 bootarm.s,可以看到里面的代码主要是对 CPU 的寄存器、中断向量表、RAM 以及 flash 等的配置。很多人困惑为什么用上面代码书写,实际上上面的代码的格式比 C 语言的书写格式执行效率要高。

(2) 再看看 init.c 里面的代码,摘录一部分如下:

```
…………
static void HWDInitialization(void)
{
# ifdef MT6208 /* only MT6208 need to do this */
    /* Baseband power up control, 32kHz oscillator power down mode */
    {
       kal_uint32 delay= 1000000;

       REG_WRITE(RTC_base, 0x4316);
       while (delay> 0) {   /* delay for settling 32kHz */
          delay-- ;
       }
    }
# endif /* MT6208 */

# ifdef MTK_SLEEP_ENABLE
    /* Added by Anthony Chin 03/18/2002. For sleep mode management. */
    L1SM_Init();
# endif /* MTK_SLEEP_ENABLE */

# ifndef L1_NOT_PRESENT
# ifdef _HW_DIVIDER_
    /* Power on Divider. (PDN_CON2) */
    HW_Divider_Initialization();
# endif /* _HW_DIVIDER_ */
# endif   /* L1_NOT_PRESENT */

# ifdef IDMA_DOWNLOAD
```

第2章 MTK平台工作原理与架构

```c
    /* Load DSP via IDMA. */
    REG_WRITE(DPRAM_CPU_base, 0);
    idma_load();
# endif /* IDMA_DOWNLOAD */

    Drv_Init_Phase1();

    WDT_Enable(KAL_FALSE);

# ifdef __USB_ENABLE__

    if ( INT_USBBoot() )
    {
# ifndef __NVRAM_IN_USB_MS__
# if ( ! defined(MT6208) )
        *(volatile kal_uint16 *)(TDMA_base+ 0x14) = 0x1000;
# endif /* ! MT6208 */
        *(volatile kal_uint16 *)PDN_CLR2     = 0x0001;
        IRQUnmask(IRQ_CTIRQ1_CODE);
        *(volatile kal_uint16 *)(TDMA_base+ 0x150) =  *(volatile kal_uint16 *)(TDMA_base+ 0x150) | 0x0002;
        IRQ_Register_LISR(IRQ_CTIRQ1_CODE, isrCTIRQ1_USBPowerOn,"CTIRQ1");
# endif /* ! __NVRAM_IN_USB_MS__ */
    }

# endif /* __USB_ENABLE__ */

# ifdef L1_NOT_PRESENT

# if ( ! defined(MT6208) )
    *(volatile kal_uint16 *)(TDMA_base+ 0x14) = 0x1000;
# endif /* ! MT6208 */
    *(volatile kal_uint16 *)PDN_CLR2     = 0x0001;
    IRQUnmask(IRQ_CTIRQ1_CODE);
    *(volatile kal_uint16 *)(TDMA_base+ 0x150) =  *(volatile kal_uint16 *)(TDMA_base+ 0x150) | 0x0002;

# endif /* L1_NOT_PRESENT */

}
............
```

我们可以用记事本或Source Insight软件打开init.c,可以看到里面的代码用C语言编写,主要是对系统的进一步初始化,包括对USB等外设驱动的加载等。仔细阅读上面的代码,能让我们对系统的核心工作机制有个更深的认识。

2.3 MTK 平台架构

2.3.1 平台架构框图

平台架构框图如图 2.6 所示。

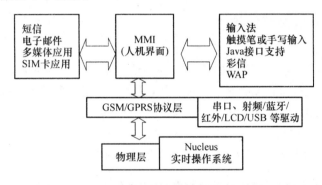

图 2.6 平台架构框图

可以看出，MTK 平台架构主要分为 MMI（人机界面）应用层、GSM/GPRS 协议层和物理层，其中在 MMI（人机界面）应用层可以开发一些诸如短信、电子邮件、多媒体等的应用软件，应用软件要想能操作硬件，必须通过 GSM/GPRS 协议层，串口/射频/蓝牙/红外/LCD/USB 等驱动，以及 Nucleus 实时操作系统才能实现。

2.3.2 MTK 平台架构与项目开发

从图 2.6 中我们能看出，MTK 平台的开发主要分成两个方面，其一是 MMI 应用开发，其二是硬件驱动的开发。当要给 MTK 平台添加某个软件功能时，要进行应用程序的开发，以便让平台花样更多，功能更丰富。要换某个硬件或要添加一个硬件，就涉及驱动开发了。

有些刚接触到 MTK 平台的读者可能非常困惑，驱动程序和应用程序是怎样沟通的呢？其实 MTK 的驱动开发更多是一种修改，或称之为配置的工作。这些工作都不涉及对平台驱动的公共接口的改动，因此 MTK 平台的开放给 MMI 的接口是统一的。在进行 MMI 开发时只要调用这些统一的接口，就可以控制硬件了。

2.4 Nucleus 实时操作系统

1. Nucleus 操作系统及其优势

（1）什么是 Nucleus 操作系统？MTK 平台采用的是 Nucleus 操作系统，所以我们要对该系统有所了解。Nucleus 实时操作系统是指 Accelerater Technology 公司开发的嵌入式

RTOS 产品,只需一次性购买 Licenses,就可以获得操作系统的源码。

(2) Nucleus 的主要优势如下:

其一,操作系统向开发者开放,开发者不用写板级支持包。不同的目标板在 Boot 时,开发者可以通过修改源码进行不同的配置。

其二,该系统对 CPU 的支持能力很强,大多数流行的 CPU 都支持,比如 ARM、PowerPC、DSP 等。

2. Nucleus 实时操作系统的内核

Nucleus 的核心是一个实时的多任务内核,具有以下特性:

(1) 快速响应时间:对临界资源的检测时间不依赖于占有该临界资源的线程执行时间的长短,一旦低优先级线程释放掉临界资源(不管其是否执行完),高优先级线程就会抢占运行。

(2) 每个任务的执行时间和其他任务的处理时间无关。

(3) 较高吞吐量:随着任务数目的增多,任务的调度时间为常数。

(4) 可扩展性:利用现有系统调用的结合可得到新的系统调用。

2.5 MTK 平台中能自行采购的部分

很多准备使用 MTK 平台进行开发的工程师都很想知道,平台中哪些部分是可以自行采购的。笔者总结了一下,下面的部分可自行采购:内存、中频、电源、射频模块、蓝牙模块、flash、存储器、功放、液晶屏。

2.6 平台开发常涉及的目录

2.6.1 MMI 应用程序开发常涉及的目录

1. 程序应用功能源代码目录

(1) plutommi\mmi\VendorApp:厂商目录,如果读者想作为第三方厂商把自己的程序加入平台,可放到该目录,如汉王手写输入的程序在此目录一般可以找到。

(2) plutommi\mmi\MainMenu:主菜单所在目录。

(3) plutommi\mtkapp\SoundRecorder:录音机。

(4) plutommi\mtkapp\AudioPlayer:音频播放软件。

(5) plutommi\mmi\SAT:服务。

(6) plutommi\mmi\Organizer:工具箱。

(7) plutommi\mtkapp\Camera:照相机。

(8) plutommi\mmi\IdleScreen：待机画面。
(9) plutommi\mmi\PROFILES：情景模式。
(10) plutommi\mmi\FunAndGames：游戏和娱乐。
(11) plutommi\mmi\FileMgr：文件管理。
(12) plutommi\mmi\Setting：设置。
(13) plutommi\mmi\CallManagement：通话管理。
(14) plutommi\mmi\Messages：短信息。
(15) plutommi\mmi\PhoneBook：电话本。

2. 资源目录

(1) \plutommi\Customer\Res_MMI：该目录下很多文件负责对MMI的资源进行配置。
(2) \plutommi\Customer\Images：平台的图片资源都在该目录。
(3) \plutommi\Customer\CustResource：客户和资源目录。

3. 编写一个完整的程序主要涉及的文件夹

编写一个完整的程序主要涉及的文件夹是\plutommi\Customer，其中包含我们需要定制的图片资源、字符串资源和菜单资源等。

(1) \plutommi\Customer\images 文件夹：主要是图片资源，包含开、关机画面，空闲画面，墙纸等图片资源。

(2) \plutommi\Customer \CustResource\PLUTO_MMI：字符串资源，字库。其中 ref_list.txt 存储字符串资源，而 MMI_featuresPlUTO.h 主要是对 MMI 进行配置。

(3) \plutommi\Customer\CustResource\PLUTO_MMI\Res_MMI：包含了各个应用程序模块的资源配置文件。

(4) \ plutommi\Customer\remakeResource.bat：主要用于更新资源。

2.6.2 驱动开发涉及的目录和重要的文件

1. 主要目录

(1) custom\drv：MTK平台驱动的主要目录。
(2) custom\drv\LCD：LCD驱动主要目录。
(3) custom\drv\bluetooth：蓝牙配置。
(4) custom\drv\camera：照相机。
(5) custom\drv\common_drv：GPIO配置主要目录。
(6) custom\drv\Drv_Tool：驱动工具(如 GPIO 和中断配置工具 DrvGen)所在目录。
(7) custom\drv\yuv_sensor：摄像头驱动目录。
(8) custom\drv\misc_drv：PWM 脉宽调整及 USB 等驱动。

第2章 MTK平台工作原理与架构

2. 驱动开发所要关注的主要文件

(1) lcd.c 和 lcd_sw.h：LCD 驱动配置文件。

(2) custom_equipment.c：LCD 背光、键盘背光、震动等控制。

(3) keypad_def.c：键盘驱动文件。

(4) afe.c：音频功放配置文件。

(5) usb_custom.c：USB 配置文件。

(6) custom_MemoryDevice.h：flash 配置。

(7) adc_channel.c：ADC 的配置。

(8) eint_def.c：外部中断的配置。

(9) eint_def.c, touch_panel.c, touch_panel.h, touch_panel_buffer.h, touch_panel_custom.c, touch_panel_custom.h, touch_panel_main.c, touch_panel_spi.c, touch_panel_spi.h, touchscreen.c：触摸屏驱动相关文件。

(10) btmtk_config.c 和 eint_def.c：蓝牙驱动配置相关驱动。

(11) MT6188.c 和 SI4700_drv.c：FM 配置文件。

(12) l1d_custom_rf.h, m12193.c, m12193.h, chr_parameter.c：射频开发相关的文件。

(13) nvram_default_audio.c：音频配置。

(14) gpio_drv.c：GPIO 口配置。

结　语：

通过阅读本章内容读者了解了各种开机流程、MTK 平台的启动原理，同时对平台的硬件原理有了更深的理解。本章也介绍了开发应用程序和驱动程序应该关注的目录和文件，这部分内容要重点掌握。

第3章

开发前的准备工作

引 子:

要进行开发,首先要搭建开发环境,同时进行开发时要涉及很多工具的使用,本章将对这些工具进行详细的介绍。

3.1 MTK平台所需的软件

1. MTK平台所需的第三方软件

MTK平台所需的第三方软件如表3-1所列。

表3-1 MTK平台所需的第三方软件

软件名称	版本	软件说明
ADS	1.2	ADS是ARM公司的集成开发环境软件,同时要下载升级补丁包8.4.2,更高的升级包也可以 *特别提醒:补丁必须打,否则无法编译通过
ActivePerl	5.6.1	Perl是MTK编译器,是MTK编译脚本,也是一种俗称"胶水"的语言。MTK平台中大量使用了这种脚本
MinGW	3.1.0	MinGW(Minimalist GNU on Windows)工具是gcc在Windows下的编译环境,能在Windows下进行gcc环境的构建
MSYS	1.0.10	MSYS工具,是Minimal GNU(POSIX)system on Windows的简称,是一个小型的GNU环境,包括基本的bash、make工具等,是Windows下最优秀的GNU环境
7zip	3.13	7zip压缩工具(7za.exe),在编译过程中,程序会调用它解压缩图片资源。当然很多读者拿到的代码中可能只带这个工具,具体情况,将在接下来的内容中讲解
ImageMagick	6.4.1-Q16	安装这个软件只是为了软件里面的一个工具——convert.exe,该工具可以把图片转换为数组,在编译的过程中会被用到,这里不做详细的说明。当然很多读者的release版本源代码中已经包含了这个工具,就没有必要安装该软件了

续表 3-1

软件名称	版本	软件说明
Microsoft Visual C++	6.0	在 MTK 模拟器上调试程序的时候,就需要这个开发工具了。这里要注意的是,VC6.0 必须带 SP6 补丁。打开 VC 软件,选择 Help→About Visual C++菜单项,在弹出界面中就可以了解到是否打了 SP6 补丁。安装过程非常简单,就不做介绍了
Excel	2003	Windows Office 里面的 Microsoft Office Excel,因为在 MTK 编译的过程中需要用到 Excel 的相关函数来打开内存 list 表单提取相关数据
Source Insight	3.5	因为 MTK 源文件代码量相当惊人,用其他的编译器来查看代码修改代码会相当不方便,这里强烈推荐该软件,必定会让读者的开发事半功倍。安装过程非常简单,就不做介绍了
Xoreax IncrediBuild	3.30b	可以在 CMD 和 VC6 下面让读者搭建自己的分布式编译系统,让编译变得更快捷,具体如何应用会在接下来的内容中详细介绍

请注意,表 3-1 所列的软件中,除 ADS、Perl 和 VC 工具外,其他的软件工具并不是必需的,但使用好这些工具能更好地进行 MTK 的开发。

2. MTK 平台自带的软件

表 3-2 列出的是 MTK 自带的软件。

表 3-2 MTK 平台自带的软件

软件名称	版本	软件说明
MCT	6.0	该软件为 UI 制作工具,包括菜单制作、图片制作、字体制作等,具体如何使用将在以后讲解
META	无	是 Mobile Engineering Testing Architecture 的简称,是官方提供射频、NVRAM 访问等方面内容的测试工具
Catcher	L1_v3.12.03	是 MTK 提供的 PC 端的 trace 调试工具,主要是记录调试信息,开发人员可以根据这些信息分析手机的各种行为
Flash tool	3.2.00	这个不多说了,就是烧机工具,等以后讲到如何烧机的时候会用到这个软件
Driver Codegen	1.3	GPIO、中断、ADC、KEYPAD 等驱动开发工具

3.2 重要软件介绍

3.2.1 Flash Tool 使用介绍

(1) 打开 Flash tool 软件,如图 3.1 所示。

第 3 章 开发前的准备工作

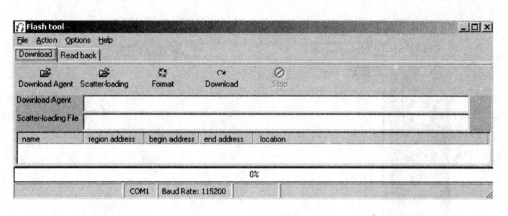

图 3.1 Flash tool 软件界面

（2）单击 ![Download Agent] 按钮调入引导文件，如图 3.2 所示，选择 MTK_AllInOne_DA 文件并打开。

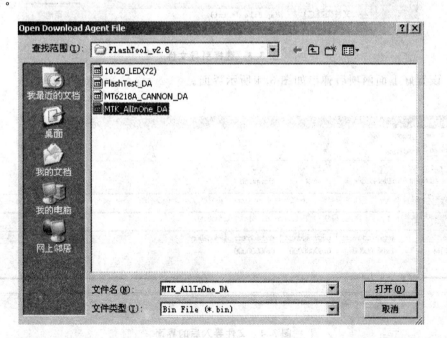

图 3.2 调入引导文件

（3）单击 ![Scatter-loading] 按钮选择引导文件，如图 3.3 所示。选择 scat 文件并打开。

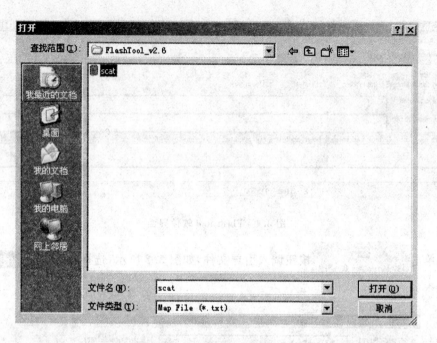

图 3.3　选择引导文件

（4）设置好上面两项后弹出如图 3.4 所示界面。

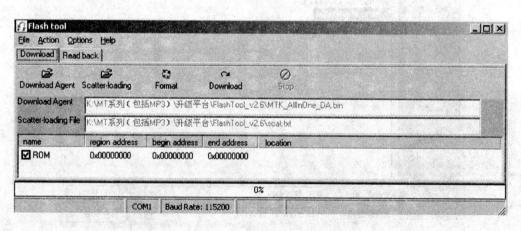

图 3.4　文件导入后的界面

单击☑ROM 处选择要写入的字库文件，如图 3.5 所示（文件为 BIN 后缀的格式）；打开后如图 3.6 所示。

（5）选择 Options→COM port→COM1 命令，设置好通信端口，在 baud rate 的级联菜单

第3章 开发前的准备工作

图3.5 选择要写入的字库文件

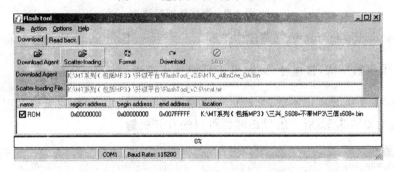

图3.6 打开字库文件

中选择串口速率,一般为11520(USB可选择更高),如图3.7所示。

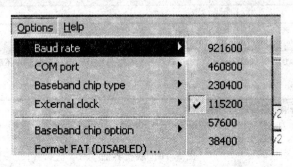

图3.7 设置波特率

第 3 章　开发前的准备工作

在 Baseband chip type 一项上选择所写机型的 CPU 模块（带 MP3 的手机一般都选 MT6218B，不带 MP3 的一般选取 MT6205B），如图 3.8 所示。在 External clock 一项上选取外部时钟为 26MHz，如图 3.9 所示。

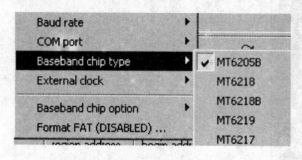

图 3.8　选择所写机型的 CPU 模块

图 3.9　选择外部时钟

在 Baseband chip option 级联菜单中选择 Check base band chip ECO version。

（6）插入手机数据线，接电池，此时手机可能一直震动。单击 Download 按钮开始下载软件，这时按住手机开机键不放，如联机正常则出现如图 3.10 所示的黑色进度条，表示正在联机。直到出现如图 3.11 所示的界面时即可以松开开机键。

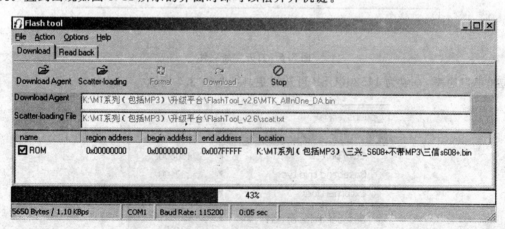

图 3.10　联机界面

第 3 章 开发前的准备工作

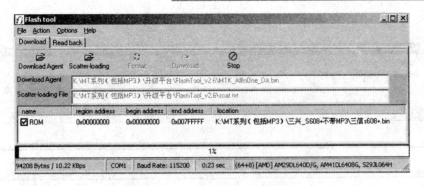

图 3.11　开始下载资料至手机画面

开始下载资料至手机,全部写入需要 20 分钟左右的时间(高速支持时间更快),如图 3.12 所示。

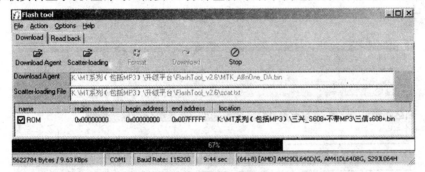

图 3.12　正在下载

进度条完成后屏幕上会弹出一个 OK 的图,表示已经成功完成了软件的下载,如图 3.13 所示。

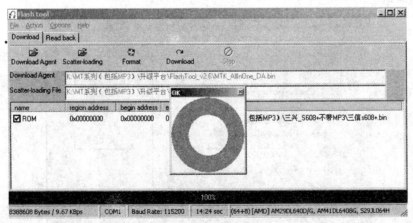

图 3.13　下载完成

(7) 此外,软件同时还支持反读字库功能,其操作在平台的 Read back 中完成,如图 3.14

所示。

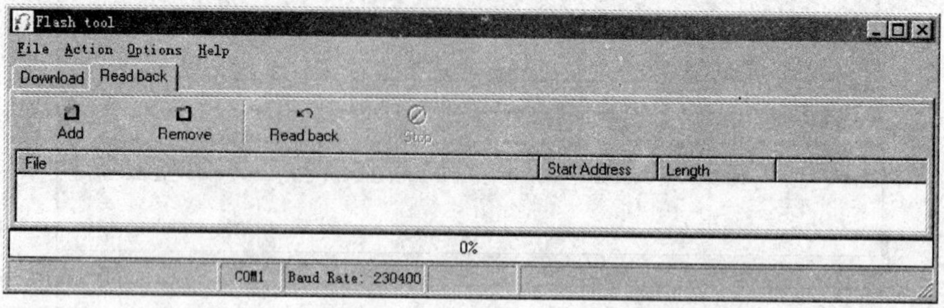

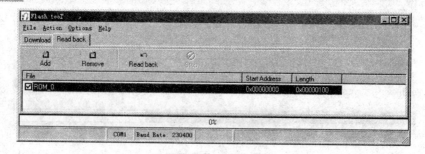

图 3.14 反读字库选项

单击 Add 按钮添加一个备份块，如图 3.15 所示。

图 3.15 添加一个备份块

双击 ROM_0 选好保存路径，文件命名以".bin"结尾，然后单击"保存"按钮，弹出如图 3.16 所示的对话框。

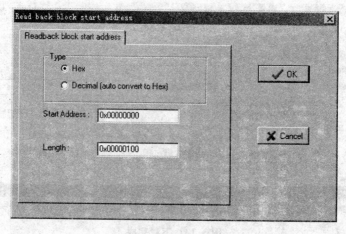

图 3.16 反读设置选项

这里就是要备份字库的地址段：

8 MB 全字库备份地址段为：

　　　　Start Address：0x00000000　　Length：0x00800000

16 MB 全字库备份地址段为：

　　　　Start Address：0x00000000　　Length：0x01000000

填好备份地址段后单击 OK 按钮，返回到主窗口操作界面，如图 3.17 所示。

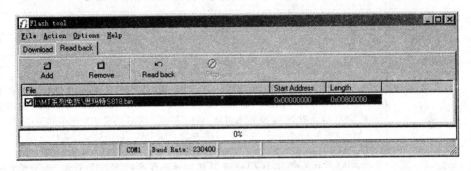

图 3.17　主窗口操作界面

单击 Remove 按钮移除选择的备份块，单击 Read back 按钮，读字库资料。

联机过程与写字库的操作过程一样，读写完毕也会弹出 OK 对话框。

MT CPU 系列手机免拆资料可与 48 拆机资料通用，即用免拆软件一样可以调用 48 资料来写。注意分清字库型号，写进去如果不正常的，则转换一下高低位。

各字库最后 1 MB 地址段列表见表 3-3。

表 3-3　各字库最后 1M 地址段

字库容量		最后 1 MB 的相应地址（十六进制）	
字节/B	比特/bit	开始地址	结束地址
4M	32M	300000H	400000H
8M	64M	700000H	800000H
16M	128M	F00000H	1000000H
32M	256M	1F00000H	2000000H
64M	512M	3F00000H	4000000H

MT 数据线部分通用表如下：

厂家	数据线
吉事达 ES802(MT)	吉事达 ES802 CEC S500 思玛特(MT)S800/S802 科健 K515/高科 SG2260
天时达 A501B(MT)	A501
天时达 T6+(MT)	天时达 T6+(新)/A501/T9(MP3) / GW1618 亚基诺 A881
宇宙 E800(MT)	康佳 K5238 MOTO/T191/C200/C201/C300/T191/T190V290/V291/宇宙 E800/E808/ MP-33 诺科 T800/T100/皇家 868/长城 C808/金色年代 k700/K702/高科 S283
康佳 M929(MT)	康佳 M929/M939
金色年代 E-708+(MT)	E-708+(带 MP3)
TCL700(MT)	700/766
三兴 S608+(MT)	三兴 S608+/S508+/托普 968/ZTC318+/ZTC318/ZTC768/TP W699/科健 K328 飞天龙 908 采星 A8 S998/S988/三洋 SE708/桑达 S282C 天阁 889/T698/K891/K892/K893/S838 绅士 188/ 三新 E808+/三盟 S338/S308/天时达 A607/T608+/ZCT100B/318/BOWAYW 699/TPV60B/ TP V80/V60A/T308/ZCT828 康佳 C926/联想 I815/I816 CECT Q500(MP3)
三龙 S468(MT)	三龙 S468 托普 T308/托普 ZTC868/托普 S558 托普 S838/S282C/ 首爱 998/首爱 S1000/首 爱 888/CECT/U8800(MP3) /CECT S656/金立 GN326 CECT_A606_U8810_MP3/CECT/ S560/CECT 616M/CECT616M+/CECT A606/双星 S458 三荣 S128/三荣 S368/MY TOP GN528/TP E9+/TP E208/高科 S6990/CECT T590
奇胜 E108(MT)	Q&Q108/奇胜 E108/ F-SKY_t698/ZTC828/变色龙 Z808/TP E108
科健 838(MT)	科健 838
CEC T689(MT)	奇泰 K970/托普 S518/S598HN 838/E9(MP3) 科健 K 338/CECT Q618/Q638/U8810/ V678/数码龙 S800 samsuny E708(仿三星 E708) CEC V668(MP3) CECT T689A/GS860/ 联想 I688/ I816/I815 奇泰 K980（MP4） 乐天 L118/高科 S710（MT）/S283/S696/ SUNCORP S558

3.2.2 Perl 脚本介绍

1. 什么是 Perl

Perl 是一种通用编程语言,被称为是一种"胶水语言",也就是说它可以用来将许多元素连接在一起的语言。Perl 真正擅长的是将这些程序连接在一起,至少能够在二十几种操作系统下运行。Perl 的编程样式非常灵活,因此可以用许多不同的方法来做同一件事情。

2. MTK 平台 make2.pl 文件分析

1) 主要变量

$myCmd:这个变量的作用是代表项目文件夹下的 make 命令的。

$custom:代表 MTK 给客户的版本名称,平台会根据这个名称再加上 $project 变量代表的内容去项目环境下的 make 文件夹找相应的 make 文件。

$project：代表项目需要编译的主要内容，目前主要有 gsm 和 gprs 这两项。

@actions = qw(new update remake clean resgen codegen emiclean emigen sysgen ck-scatter viewlog c，r c，u gencustominfo)；

目前支持的命令数组如下：

ARGV：代表命令行下的参数的数组，相当于 C 语言中带参数的 main 函数。需要注意的是 $#ARGV 代表参数即这个数组成员的个数，默认如果没有，则 $#ARGV=-1。

$makeFolder：编译的文件夹。

$toolsFolder：平台工具的文件夹。

2) 关键语句

```
if ($ ENV{"OS"} eq "Windows_NT") {
$ delCmd =   "del /Q";
$ dirDelim =  "\\";
$ makeFolder =  "make\\";
$ toolsFolder = "tools\\";
$ MTKtoolsFolder =  "mtk_tools\\";
$ makeCmd =  "tools\\make.exe";
} else {
$ delCmd =  "rm";
$ dirDelim =  "/";
$ makeFolder =  "make/";
$ toolsFolder = "tools/";
$ MTKtoolsFolder =  "mtk_tools/";
$ makeCmd =  "tools/make";
}
```

这些语句是根据不同的系统来设置的不同的编译目录，而 make2.pl 中最关键的语句是：

system("echo $ {makeCmd} -f$ {makeFolder}$ {myMF} -r -R CUSTOMER= $ custom PROJECT= $ project $ action");

这条语句的作用解析成 DOS 环境的命令就是 tools\make.exe -f make\gsm2.mak -r -R CUSTOMER=CCDHBJ26_06B PROJECT=GPRS remake，其实就是用 make 工具编译 make 文件夹下的 gsm2.mak 这个 makefile 文件，其中 CUSTOMER 和 PROJECT 是在 gsm2.mak 中的用到的宏定义，remake 是目标模块，也在 gsm2.mak 中有相应的定义。

3.2.3 ActivePerl 的安装

ActivePerl 的安装相对比较简单，一路默认安装就可以了，可以选择读者想安装的任何地方。

第3章 开发前的准备工作

3.2.4 ADS1.2 的安装

在安装 ADS1.2 的时候推荐读者安装在默认的路径下面（C:\Program Files\ARM\ADSv1_2），默认安装可减少很多不必要的麻烦。

在接下来的安装过程中，安装程序会跳出对话框要求读者提供 License，如果没有自动跳出 ARM License Wizard 对话框，则选择"开始"→"程式"→ARM Developer Suite v1.2→License Installation Wizard 命令，则弹出 ARM License Wizard 对话框，如图 3.18 所示。

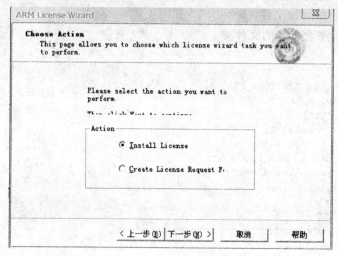

图 3.18 ADS1.2 注册界面 1

选择 Install License 选项后单击"下一步"按钮，进入一个新界面，如图 3.19 所示。

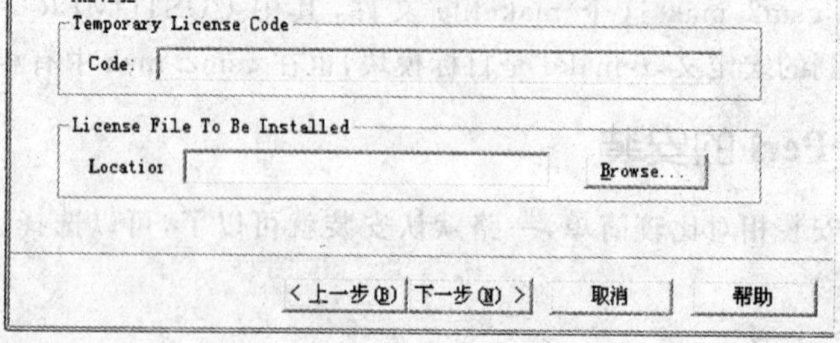

图 3.19 ADS1.2 注册界面 2

单击 Browse 按钮，然后在 ADS 安装源文件的 CRACK 目录下找到 LICENSE. DAT 文件，单击"打开"按钮完成注册。注意：本软件请到本书官方网站下载，确保版本和步骤完全一致。

接下来要为 ADS 打一个升级补丁。双击下载的补丁文件，则可以看到如图 3.20 所示的界面。如果 ADS1.2 是默认安装，直接单击 Unzip 按钮就可以了；如果非默认安装，则选择安装目录，然后单击 Unzip 按钮，这样 ADS1.2 就升级好了。

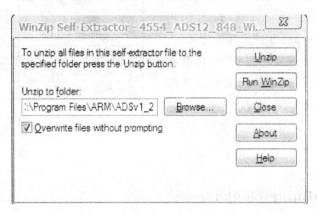

图 3.20 安装补丁包

3.2.5 开发环境检测

这里将利用 MTK 提供的 chk_env.exe 工具检测前面的安装及其配置是否成功，该工具可以在源代码 tools 目录下面找到。打开 CMD 界面，然后进入到源代码的 tools 目录下面，输入 chk_env 然后按回车键，工具开始自动检测环境搭建的各种信息。CMD 下显示信息如下：

```
OS is Windows 2000 or XP. = > [OK]
Shell is cmd.exe. = > [OK]
……
Perl installed. = > [OK]
sh.exe shall not exist in path. = > [OK]
C:\Progra~ 1\ARM\ADSv1_2\Bin\tcc.exe shall exist. = > [OK]

C:\Program Files\ARM\ADSv1_2\Bin\tcpp.dll modified time shall later than 2/9/200
2. = > [OK]

make.exe modified time shall later than 18/6/2003. = > [OK]

MinGW\bin\gcc.exe modified time shall later than 7/8/2003. = > [OK]
MSYS\bin\make.exe modified time shall later than 9/7/2003. = > [OK]
..\plutommi\Customer\ResGenerator\7za.exe modified time shall later than 1/1/200
3. = > [OK]
Build environment is ready!
```

第3章 开发前的准备工作

chk_env 工具首先检测操作系统,然后依次检测 Shell、Perl、sh.exe、ADS1.2、make 工具、MinGW、MSYS、7za.exe 工具。以上的检测结果必须都显示为 OK,否则就代表相应的工具没有被正确安装或者漏装,此时请认真检查安装过程。最后,如果全部通过,会给出"Build environment is ready!"这样的提示。

注:很多初学者在开发的过程中,都会在 MTK 提供的 Modis 模拟器上调试自己的程序,那么还必须做一个工作,把表 3-4 中包含的和 MFC 相关的 DLL 放到系统盘的 WINDOWS\system32 目录下。

表 3-4 MFC 相关的 DLL

DLL 名称	所需版本
mfc42d.dll	6.0.8168.0
mfc42ud.dll	6.0.8168.0
mfc70.dll	7.0.9466.0
mfc71d.dll	7.10.3077.0
mfc71ud.dll	7.10.3077.0
mfcn42ud.dll	6.0.8168.0
mfco42d.dll	6.0.8168.0
mfco42ud.dll	6.0.8168.0
msvcr70.dll	7.0.9064.0
msvcr71d.dll	7.10.3077.0
msvcrtd.dll	6.0.8168.0

3.2.6 IncrediBuild 的使用

IncrediBuild 为一款强大的分布式编译软件。这里先简单介绍分布式编译的概念。

1. 分布式编译介绍

由于 MTK 的编译非常耗时间,尤其是当系统中的资源更改比较多的时候更是如此。运行一次 make 命令普通计算机要耗费半个小时左右的时间,如果运行 make new 命令,那时间的耗费更不用说了。如果每次资源修改都耗费很长时间,那么开发周期就很长。有没有好的解决办法呢?那就是使用分布式编译。

分布式编译是指将编译的整个工作量通过分布计算的方法分配到多个计算机上执行,这样可以极大地提高效率。

2. IncrediBuild 简介

IncrediBuild 是一款分布式编译软件,以 Visual C++ 为载体,通过配置 VC 的扩展就可以使用它。

IncrediBuild 有个关键的知识点,那就是"虚拟机"技术。"虚拟机"技术能让编译的参与者和与编译发起者使用不同的系统配置,如不同的 Windows 操作版本等。

IncrediBuild 需要特定的计算机做服务器,其实该服务器作用是用来仲裁,其他计算机作为客户端。服务器的作用是统筹管理客户端的编译请求,并根据其他客户端的 CPU 空闲情况安排分布式编译。

若多个客户同时发起编译请求,服务器会自动平衡分布运算负担,从而使得编译参与者不会占用过多的 CPU 资源。

3. 分布式编译环境的搭建

第一步：

选一台计算机作为服务器（注意要确保这台计算机随时在线，因为服务器不工作了，所有客户端也无法工作）。

在选做服务器的计算机上安装 IncrediBuild 的服务器端。双击安装文件，一直选默认，并单击 Next 按钮，直到出现如图 3.21 所示的窗口。

图 3.21　安装 IncrediBuild 的服务器端

选中 IncrediBuild Coordinator 选项，再单击 Next 按钮，一直按默认安装直到完成。这里有一点要注意，要让服务器也参加到分布式编译当中来，则必须在服务器上安装客户端，这是为了让服务器也能进行分布式编译。

第二步：

再次双击安装文件，到了如图 3.21 所示的界面后，选中 IncrediBuild Agent 选项，再单击 Next 按钮，一直单击 Next 按钮直到出现如图 3.22 所示的界面。

在如图 3.22 所示的 Coordinator Settings 文本框中输入服务器的 IP 地址，如"10.0.1.98"，单击 Test 按钮进行测试，若成功，则单击 Next 按钮继续安装。

图 3.22 安装客户端

装好后,在操作系统管理工具的服务里面可以找到一个名为 IncrediBuild Agent 的服务。接下来要为这个系统添加更多的客户端,这些客户端只要在读者编译的时候开机,并保持 IncrediBuild Agent 服务被开启,而且 CPU 有空闲,就可以帮助读者去编译源代码。

为了便于下面的阐述这里先做一个假定,把读者的计算机称为 Me,其他客户端称为 Participator,分布式系统结构框图如图 3.23 所示。

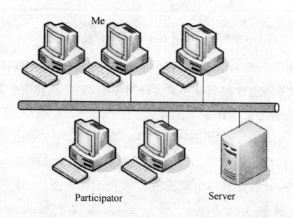

图 3.23 分布式系统结构框图

该软件安装后会嵌入到VC6并成为VC6的一个插件,这样每次利用VC6来编译代码的时候,都可以使用该工具来取代原来VC6自带的编译系统。当然,若想用该工具在CMD下编译代码生成刷机用的bin,就必须修改源代码里的一些文件。对源代码文件的修改大体分三个步骤,这里以MT6225代码为例来讲解。

第一步,修改Gsm2.mak(在make文件夹中):

用记事本打开Gsm2.mak,修改make工具的编译项,为IncrediBuild增加运行参数。在该文件中查找#@echo tools\make.exe字符串,找到这一段中的如下两句:

(1) (tools\make.exe -fmake\comp.mak -k -r -R $(strip $(CMD_ARGU)) COMPONENT=$* > $(strip $(COMPLOGDIR))\$*.log 2> &1) \

(2) (tools\make.exe -fmake\comp.mak -r -R $(strip $(CMD_ARGU)) COMPONENT=$* > $(strip $(COMPLOGDIR))\$*.log 2> &1) \

分别修改成如下两句:

(1) (XGConsole /command= "tools\make.exe -fmake\comp.mak -k -r -R $(strip $(CMD_ARGU)) COMPONENT=$* > $(strip $(COMPLOGDIR))\$*.log 2> &1" /NOLOGO /profile= "tools\XGConsole.xml")\

(2) (XGConsole /command= "tools\make.exe -fmake\comp.mak -r -R $(strip $ (CMD_ARGU)) COMPONENT=$* > $(strip $ (COMPLOGDIR))\$*.log 2> &1" /NOLOGO /profile= "tools\XGConsole.xml")\

第二步,创建XGConsole.xml文件(tools目录下),在该文件里加入下面的内容,并保存。

```
< ? xml version= "1.0" encoding= "UTF- 8" standalone= "no" ? >
< Profile FormatVersion= "1">
< Tools>
< Tool Filename= "perl" AllowRemote= "true" />
< Tool Filename= "make" AllowIntercept= "true" />
< Tool Filename= "tcc" AllowRemote= "true" />
< Tool Filename= "tcpp" AllowRemote= "true" />
< Tool Filename= "armcc" AllowRemote= "true" />
< Tool Filename= "armcpp" AllowRemote= "true" />
< Tool Filename= "strcmpex" AllowRemote= "true" />
< Tool Filename= "warp" AllowRemote= "true" />
< Tool Filename= "armar" AllowRemote= "false" />
< Tool Filename= "formelf" AllowRemote= "false" />
< /Tools>
< /Profile>
```

第三步,修改make2.pl文件:

```
if (($ action eq "update") || ($ action eq "remake") || ($ action eq "new") || ($ action eq "bm_new") || ($ action eq "c,r") || ($ action eq "c,u")) {
    if ($ ENV{"NUMBER_OF_PROCESSORS"} > 1) {
```

```
    if ($ fullOpts eq "") {
        $ fullOpts = "CMD_ARGU= -j$ ENV{\"NUMBER_OF_PROCESSORS\"}";
    } else {
        $ fullOpts .= ",-j$ ENV{\"NUMBER_OF_PROCESSORS\"}";
    }
}
```

将$ENV{\"NUMBER_OF_PROCESSORS\"}设置成一个较大的值,比如设置为999,具体做法是在这段内容前面加上一句"$ENV{"NUMBER_OF_PROCESSORS"}=999;"。

这样就搭建好了分布式编译环境,读者就可以通过这个编译环境大大提高在CMD下的编译效率,同时项目开发的时间也能大大缩短,具体的好处还要读者自己去体会。

3.2.7 Source Insight 的使用

1. Source Insight 简介

Source Insight 软件在开发过程中并不是可有可无的,它提供了最快速的对源代码的导航和任何程序编辑器的源信息。

Source Insight 是一个代码浏览器,拥有内置的对 C/C++、C#和Java等程序的分析。Source Insight 能分析源代码,并在读者工作的同时动态维护它自己的符号数据库,并自动显示有用的上下文信息。

2. Source Insight 源代码的加载

打开 Source Insight 软件,选择 Project→New Project 命令,则弹出 New Project 对话框,如图3.24所示。

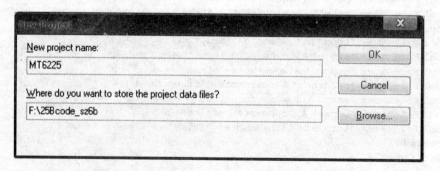

图 3.24 New Project 对话框

给工程取一个名字,并选择项目存放的目录,这里选择源代码的目录就可以了。然后单击OK按钮进入下一个界面,如图3.25所示。

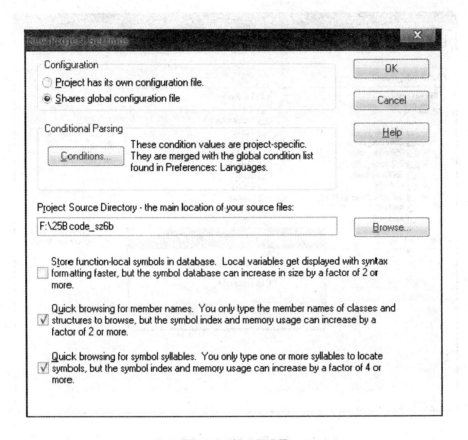

图 3.25 新工程设置

单击 Browse 按钮选择源代码的目录,然后单击 OK 按钮进入下一个界面,如图 3.26 所示。

在如图 3.26 所示对话框中的 Directory 列表框中选择源代码所在的目录,然后单击右面的 Add Tree 按钮,程序会自动搜索源代码中有多少个文件,然后跳出对一个话框,单击"确定"按钮就把代码添加到工程了。接下来还必须对项目进行一次扫描分析。选择 Project → Synchronize Files 命令,弹出如图 3.27 所示的对话框。

选择 Add new files automatically、Remove missing files from project 及 Suppress warning messages 三项,然后单击 OK 按钮则程序自动开始扫描分析,结束后源代码才被真正地加载到 Source Insight 中。

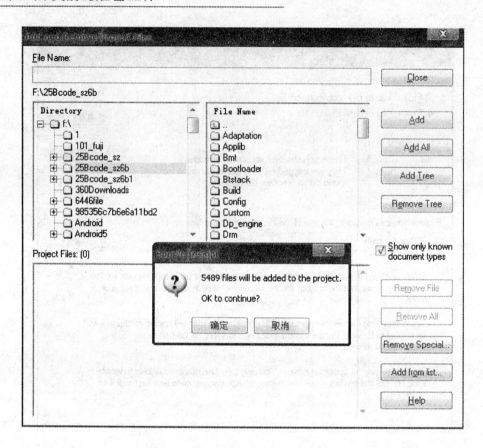

图 3.26 把源代码里面的文件添加到工程

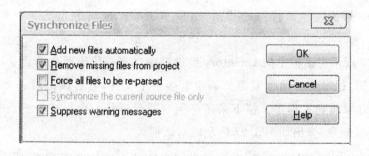

图 3.27 Synchronize Files 对话框

结　语：

通过本章的学习,读者要掌握 Flash Tool、Source Insight 等工具的使用。而且为了提高编译的效率,分布式编译软件 IncrediBuild 要重点掌握。

第 4 章

典型应用程序开发流程及资源的综合使用

引　子：

　　学习任何平台的开发，编写第一个程序都非常重要，因为会让读者知道开发流程、了解开发的思路。本章就对第一个 MTK 平台程序的编写详细介绍。

4.1　VC6.0 开发工具

　　MTK 应用开发用的工具是 VC6.0，界面如图 4.1 所示。

　　如果用 VC 进行 MTK 的开发，则当打开 /plutommi/mmi/ 下的 PC_Simulator.dsw 文件时，就会看到左侧列出了很多文件夹。读者不禁要问，这些文件夹都是什么含义呢？开发中要重点关注哪些呢？在回答这些问题之前，首先认识一下 VC6.0 MM 工程的目录结构及重要文件，具体如图 4.2 所示。

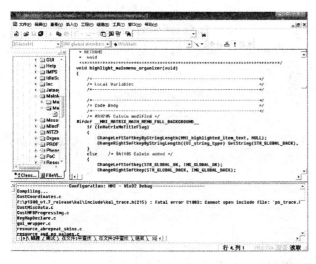

图 4.1　VC6.0 的界面

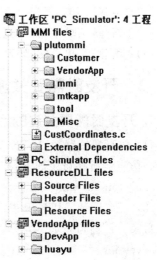

图 4.2　目录结构

在 VC 工作区左边的目录中,特别要注意目录 plutommi。进行 MMI 开发时,这是主要做工作的目录。Customer 目录中的文件主要是对资源进行自定义,并可对资源进行重新生成;VendorApp 是零售商目录;mmi 目录,主要放主菜单下的应用程序;mtkapp 主要放一些复杂的应用程序;tool 主要放语言处理和界面处理的工具;Misc 主要是进行内核处理和消息上下文的处理。

在以上所有的目录中只要重点关注 VendorApp 和 mmi 两个目录就可以了,因为开发应用程序涉及的主要是这两个目录。

4.1.1 对 MMI 工程的编译和调试

要想对源代码进行正确的编译,必须了解常用命令的含义和作用。尤其对刚接触 MTK 开发的读者来说,有些虽然对 VC 已经很熟,但不清楚 VC 的哪些功能在开发中是比较重要的。

1. 重要编译命令介绍

(1)"组建"菜单下的"编译"命令:可编译单个 .c 的文件,并检查错误。
(2)"组建"菜单下的"组建"命令:compile and link,生成可执行文件。
(3)"组建"菜单下的"执行"命令:组建并执行,运行生成的 .exe 格式的可执行文件。
(4)"组建"菜单下的"清除"命令:可清除以前编译的东西。

2. 重要调试命令

(1)"组建"菜单下"开始调试"选项下的 GO 命令:运行程序。
(2)"组建"菜单下"开始调试"选项下的 Step Into 命令:进入函数运行。
(3)"组建"菜单下"开始调试"选项下的 Step Over 命令:调试时不进入子函数。
(4)"组建"菜单下"开始调试"选项下的 Run to Cursor 命令:运行到光标的位置。

4.1.2 开发时需要关注的目录

1. 开发时需要关注的目录

(1)仿真器的路径:MTK 开发时如果想随时浏览应用程序的实现效果,这就需要用到仿真器。仿真器所在目录如下:

./plutommi/mmi

(2)厂商目录:MTK 开发厂商如果要开发出一些通用的功能,可把相关代码和库文件放在该目录。厂商目录如下:

./vendor

(3)应用程序目录。MTK 平台的应用程序主要放在以下目录:

./Plutommi/

（4）驱动程序目录。MTK 平台的驱动程序主要放在以下目录：

./custom/drv

2. 编写一个完整的程序应该修改的地方

MTK 平台的目录非常多，源文件更不用说了，因此刚接触 MTK 开发的读者非常想知道开发一个应用程序一般需要涉及哪些目录、需要修改哪些文件，了解了这些在开发中才能有一个方向。下面就详细阐述这个问题。

（1）开发中主要修改的文件夹：

/plutommi/Customer：包含需要定制的图片资源、字符串资源、菜单资源。

images 文件夹：主要是图片资源，包含开、关机画面、空闲画面、墙纸等。

plutommi/Customer/CustResource/PLUTO_MMI：主要是修改字符串资源等。具体来讲，ref_list.txt 是定制字符串资源所要关注的文件，MMI_featuresPlUTO.h 是进行 MMI 的配置所要关注的文件。

plutommi/Customer/CustResource/PLUTO_MMI/Res_MMI：包含了各个应用程序模块的资源配置文件及菜单、资源里的图片。

（2）更新资源的文件：双击 remakeResource.bat（./plutommi/Customer/remakeResource.bat）文件，可以在进行完上面的修改后更新资源。

4.2 怎样建立一个完整的 MMI 程序

本节例子源代码请见源代码"第 4 章的例子"文件夹下的"4.2 怎样建立一个完整的 MMI 程序"文件夹。

学习一种新平台开发，首先要了解一个完整的简单应用程序的开发过程。下面的程序实际上是一个简单的 Hello World 程序，别看它简单，却能让读者了解 MTK 开发的要领。有人说，所谓"高手"，就是能写多种 Hello World，确实如此。下面详细介绍 MTK 的具体开发流程。

1. 具体体验 MTK 的基本概念

"屏幕，历史，文本，刷新"是手机开发中的基本概念。一个手机应用程序首先必须有一个屏幕，可以看到每个应用程序源代码中都有一个名为 EntryNewSreen() 的函数，这个函数就是为了让应用程序有个屏幕。屏幕切换时如果想返回上面一个屏幕，并且能返回到离开上个屏幕时的状态，这时就要用到屏幕历史的概念。"文本"其实就是显示在屏幕上的文字，常用 gui_print_text() 来显示文本。文本如果有更新，那么要通过"刷新"去更新内容。"刷新"使用的函数为 gui_BLT_double_buffer()。

下面一步步讲解 Hello World 的实现过程。

第4章 典型应用程序开发流程及资源的综合使用

(1) 先构建一个能在 MTK 平台上运行的最小的应用程序,步骤如下:

第一步,自定义一个如下的函数:

```
void mmi_mydemo_entry(void)
{
gui_print_text(L"Hello World");
}
```

第二步,在 MainMenu.c 的 goto_main_menu 函数中做如下修改:

```
goto_main_menu(void)
{
...
/*加入下面两行代码*/
mmi_mydemo_entry();
return;
...
}
```

(2) 清屏,把屏幕刷成白色,这样可以去除屏幕中的其他信息。在 mmi_mydemo_entry 函数中加入下面的代码:

    clear_screen();

(3) 更新数据,在 mmi_mydemo_entry 函数中加入下面的代码:

gui_BLT_double_buffer(0, 0, UI_device_width-1, UI_device_height-1);

(4) 文字处理——设定文本开始显示的位置,在 mmi_mydemo_entry 函数中加入下面的代码:

    gui_move_text_cursor(50,100);

(5) 设定字体颜色,在 mmi_mydemo_entry 函数中加入下面的代码:

    gui_set_text_color(UI_COLOR_RED);
    gdi_act_color_from_rgb(255,204,255,102),   //gdi——"204,255,102"为RGB,
                                                //第一个参数 255 是亮度

(6) 新建屏幕,在 mmi_mydemo_entry 函数中加入下面的代码:

    EntryNewSreen(MAIN_MENU_SCREENID,NULL,NULL,NULL);
    entry_full_screen();

注意:

上面的代码中关键是理解 EntryNewScreen 函数,EntryNewScreen()原型如下:

    U8 EntryNewScreen(U16 newscrnID, FuncPtr newExitHandler, FuncPtr newEntryHandler, void * peerBuf)

要注意该函数的形参:

第一个参数:屏幕 ID。

第二个参数:屏幕的退出函数,做资源清理。
第三个参数:屏幕入口函数,只有传入此函数,才将屏幕加入历史。
第四个参数:缓冲区。
(7) 完整代码如下:

```
void mmi_mydemo_entry(void)
{
EntryNewScreen(MAIN_MENU_SCREENID, NULL, mmi_myapp_entry, NULL);
entry_full_screen();
clear_screen();
gui_measure_string(L"Hello world", &w, &h);
x = (UI_device_width - w) / 2;
y = (UI_device_height - h) / 4;
gui_move_text_cursor(x, y);
gui_print_text(L"Hello World");
gui_BLT_double_buffer(0, 0, UI_device_width - 1, UI_device_height - 1);
}
```

2. 屏幕历史的使用

如果要把屏幕加入历史,则能在返回的时候进入到前一个屏幕原来的状态,就要对上面的代码做进一步的处理,步骤如下:

(1) 添加下面的代码:

```
void mmi_myapp_entry(void);
void mmi_myapp_exit(void)
{
history currHistory;
S16 nHistory = 0;
currHistory.scrnID = MAIN_MENU_SCREENID;
currHistory.entryFuncPtr = mmi_myapp_entry;
pfnUnicodeStrcpy((S8 *) currHistory.inputBuffer, (S8 *) & nHistory);
AddHistory(currHistory);
}
```

(2) 修改 mmi_mydemo_entry 函数中的 EntryNewScreen,如下:
EntryNewScreen(MAIN_MENU_SCREENID, mmi_myapp_exit, NULL, NULL);
(3) 触发返回操作,添加如下代码:
SetKeyHandler(GoBackHistory, KEY_RSK, KEY_EVENT_UP);

4.3 建立一个复杂的具有独立模块的程序

本节例子源代码请见源代码"第 4 章的例子"文件夹下的"4.3 建立一个复杂的具有独立模块的程序"文件夹。

第4章 典型应用程序开发流程及资源的综合使用

上面创建的应用程序是放在 MainMenu.c 文件中,并不独立。有时候还需要代码独立出来形成一个单独的文件夹,同时用 VC 打开 MMI 工程后,应用程序也能以一个独立模块显示在工作区的左侧,那怎样实现呢？是不是只需要简单地在硬盘目录里为应用程序建一个单独的文件夹就可以了？在 MTK 开发中显然没这么简单。实际上,建个独立模块的应用程序比上面只是把代码放在 MainMenu.c 文件里要复杂得多。下面就这个问题一步步进行阐述。

1. 创建一个独立的目录

在./plutommi/mmi 目录下,建立一个 Hello World 文件夹(可参考本章源代码 4.3 节文件夹中的 Hello World 文件夹),在该文件夹下再建立 Inc(头文件)、Src(源文件)及 Res(资源文件)等文件夹。

2. 添加头文件和源文件

(1) 通过 VC 的 File → New 命令来创建头文件,注意在命名时加上扩展名。

(2) 头文件的命名方式。头文件命名成下面的样式:

xxxDefs.h,xxxGprot.h,xxxProt.h,xxxTypes.h

上面的头文件的作用,一般规定如下:

xxxDefs.h:本模块用到的资源 ID 的定义,define 定义。

xxxGprot.h:本模块的对外接口,供模块外部调用的函数原型在此声明。

xxxProt.h:模块的内部接口,供模块内部调用的函数原型在此声明。

xxxTypes.h:本模块用到的一些常量、自定义数据类型,结构的定义。

注意:后缀必须这样命名,头文件可以为空。

(3) 头文件源代码:

◆ xxxDefs.h:

```
typedef enum
{
STR_HELLOWORLD = HELLOWORLD_BASE + 1,
STR_HELLOWORLD_MTK,
STR_HELLOWORLD_TIBET,
STR_HELLOWORLD_LHASA,
STR_HELLOWORLD_SINKIANG,
STR_HELLOWORLD_MONGOLIA,
STR_HELLOWORLD_SIAN,
STR_HELLOWORLD_CHENGTU,
} STRINGID_LIST_HELLOWORLD;
```

◆ xxxGprot.h:

```
# ifndef __HELLOWORLD_GPROT_H__
# define __HELLOWORLD_GPROT_H__
# include "PixtelDataTypes.h"
# include "HelloWorldTypes.h"
extern void mmi_HelloWorld_entry(void);
```

第4章 典型应用程序开发流程及资源的综合使用

```
# endif
```
- xxxProt.h:可以为空。
- xxxTypes.h:可以为空。

(4) 源文件 Hello World.c 的代码如下：

```c
# include "stdC.h"
# include "MMI_Features.h"
# include "L4Dr.h"
# include "L4Dr1.h"
# include "AllAppGprot.h"
# include "FrameworkStruct.h"
# include "GlobalConstants.h"
# include "EventsGprot.h"
# include "mmiappfnptrs.h"
# include "HistoryGprot.h"
# include "HelloWorldProt.h"
# include "HelloWorldTypes.h"
# include "HelloWorldDefs.h"
# include "MainMenuDef.h"
# include "wgui_categories.h"
# include "Unicodexdcl.h"
void mmi_HelloWorld_exit(void);
void mmi_HelloWorld_entry(void)
{
# ifdef __MMI_HELLOWORLD_ENABLED__
EntryNewScreen(MAIN_MENU_SCREENID, mmi_HelloWorld_exit, NULL, NULL);
entry_full_screen(); /* 关掉屏幕顶部的状态条,我们要用整个屏幕 */
clear_screen(); /* 擦除当前背景 */
gui_move_text_cursor(50, 100); /* 移动文本输出光标 */
gui_print_text(L"Hello, World"); /* 输出文本到显示缓冲,注意是 Unicode 编码 */
/* 刷新屏幕显示,MMI 用的是双缓冲绘图方式,而且需要显式刷新 */
gui_BLT_double_buffer(0, 0, UI_device_width - 1, UI_device_height - 1);
/* 注册一个按键处理,右软键弹起时返回到之前被我们强制退出的模块 */
SetKeyHandler(GoBackHistory, KEY_RSK, KEY_EVENT_UP);
# endif
}
void mmi_HelloWorld_exit(void)
{
# ifdef __MMI_HELLOWORLD_ENABLED__
history currHistory;
S16 nHistory = 0;
currHistory.scrnID = MAIN_MENU_SCREENID;
currHistory.entryFuncPtr = mmi_HelloWorld_entry;
pfnUnicodeStrcpy( (S8 *)currHistory.inputBuffer, (S8 *)&nHistory);
AddHistory(currHistory);
# endif
}
```

(5) 代码结构如图 4.3 所示。

 Inc   Res Src

图 4.3 代码结构

3. MainMenu.c 中的修改

修改 goto_main_menu 函数，在里面添加如下代码：

```
# ifdef __MMI_HELLOWORLD_ENABLED__
mmi_HelloWorld_entry();
return;
# else
……
# endif
```

注意：具体怎样修改 MainMenu.c 请参考源代码库中的 4.3 节文件夹下的 MainMenu 文件。

4. 修改相关的系统文件——使这个模块成为整个项目的一部分

(1) 修改 ./make/plutommi 下的 3 个文件，这 3 个文件的修改方法如下：

修改①plutommi.inc(所有 mmi 部分的头文件所在目录的相对路径列表)，在文件开头适当的位置添加如下代码：

plutommi\mmi\HelloWorld\Inc

修改②plutommi.lis(所有 mmi 部分的源文件列表)，在文件开头适当的位置添加如下代码：

plutommi\mmi\HelloWorld\Src\HelloWorld.c

修改③plutommi.path(所有 mmi 部分的源文件所在目录的相对路径列表)，在文件开头适当的位置添加如下代码：

plutommi\mmi\HelloWorld\Src

(2) 把开关语句加入 mmi 的配置文件、修改 plutommi\Customer\CustResource\PLUTO_MMI\MMI_featuresPLUTO.h，加入如下代码：

[Framework]：Languages

```
*****************************************************************************/
# define __MMI_HELLOWORLD_ENABLED__    //加入的代码
```

(3) 让模拟器找到头文件：

用记事本打开 plutommi\mmi\GlobalSimulatorPathDef，在文件开头适当位置加入如下代码：

/I ".\HelloWorld\Inc"

5. 编译程序

做完上面的工作，一个完整的程序就形成了，接下来的工作就是编译代码。首先介绍一下如何进入 CMD 窗口。

单击 Windows 左下脚的"开始"按钮,选择"运行"命令,然后在弹出的"运行"对话框中输入 cmd,具体操作如图 4.4 所示。

单击"确定"按钮,则弹出命令窗口,用 cd 命令切换到源代码所在目录,并在命令窗口中输入诸如 make new 的命令,如图 4.5 所示。

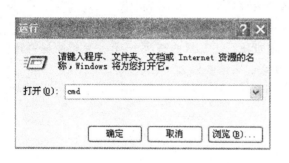

图 4.4 运行 cmd

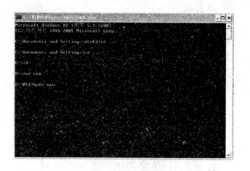

图 4.5 cmd 窗口

如果是第一次编译源代码,则需要运行 make update 命令。要提醒的是,make update 命令非常耗费时间,一般计算机的配置运行一次 make update 命令大约需要一个半小时。make remake 命令就快很多,如果编译的过程中错误出在代码部分,则使用 make remake 命令,能提高 3 倍的效率。

小贴士:

编译命令的区别:

◆ make new:不管代码是否改变,全部重新编译。

◆ make update:扫描(资源和代码)有无改变,编译改变的。

◆ make remake:编译改变的,主要是代码的改变。

◆ make clean:清除临时文件。

◆ make build:扫描文件的目录的改变,若有改变,编译改变的。

如果出现错误,请在日志中查找错误的原因及错误代码所在位置,错误日志存放在"\build\NOTEL25_6B\log"目录下。该目录下的文件 plutommi.log 存放代码错误信息,而 mmiresource.log 存放资源错误信息。这是两个常用的错误日志文件。

4.4 资 源

本节介绍资源的使用。在 MTK 平台,资源的使用是难点,在这个平台上使用字符串、图片菜单等资源要做很多工作,比其他的平台麻烦得多,这也许是 MTK 平台应该改进的地方。

第4章 典型应用程序开发流程及资源的综合使用

4.4.1 资源的使用

1. 资源介绍

MTK 平台中的资源,是指在编译时转化成二进制数据存进系统里的静态数据。

一般添加一项资源需要经过下面 3 个步骤:

第一步:准备原料——字符串就是准备各种语言的 Unicode 编码。

第二步:分配 ID——ID 一般定义在 xxxDefs.h 文件中。

第三步:装载——在编译目标烧录文件之前被执行。其目的有两个:其一是将原材料转换成二进制数据,二是生成将 ID 与二进制数据联系起来的映射表。

注意:资源预装载编译程序是 mtk_resgenerator.exe (plutommi\customer\ResGenerator\mtk_resgenerator.exe)。

了解了资源的基本概念后,我们看一下资源是怎样使用的。

2. 使用资源的步骤

(1) 添加文件。添加文件是指在 plutommi\Customer\CustResource\PLUTO_MMI\Res_MMI 下创建一个自定义的 Res_HelloWorld.c,该文件代码如下:

```
# include "StdC.h"
# ifdef DEVELOPER_BUILD_FIRST_PASS
# include "PopulateRes.h"
# include "MMI_features.h"
# include "GlobalMenuItems.h"
# include "HelloWorldTypes.h"
void PopulateHelloWorldRes(void)
{
}
# endif
```

注意:此文件用在预编译时装载资源。每个程序都有自己的资源装载文件,这些文件与 mtk_resgenerator.exe 一起生成 mtk_resgenerator.exe 并在系统下执行。

(2) 修改 Makefile。plutommi\Customer\ResGenerator\Makefile 添加:

```
- I "../../MMI/HelloWorld\Inc" \
```

(3) 修改 PopulateRes.c。plutommi\mmi\Resource\PopulateRes.c 添加:

```
extern void PopulateHelloWorldRes(void);
void PopulateResData(void)
{
    PRINT_INFORMATION(("Populating HelloWorld Resources\n"));
    PopulateHelloWorldRes();
}
```

(4) 基础 ID。修改 plutommi\MMI\Inc\MMIDataType.h，因为基础 ID 统一定义在此。

```
typedef enum
{
RESOURCE_BASE_RANGE(HELLOWORLD,                      100),
}
/*
* Main Menu
*/
# define HELLOWORLD_BASE                 ((U16) RESOURCE_BASE_HELLOWORLD)
# define HELLOWORLD_BASE_MAX             ((U16) RESOURCE_BASE_HELLOWORLD_END)
RESOURCE_BASE_TABLE_ITEM(HELLOWORLD)
```

(5) 使用基础 ID。在 plutommi\mmi\HelloWorld\Inc\HelloWorldDefs.h 中添加：

```
typedef enum
{
STR_HELLOWORLD =  HELLOWORLD_BASE +  1,
} STRINGID_LIST_HELLOWORLD;
```

(6) 在 plutommi\Customer\CustResource\PLUTO_MMI\ref_list.txt 中添加对应的字符串内容。

(7) 字符串的装载。在 plutommi\Customer\CustResource\PLUTO_MMI\Res_MMI 下创建一个 Res_HelloWorld.c，内容如下：

```
# include "StdC.h"
# ifdef DEVELOPER_BUILD_FIRST_PASS
# include "PopulateRes.h"
# include "MMI_features.h"
# include "GlobalMenuItems.h"
# include "HelloWorldTypes.h"
void PopulateHelloWorldRes(void)
{
ADD_APPLICATION_STRING2(STR_HELLOWORLD,"Hello,World","Helloworld");
}
```

(8) 调用字符串资源的方式：

```
gui_print_text((UI_string_type)GetString(STR_HELLOWORLD));
```

4.4.2　字符串资源、菜单资源、图片资源、对话框综合使用的案例

步骤如下：

1. 声明各种 ID(字符串 ID、屏幕 ID、图片 ID)

(1) 添加字符串 ID 的声明：

plutommi\mmi\Setting\SettingInc\SettingDefs.h

在

```
enum STR_SETTING_LIST
{
}
```

添加：

```
STR_MY_SETTING,
STR_MY_SETTING1,
STR_MY_SETTING2,
```

(2) 添加图片 ID 声明：

```
plutommi\mmi\Setting\SettingInc\SettingDefs.h
enum IMG_SETTING_LIST
{
}
```

的最后添加：

```
IMG_MY_SETTING,
IMG_MY_SETTING1,
IMG_MY_SETTING2
```

(3) 添加 ScreenID 的声明：

```
plutommi\mmi\Setting\SettingInc\SettingDefs.h
enum SCR_SETTING_LIST
{
}
```

的最后添加：

```
SCR_MY_SETTING,
SCR_MY_SETTING1,
SCR_MY_SETTING2,
```

2. 添加 3 个菜单 ID 的声明(注意添加的位置)

```
plutommi\mmi\Inc\GlobalMenuItems.h
    enum GLOBALMENUITEMSID
    {
    }
```

里添加：

```
MENU_MY_SETTING,
MENU_MY_SETTING1,
MENU_MY_SETTING2,
/*
* Add new menuitems definitions before here
*/
```

注意：一定要添加在 MAX_MENU_ITEMS_VALUE 之前。

3. 字符串资源的添加

.\plutommi\Customer\CustResource\PLUTO_MMI\ref_list.txt

注意：每个字符之间要用 Tab 键隔开。

4. 添加菜单项、图片等资源

.\plutommi\Customer\CustResource\PLUTO_MMI\Res_MMI\Res_Setting.c
```
void populateSettingMenu(void)
{
}
```

在上面的结构下的 code body 字符串下添加：

```
ADD_APPLICATION_MENUITEM((MENU_MY_SETTING,
MAIN_MENU_SETTINGS_MENUID,2,MENU_MY_SETTING1,
MENU_MY_SETTING2,SHOW,MOVEABLEWITHINPARENT,
DISP_LIST,STR_MY_SETTING,IMG_MY_SETTING));
ADD_APPLICATION_MENUITEM((MENU_MY_SETTING1,
MENU_MY_SETTING,0,SHOW,
MOVEABLEWITHINPARENT,DISP_LIST,STR_MY_SETTING1,IMG_MY_SETTING1));
ADD_APPLICATION_MENUITEM((MENU_MY_SETTING2,
MENU_MY_SETTING,0,SHOW,MOVEABLEWITHINPARENT,
DISP_LIST,STR_MY_SETTING2,IMG_MY_SETTING2));
ADD_APPLICATION_IMAGE2(IMG_MY_SETTING,CUST_IMG_PATH"\\\\MainLCD\\\\SubMenu\\\\Settings\\\\MY_SETTING.pbm","My Setting");
ADD_APPLICATION_IMAGE2(IMG_MY_SETTING,CUST_IMG_PATH"\\\\MainLCD\\\\SubMenu\\\\Settings\\\\MY_SETTING1.pbm","My Setting1");
ADD_APPLICATION_IMAGE2(IMG_MY_SETTING,CUST_IMG_PATH"\\\\MainLCD\\\\SubMenu\\\\Settings\\\\MY_SETTING2.pbm","My Setting2");
ADD_APPLICATION_STRING2(STR_MY_SETTING,"My Setting","My Setting");
ADD_APPLICATION_STRING2(STR_MY_SETTING1,"My Setting1","My Setting1");
ADD_APPLICATION_STRING2(STR_MY_SETTING2,"My Setting2","My Setting2");
********************************
```

解释：

(1) ADD_APPLICATION_MENUITEM((MENU_MY_SETTING1,
MENU_MY_SETTING,0,SHOW,
MOVEABLEWITHINPARENT,DISP_LIST,STR_MY_SETTING1,IMG_MY_SETTING1));

① MENU_MY_SETTING1：菜单的 ID。

② MENU_MY_SETTING：上一级菜单的 ID，即父菜单 ID。

③ 0：该菜单下一级菜单的数目。

④ SHOW：菜单的显示方式。

⑤ MOVEABLEWITHINPARENT：菜单的转移属性。

⑥ DISP_LIST：菜单的显示风格。

⑦ STR_MY_SETTING1：菜单的字符串 ID。

⑧ IMG_MY_SETTING1：菜单图标的 ID。

(2) ADD_APPLICATION_IMAGE2(IMG_MY_SETTING,CUST_IMG_PATH"\\\\MainLCD\\\\SubMenu\\\\Settings\\\\MY_SETTING2.pbm","My Setting2")

① IMG_MY_SETTING：图片 ID。

② CUST_IMG_PATH"\\\\MainLCD\\\\SubMenu\\\\Settings\\\\MY_SETTING2.pbm"：图片的路径。

③ My Setting2：描述文字 ID。

④ 路径：plutommi\Customer\Images\PLUTO240X320\MainLCD\Submenu\Settings。

5. 把 My Setting 菜单，加到其他菜单下

.\plutommi\Customer\CustResource\PLUTO_MMI\Res_MMI\Res_MainMenu.c

修改 ADD_APPLICATION_MENUITEM((MAIN_MENU_SETTINGS_MENUID,IDLE_SCREEN_MENU_ID,………)函数，把它的子菜单项的数目增加 1，把 "MENU_MY_SETTING" 加在子菜单数目的后面。

```
ADD_APPLICATION_MENUITEM((MAIN_MENU_SETTINGS_MENUID,IDLE_SCREEN_MENU_ID,
    # ifdef __MMI_SOUND_EFFECT__
        ////+ 1
    # endif
    # if defined(__MMI_TOUCH_SCREEN__) || defined(__MMI_HANDWRITING_PAD__)
        1 +
    # endif
        1 +    /* For fmgr; Added by Tomsu, 20071115 */
        1 +    /* For Profiles; Added by Tomsu, 20071115 */
        1 +    /* For themes; Added by Tomsu, 20071115 */
        6,     /*  这个数字表示子菜单的项目，原来为 5，因为要增加一个子菜单，所以这里为 6 */

        MENU_MY_SETTING,  /* 这里添加的菜单 ID */
        MENU9102_INITIAL_SETUP,
        MENU8237_SCR8093_MNGCALL_MENU_MAIN,
        MENU9185_NETWORK_SETUP,
        MENU9101_SECURITY,
        MAIN_MENU_PROFILES_MENUID,  /* Added by Tomsu, 20071115 */
```

```
        MENU3101_THEMES,    /* Added by Tomsu, 20071115 */
    # ifdef __MMI_SOUND_EFFECT__
        //MENU_SETTING_SOUND_EFFECT,
```

6. 声明菜单高亮函数和弹出对话框函数

.\plutommi\mmi\Setting\SettingInc\SettingProt.h

"Upper this line, this part is controlled by PVCS VM. DO NOT MODIFY!!"下面添加：

```
void HighlightMySetting(void);  //高亮菜单项,以便选中
void HighlightMySetting1(void);
void HighlightMySetting2(void);
void EntryMySetting(void);  //进入菜单项,进入 Menulist
void EntryMySetting1(void); //弹出对话框,dialog
void EntryMySetting2(void);
```

7. 构建处理函数

.\plutommi\mmi\Setting\SettingSrc\SettingSrc.c

在"* InitSettingApp"下添加以下函数：

```
void HighlightMySetting(void)
{
SetKeyHandler(GoBackHistory, KEY_LEFT_ARROW, KEY_EVENT_DOWN); //按左方向键返回
SetRightSoftkeyFunction(GoBackHistory,KEY_EVENT_UP); //按右键返回
SetKeyHandler(EntryMySetting, KEY_RIGHT_ARROW,KEY_EVENT_DOWN); //按右方向键进入菜
//单列表
SetLeftSoftkeyFunction(EntryMySetting,KEY_EVENT_UP); //按左键进入函数
}
void HighlightMySetting1(void)
{
SetKeyHandler(GoBackHistory, KEY_LEFT_ARROW, KEY_EVENT_DOWN);
SetRightSoftkeyFunction(GoBackHistory,KEY_EVENT_UP);
SetKeyHandler(EntryMySetting1, KEY_RIGHT_ARROW,KEY_EVENT_DOWN);
SetLeftSoftkeyFunction(EntryMySetting1,KEY_EVENT_UP);
}
void HighlightMySetting2(void)
{
SetKeyHandler(GoBackHistory, KEY_LEFT_ARROW, KEY_EVENT_DOWN);
SetRightSoftkeyFunction(GoBackHistory,KEY_EVENT_UP);
SetKeyHandler(EntryMySetting2, KEY_RIGHT_ARROW,KEY_EVENT_DOWN);
SetLeftSoftkeyFunction(EntryMySetting2,KEY_EVENT_UP);
}
void EntryMySetting(void)
{
U16 nStrItemList[MAX_SUB_MENUS];    /* Stores the strings id of submenus returned */
U16 nNumofItem;        /* Stores no of children in the submenu */
```

第4章 典型应用程序开发流程及资源的综合使用

```
    U8* guiBuffer;     /* Buffer holding history data */
    U16 ImageList[MAX_SUB_MENUS];
    EntryNewScreen(SCR_MY_SETTING, NULL, EntryMySetting, NULL);
    /* 2 Get current screen to guibuffer for history purposes */
    guiBuffer= GetCurrGuiBuffer(SCR_MY_SETTING);
    /* 3. Retrieve no of child of menu item to be displayed */
    nNumofItem= GetNumOfChild(MENU_MY_SETTING); //获得子菜单的数量
    /* 4. Retrieve string ids in sequence of given menu item to be displayed */
    GetSequenceStringIds(MENU_MY_SETTING,nStrItemList); //获得字符串 ID 的顺序
    GetSequenceImageIds(MENU_MY_SETTING, ImageList);    //获得图片 ID 的顺序
    /* 5 Set current parent id */
    SetParentHandler(MENU_MY_SETTING); //设定父菜单句柄

    /* 6 Register highlight handler to be called in menu screen */
    RegisterHighlightHandler(ExecuteCurrHiliteHandler); //向系统注册高亮句柄
    /* 7 Display Category1 Screen,显示构建的屏幕 */
    ShowCategory15Screen(STR_MY_SETTING, IMG_SCR_SETTING_CAPTION, STR_GLOBAL_OK, IMG_
GLOBAL_OK,STR_GLOBAL_BACK, IMG_GLOBAL_BACK, nNumofItem, nStrItemList, ImageList, LIST_
MENU, 0, guiBuffer);
    /* 8. Register function with right softkey,设定右按键的功能,返回历史 */
    SetRightSoftkeyFunction(GoBackHistory,KEY_EVENT_UP);
}
void EntryMySetting1(void)
{
    S8 * string = GetString(STR_MY_SETTING1) ;
    U16 imageId= IMG_MY_SETTING;
    EntryNewScreen(SCR_MY_SETTING1, NULL, EntryMySetting1,NULL);
    ShowCategory65Screen((U8*)string,imageId,NULL);//构建的屏幕内容
    SetRightSoftkeyFunction(GoBackHistory,KEY_EVENT_UP);
}
void EntryMySetting2(void)
{
    S8 * string = GetString(STR_MY_SETTING2) ;
    U16 imageId= IMG_MY_SETTING;
    EntryNewScreen(SCR_MY_SETTING2, NULL, EntryMySetting2, NULL);
    ShowCategory65Screen((U8*)string,imageId,NULL);
    SetRightSoftkeyFunction(GoBackHistory,KEY_EVENT_UP);
}
```

8. 对高亮句柄声明

\plutommi\mmi\Setting\SettingSrc\SettingSrc.c

在以下函数

```
void InitSettingApp(void)
{
}
```

第 4 章 典型应用程序开发流程及资源的综合使用

下添加：

```
SetHiliteHandler(MENU_MY_SETTING,HighlightMySetting);
   SetHiliteHandler(MENU_MY_SETTING1,HighlightMySetting1);
   SetHiliteHandler(MENU_MY_SETTING2,HighlightMySetting2);
```

其最终实现的效果如图 4.6 和图 4.7 所示；也可以改变语言，如图 4.8 和图 4.9 所示。

图 4.6　Settings 菜单下的效果

图 4.7　MySetting 菜单下的效果

图 4.8　中文界面"设置"菜单效果

图 4.9　中文界面"我的设定"菜单效果

第4章 典型应用程序开发流程及资源的综合使用

结　语：
　　学习本章的内容，要重点掌握 MTK 平台基本应用程序和独立模块应用程序的开发方法。资源构建的过程非常繁琐，尤其是菜单资源的使用更是如此。要想很好地掌握本章的内容，一个便捷的方法就是掌握本章中"字符串、菜单、图片资源和对话框的综合使用"的例子。

第 5 章 绘画、图像、背景和层

引 子：

在手机开发中，经常要用到绘画的操作，这可以让排版布局更加精致。本章先对绘画的操作进行探讨。手机的界面是否精美，关系到用户的使用感受，而让手机的界面美观起来就离不开图像、背景以及层的巧妙使用，图像、背景和层将是我们阐述的另一要点。本章例子源代码请见源代码"第 5 章的例子"文件夹下的 MainMenu.c 文件。

5.1 MMI 的架构

MMI 的架构如图 5.1 所示。

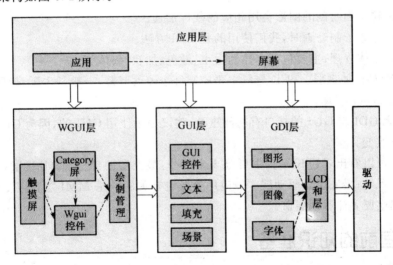

图 5.1 MMI 的架构框图

1. WGUI 层(Wrapped GUI Layer)

包装后的 GUI——WGUI 是图形系统中的模板子系统，为高级控件。WGUI 层分为下面的 4 个部分：

(1) 触摸屏：为图形系统中最核心的控制模块，对触摸屏事件进行管理。

(2) Category 屏：为屏幕模板集。

(3) WGUI 控件：为控件模板。

(4) 绘制管理：统一管理屏幕模板中的元件，使用的时候只需从绘制管理中调用，就可以绘制出每个元件的属性及状态。

2. GUI 层

图形系统中的绘画子系统可以绘画出基本的图形以及各种几何图形。GUI 层包括下面 4 个组成部分：

(1) GUI 控件：可以控制其在不同交互模式下的显示状态，负责绘制各种状态。

(2) 文本：输出的文字或文本串。

(3) 填充：将图形与图像整合到一起，绘制出相应的填充区域，可用来作为各种元件的背景。

(4) 场景：用来控制系统的显示风格。

3. GDI 层

GDI 层为图形设备层，该层的图形绘制能实现硬件加速。GDI 层包含下面 4 个组成部分：

(1) 图形：这里面绘制的图形会用相应的硬件加速。

(2) 图像：注意绘制动画时，我们使用的是 GDI 方法。

(3) 字体：字体管理，主要包括字体的大小、颜色、加粗、斜体等。

(4) LCD 与层：处理层。LCD 与层主要控制每个硬件屏幕，一般是主屏、副屏以及与屏幕相辅的缓冲区 Layer 管理。

注意：如果 GDI 与 GUI 的接口有功能重叠，建议尽量使用 GUI 的，因为 GDI 接口随硬件变化可能会有改变。

从图 5.1 可以看出，MTK 平台主要分 3 个部分：最上层的部分是 MMI 层，即应用层；中间层为图形子系统；最底层是驱动层。做应用开发主要关注的是 MMI 层和图形子系统层，做驱动开发当然主要关注驱动层。

5.2 绘画前的知识准备

1. 画点和画直线的函数

(1) 画直线的函数主要有如下几种：

① gui_line()：画直线，只能画一个像素宽度的直线。

② gui_wline()：可以设定画线的宽度。
③ gui_draw_vertical_line()：画垂直线，一个像素宽度。
④ gui_draw_horizontal_line()：画水平线，一个像素宽度。
⑤ gdi_draw_line()：当画的线是水平或垂直的时候，此函数会做一些硬件加速，一个像素宽度。
⑥ gdi_draw_line_style()：画带有一定风格的线。

(2) 画点的函数如下：
gui_putpixel()：该函数会在屏幕上画一个带像素的点。

2. 画矩形、填充矩形和带框填充矩形的函数

(1) 画矩形的函数如下：
gui_draw_rectangle()：画一个矩形框。

(2) 画填充矩形的函数如下：
① gui_fill_rectangle()：画一个矩形框，用某种颜色作为填充色，实现的效果如图5.2所示。
② gui_hatch_fill_rectangle()：百叶窗效果的填充框，实现方法是单色和背景色交替，效果如图5.3所示。
③ gui_cross_hatch_fill_rectangle()：十字纹效果的填充框，实现的方法是单色与背景色交替，效果如图5.4所示。
④ gui_alternate_cross_hatch_fill_rectangle()：十字纹效果，实现方法为两种颜色交替，效果如图5.5所示。

图5.2　填充色 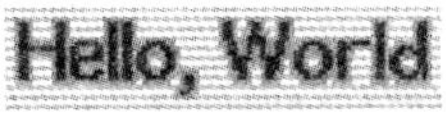　　图5.3　单色和背景色 　　图5.4　十字纹效果的填充框 　　图5.5　十字纹效果

⑤ gui_alternate_hatch_fill_rectangle()：百叶窗效果，实现方法为两种颜色交替，效果如图5.6所示。

3. 带框填充矩形的函数

① gdi_draw_frame_rect()：画一个带框的有填充色的矩形，实现效果如图5.7所示。
② gdi_draw_round_rect()：画一个带框的圆角形的矩形，实现效果如图5.8所示。

图5.6　百叶窗效果 　　图5.7　带框的有填充色的矩形 　　图5.8　带框的圆角形的矩形

③ gdi_draw_button_rect()：画一个带框的按钮形的矩形，实现效果如图5.9所示。

第 5 章 绘画、图像、背景和层

④ gdi_draw_shadow_rect()：画一个带框的,有阴影效果的矩形,实现效果如图 5.10 所示。

⑤ gdi_draw_gradient_rect()：画一个带框的,带递进色填充的矩形,实现效果如图 5.11 所示。

图 5.9 带框的按钮形的矩形 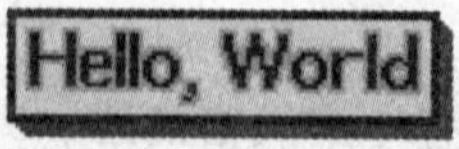　　　图 5.10 带框的,有阴影效果的矩形 　　　图 5.11 带递进色填充的矩形

5.3 绘画函数使用举例

1. 画点的函数使用示例

修改 mainmenu.c 如下：

```
/*************************************************************************
 * FUNCTION
 *   goto_main_menu
 * DESCRIPTION
 *   Display the main menu.
 *
 *   This a entry function for the main menu
 * PARAMETERS
 *   void
 * RETURNS
 *   void
 *************************************************************************/
void mmi_mydraw_entry(void);
void mmi_mydraw_exit(void);
{
history currHistory;
S16 nHistory = 0;
currHistory.scrnID = MAIN_MENU_SCREENID;
currHistory.entryFuncPtr= mmi_mydraw_entry;
pfnUnicodeStrcpy((S8*)currHistory.inputBuffer,(S8*)&nHistory);
AddHistory(currHistory);
}
void mmi_mydraw_entry(void)
{
EntryNewScreen(MAIN_MENU_SCREENID,mmi_mydraw_exit,NULL,NULL);
entry_full_screen();
clear_screen();
gui_putpixel(UI_device_width / 2, UI_device_height / 2, UI_COLOR_BLACK); //画点函数
gui_BLT_double_buffer(0,0,UI_device_width- 1,UI_device_height- 1);
```

```c
    SetKeyHandler(GoBackHistory,KEY_RSK,KEY_EVENT_UP);
}
void goto_main_menu(void)
{
    /* ................................................................. */
    /* Local Variables                                                    */
    /* ................................................................. */
    MMI_ID_TYPE mm_stringIDs[MAX_MAIN_MENU_ITEMS];
    MMI_ID_TYPE mm_iconIDs[MAX_MAIN_MENU_ITEMS];
# ifdef __MMI_BI_DEGREE_MAIN_MENU_STYLE__
    MMI_ID_TYPE mm_iconID2[MAX_MAIN_MENU_ITEMS];
    U16 nMenuItemList[MAX_SUB_MENUS];
# endif /* __MMI_BI_DEGREE_MAIN_MENU_STYLE__ */
    U8 * history_buffer;
    S32 n_items;
    S32 attributes;
    U8 HighlightMenu = 0;
    MMI_ID_TYPE * iconList;
# ifdef __MMI_MAINMENU_STYLE_CHANGE_EN__
    U8 menu_style = 0;
    MMI_ID_TYPE mm_iconIDs_display[MAX_MAIN_MENU_ITEMS];
    U8 i = 0;
# endif /* __MMI_MAINMENU_STYLE_CHANGE_EN__ */
# ifdef __MMI_BI_DEGREE_MAIN_MENU_STYLE__
    U8 j = 0;
# endif
    /* ................................................................. */
    /* Code Body                                                          */
    /* ................................................................. */
    mmi_phb_reset_scr_id();
    mmi_mydraw_entry();
    return;
    EntryNewScreen(MAIN_MENU_SCREENID, exit_main_menu, NULL, NULL);
    history_buffer = GetCurrGuiBuffer(MAIN_MENU_SCREENID);
    n_items = GetNumOfChild(IDLE_SCREEN_MENU_ID);
    GetSequenceStringIds(IDLE_SCREEN_MENU_ID, mm_stringIDs);
    GetSequenceImageIds(IDLE_SCREEN_MENU_ID, mm_iconIDs);
    SetParentHandler(IDLE_SCREEN_MENU_ID);
    attributes = GetDispAttributeOfItem(IDLE_SCREEN_MENU_ID);
……
}
```

运行后，效果如图 5.12 所示。

2. 画直线函数的使用示例

画直线的代码如下：

```c
void mmi_mydraw_entry(void)
{
    EntryNewScreen(MAIN_MENU_SCREENID,mmi_mydraw_exit,NULL,NULL);
```

```
entry_full_screen();
clear_screen();
gui_line(30, 100, 150, 140, UI_COLOR_BLACK);//画直线函数
gui_BLT_double_buffer(0,0,UI_device_width- 1,UI_device_height- 1);
SetKeyHandler(GoBackHistory,KEY_RSK,KEY_EVENT_UP);
}
```

上述画直线函数的代码中,"30,100"表示所画直线的起点,"150,140"表示所画直线的终点,UI_COLOR_BLACK 表示直线的颜色为黑色。

上述代码运行后效果如图 5.13 所示。

图 5.12 画点函数运行效果

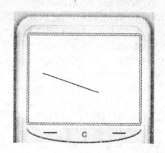

图 5.13 画直线函数运行效果

3. 画边框函数的使用示例

画边框函数的代码如下：

```
void mmi_mydraw_entry(void)
{
 EntryNewScreen(MAIN_MENU_SCREENID,mmi_mydraw_exit,NULL,NULL);
 entry_full_screen();
 clear_screen();
 gui_draw_rectangle(30, 100, 150, 140, UI_COLOR_RED); //画边框函数
 gui_BLT_double_buffer(0,0,UI_device_width- 1,UI_device_height- 1);
 SetKeyHandler(GoBackHistory,KEY_RSK,KEY_EVENT_UP);
}
```

上述画边框函数的代码中,"30,100"表示边框左上角的坐标点,"150,140"表示边框右下角的坐标点,UI_COLOR_RED 表示边框的颜色为红色。

上述代码运行后效果如图 5.14 所示。

4. 画填充矩形框函数的使用示例

画填充矩形框函数的代码如下：

```
void mmi_mydraw_entry(void)
{
 EntryNewScreen(MAIN_MENU_SCREENID,mmi_mydraw_exit,NULL,NULL);
 entry_full_screen();
```

```
clear_screen();
gui_fill_rectangle(30, 100, 150, 140, UI_COLOR_GREY); //画填充矩形框函数
gui_BLT_double_buffer(0,0,UI_device_width- 1,UI_device_height- 1);
SetKeyHandler(GoBackHistory,KEY_RSK,KEY_EVENT_UP);
}
```

画填充矩形框函数的代码中,"30,100"表示边框左上角的坐标点,"150,140"表示边框右下角的坐标点,UI_COLOR_GRAY表示边框的颜色为灰色。

上述代码运行后效果如图 5.15 所示。

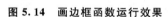

图 5.14　画边框函数运行效果　　图 5.15　画填充矩形框函数运行效果

5. 画带框填充矩形函数的使用示例

画带框填充矩形函数的代码如下:

```
void mmi_mydraw_entry(void)
{
EntryNewScreen(MAIN_MENU_SCREENID,mmi_mydraw_exit,NULL,NULL);
entry_full_screen();
clear_screen();
/*画带框填充矩形函数*/
gdi_draw_frame_rect(30, 100, 150, 140,
gdi_act_color_from_rgb(255, 204, 255, 102), GDI_COLOR_RED, 3);
gui_BLT_double_buffer(0,0,UI_device_width- 1,UI_device_height- 1);
SetKeyHandler(GoBackHistory,KEY_RSK,KEY_EVENT_UP);
}
```

画带框填充矩形函数的代码中,"30,100"表示边框左上角的坐标点,"150,140"表示边框右下角的坐标点,UI_COLOR_GRAY 表示边框的颜色为灰色。

上述代码运行后效果如图 5.16 所示。

图 5.16　画带框填充矩形函数运行效果

5.4 图像

手机的界面是否精美,关系到用户的使用感受,而让手机的界面美观起来就离不开图像和背景的使用,本节就对这两个方面的问题进行阐述。

5.4.1 图像的显示

想要图像显示在屏幕上,怎样获取图像呢？主要有下面几种方式：

(1) 从资源获取图像:图像资源是平台内部用得最多的一种存储方式。资源又分两种使用方式,一是资源 ID,一是资源 Buffer,资源 Buffer 即以 GetImage(IMAGE_ID)方式由资源 ID 转换过来的。

(2) 从文件获取图像:即在系统运行时从文件系统中动态获取的图像。

(3) 从 Buffer 获取图像:这里所说的 Buffer 指纯粹的图像数据,如网络在线下载的临时图像数据等。

图像显示编程举例如下:

```
# include "MainMenuDef.h"
void mmi_mydraw_entry(void)
{
 EntryNewScreen(MAIN_MENU_SCREENID,mmi_mydraw_exit,NULL,NULL);
 entry_full_screen();
 clear_screen();
 gdi_image_draw_id(30, 110, MAIN_MENU_MATRIX_ORGANIZER_ANIMATION); //画边框函数
 gui_BLT_double_buffer(0,0,UI_device_width- 1,UI_device_height- 1);
 SetKeyHandler(GoBackHistory,KEY_RSK,KEY_EVENT_UP);
}
```

gdi_image_draw_id()是以资源 ID 方式显示图像,其中"30,110"表示图像从什么坐标点开始显示。MAIN_MENU_MATRIX_ORGANIZER_ANIMATION 表示要显示图像的 ID。

上述代码运行后,显示效果如图 5.17 所示。

我们也可以通过使用 gdi_image_draw()从资源 Buffer 里调取图像。

若要显示放在文件系统中的图像,如存储路径为:"D:\\TEST.gif",则要使用 gdi_image_draw_file()函数,示例代码如下:

图 5.17 图像显示代码运行效果

```
# include "MainMenuDef.h"
void mmi_mydraw_entry(void)
{
 EntryNewScreen(MAIN_MENU_SCREENID,mmi_mydraw_exit,NULL,NULL);
 entry_full_screen();
 clear_screen();
 gdi_image_draw_file(100, 100, (S8 *)L"D:\\TEST.gif");//画边框函数
 gui_BLT_double_buffer(0,0,UI_device_width- 1,UI_device_height- 1);
 SetKeyHandler(GoBackHistory,KEY_RSK,KEY_EVENT_UP);
}
```

gdi_image_draw_file 只需将文件的存储路径传入即可,注意要用 Unicode 编码。

5.4.2 图像的缩放

讲到图像的缩放,首先介绍一下图像缩放所涉及的函数。图像缩放常用函数如下:

(1) gdi_image_draw_resized_id():以资源 ID 的方式调取图像,可缩放。
(2) gdi_image_draw_resized():从资源 Buffer 调取图像,可缩放。
(3) gdi_image_draw_resized_file():从文件中获取图像,可缩放。
(4) gdi_image_draw_resized_ext():从 Buffer 获取图像,可缩放。

图像缩放函数使用示例代码如下:

```
# include "MainMenuDef.h"
void mmi_mydraw_entry(void)
{
 EntryNewScreen(MAIN_MENU_SCREENID,mmi_mydraw_exit,NULL,NULL);
 entry_full_screen();
 clear_screen();
 gdi_image_draw_resized_id(30, 100, 20,30,MAIN_MENU_MATRIX_ORGANIZER_ANIMATION);
 gui_BLT_double_buffer(0,0,UI_device_width- 1,UI_device_height- 1);
}
```

在函数 gdi_image_draw_resized_id(30,100,20,30,MAIN_MENU_MATRIX_ORGANIZER_ANIMATION)中,"30,100,20,30"表示图像显示的位置及大小,其中"30,100"表示图像显示的坐标位置,"20,30"表示图像缩放后的宽高,MAIN_MENU_MATRIX_ORGANIZER_ANIMATION 表示图像的 ID。

上述代码运行后,显示效果如图 5.18 所示。

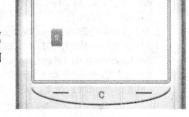

图 5.18 图像缩放代码运行效果

5.4.3 动画编程

上面讲到了图像的处理,读者不禁要问,怎样对动画进行编程呢?下面就一步一步讲解动

画编程的要领。

还是像上面的思路,我们先介绍一下常用动画显示函数有哪些。常用动画显示函数如下:

(1) gdi_anim_draw_id():资源 ID,不缩放。

(2) gdi_anim_draw_id_once():资源 ID,不缩放,只画一次。

(3) gdi_anim_draw:资源 Buffer(),不缩放。

(4) gdi_anim_draw_frames():资源 Buffer,不缩放,指定开始帧。

(5) gdi_anim_draw_resized ():资源 Buffer,可缩放。

(6) gdi_anim_draw_once ():资源 Buffer,不缩放,只画一次。

(7) gdi_anim_draw_file():文件,不缩放。

(8) gdi_anim_draw_file_resized():文件,可缩放。

(9) gdi_anim_draw_file_frames():文件,不缩放,指定开始帧。

(10) gdi_anim_draw_mem Buffer():不缩放。

(11) gdi_anim_draw_mem_frames Buffer():不缩放,指定开始帧。

(12) gdi_anim_draw_mem_resized Buffer():可缩放。

(13) gdi_anim_draw_mem_once:Buffer(),不缩放,只画一次。

注:

只画一次:即动画只从第一帧显示到最后一帧,然后不再继续下一轮循环。

指定开始帧:指定动画由哪一帧开始画。

动画编程示例代码如下:

```
gdi_handle mydraw_anim;
void stop_mydraw_anim(void)
{
gdi_anim_stop(mydraw_anim);
}
void mmi_mydraw_entry(void)
{
 EntryNewScreen(MAIN_MENU_SCREENID,mmi_mydraw_exit,NULL,NULL);
 entry_full_screen();
 clear_screen();
 gdi_image_draw_resized_id(30, 100, 20, 30,
MAIN_MENU_MATRIX_ORGANIZER_ANIMATION); //缩放函数
 SetKeyHandler(stop_my_anim, KEY_LSK, KEY_EVENT_UP);
 gui_BLT_double_buffer(0,0,UI_device_width- 1,UI_device_height- 1);
 SetKeyHandler(GoBackHistory,KEY_RSK,KEY_EVENT_UP);
}
```

5.5 背景

从本节开始就重点讨论背景的话题。

5.5.1 背景的概念

背景是元件显示风格的衬托。要理解背景的控制原理,必须充分了解 UI_filled_area 结构体的含义。UI_filled_area 结构体的定义如下:

```
typedef struct _UI_filled_area
{
dword flags; //总控制标志
UI_image_type b; //背景图像
gradient_color* gc; //递进颜色
color c; //背景色
color ac; //替换色
color border_color; //边框颜色
color shadow_color; //阴影颜色
UI_transparent_color_type transparent_color; //透明色
} UI_filled_area
```

注意,上面的结构体中,flags 是结构体的总控制中心,其组合方式如下:

flags=类型标识|边框标志|阴影标识。

(1) 类型标志如表 5-1 所列。

表 5-1 类型标志

类型标志	说 明
UI_FILLED_AREA_TYPE_COLOR	颜色
UI_FILLED_AREA_TYPE_GRADIENT_COLOR	递进颜色
UI_FILLED_AREA_TYPE_TEXTURE	纹理
UI_FILLED_AREA_TYPE_BITMAP	图像
UI_FILLED_AREA_TYPE_HATCH_COLOR	百页窗(背景色 c 与原始底色交替)
UI_FILLED_AREA_TYPE_ALTERNATE_HATCH_COLOR	交替百页窗(背景色 c 与替换色 ac 交替)
UI_FILLED_AREA_TYPE_CROSS_HATCH_COLOR	十字纹(背景色 c 与原始底色磁针替)
UI_FILLED_AREA_TYPE_ALTERNATE_CROSS_HATCH_COLOR	交替十字纹(背景色 c 与替换色 ac 交替)
UI_FILLED_AREA_TYPE_NO_BACKGROUND	无背景
UI_FILLED_AREA_TYPE_3D_BORDER	3D 背景
UI_FILLED_AREA_TYPE_CUSTOM_FILL_TYPE1	自定义背景 1

(2) 边框标志如表 5-2 所列。

表 5-2 边框标志

flags	说明	范例
UI_FILLED_AREA_BORDER UI_FILLED_AREA_SINGLE_BORDER	单边框（一个像素宽）	
UI_FILLED_AREA_DOUBLE_BORDER	双边框（两个像素宽）	
UI_FILLED_AREA_ROUNDED_BORDER UI_FILLED_AREA_DOUBLE_BORDER	圆角边框	
UI_FILLED_AREA_3D_DERESSED_BORDER UI_FILLED_AREA_DOUBLE_BORDER	3D下陷边框	
UI_FILLED_AREA_DEPRESSED_BORDER UI_FILLED_AREA_DOUBLE_BORDER	3D凸起边框	
UI_FILLED_AREA_LEFT_ROUNDED_BORDER	左圆角边框	
UI_FILLED_AREA_RIGHT_ROUNDED_BORDER	右圆角边框	

（3）阴影标志如表 5-3 所列。

表 5-3 阴影标志

flags	说明	范例
UI_FILLED_AREA_SHADOW UI_FILLED_AREA_DOUBLE_BORDER	单阴影（一个像素宽）	
UI_FILLED_AREA_SHADOW UI_FILLED_AREA_DOUBLE_BORDER UI_FILLED_AREA_SHADOW_DOUBLE_LINE	双阴影（两个像素宽）	

5.5.2 应用编程举例

1. 颜 色

示例代码如下：

```
void mmi_mydraw_entry(void)
{
… …
UI_filled_area filler = {0};
EntryNewScreen(SCR_MYDRAW_MAIN, NULL, mmi_mydraw_entry, NULL);
```

```
entry_full_screen();
clear_screen();
filler.flags = UI_FILLED_AREA_TYPE_COLOR | UI_FILLED_AREA_BORDER | UI_FILLED_AREA_
SHADOW;
filler.c = UI_COLOR_GREY;
filler.border_color = UI_COLOR_DARK_GREY;
filler.shadow_color = UI_COLOR_3D_FILLER;
gui_draw_filled_area(20, 20, 156, 150, &filler);
… …
}
```

上述代码运行后,显示效果如图 5.19 所示。

注意递进色的显示编程,代码如下:

```
void mmi_mydraw_entry(void)
{
UI_filled_area filler = {0};
static color g_colors[3] = {{255,0,0},{0,255,0},{0,0,
255}};
static U8 perc[2] = {30,70};
gradient_color gc = { g_colors, perc, 3 };
EntryNewScreen(MAIN_MENU_SCREENID,mmi_mydraw_exit,NULL,NULL);
entry_full_screen();
clear_screen();
filler.flags = UI_FILLED_AREA_TYPE_GRADIENT_COLOR;
filler.gc = &gc;
gui_draw_filled_area(20, 20, 156, 150, &filler);
gui_BLT_double_buffer(0,0,UI_device_width- 1,UI_device_height- 1);
SetKeyHandler(GoBackHistory,KEY_RSK,KEY_EVENT_UP);
}
```

图 5.19 颜色示例代码运行效果

递进色需要用到一个结构体 gradient_color,其定义如下:

```
typedef struct _gradient_color
{ color * c; //颜色列表,数量由最后一个参数 n 决定
byte * p; //百分比列表,个数为 n - 1,依次表示两个相邻颜色递进宽度占整个宽度的百分比
byte n; //颜色数量
} gradient_color;
```

上述代码运行后,显示效果如图 5.20 所示。

2. 图　像

示例代码如下:

```
oid mmi_mydraw_entry(void)
{
… …
filler.flags = UI_FILLED_AREA_TYPE_BITMAP;
filler.b = GetImage(IMG_GLOBAL_SUB_MENU_BG);
```

```
gui_draw_filled_area(20, 20, 156, 150, &filler);
… …
}
```

上述代码运行后,显示效果如图 5.21 所示。

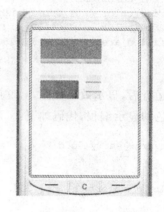

图 5.20 递进色的显示代码运行效果　　　图 5.21 图像示例代码运行效果

3. 纹 理

示例代码如下:

```
void mmi_mydraw_entry(void)
{
… …
filler.flags = UI_FILLED_AREA_TYPE_TEXTURE;
filler.b = GetImage(MAIN_MENU_MATRIX_ORGANIZER_ANIMATION);
gui_draw_filled_area(20, 20, 156, 150, &filler);
… …
}
```

上述代码运行后,显示效果如图 5.22 所示。

4. 3D 效果

示例代码如下:

```
void mmi_mydraw_entry(void)
{
… …
filler.flags = UI_FILLED_AREA_TYPE_3D_BORDER;
filler.c = UI_COLOR_GREY;
gui_draw_filled_area(20, 20, 156, 150, &filler);
… …
}
```

上述代码运行后,显示效果如图 5.23 所示。

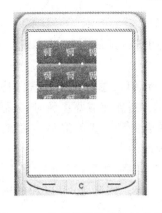 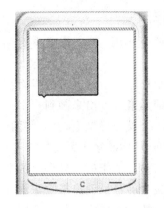

图 5.22　纹理示例代码运行效果　　　图 5.23　3D 运行效果

5. 动画背景

示例代码如下：

```
# include "Mmi_phnset_dispchar.h"
……
gdi_handle my_anim;
void mmi_mydraw_entry(void)
{
……
EntryNewScreen(SCR_MYDRAW_MAIN, NULL, mmi_mydraw_entry, NULL);
entry_full_screen();
clear_screen();
gdi_anim_draw_id(0, 0, IMG_ID_PHNSET_ON_0, &my_anim);
……
}
```

5.6　层

有时想实现一些屏幕的特殊效果，或者是在屏幕显示图像时进行加速，这就要用到层。接下来就讨论层的使用。

5.6.1　层的创建和使用

1. 什么是层

一个真正的屏幕可以由多个层次的模拟屏幕合并而成，这样一层层的模拟屏幕，就称为MTK 的层。层实际上是屏幕的缓冲空间。

2. 层的作用

层主要有两个作用，其一是减少对系统资源的消耗，其二是可以实现一些屏幕的特殊效果。

先说第一个作用。虽然屏幕的界面在不断地更新，但层总有一些元素保持不变。我们可以将这些不变的元素提取出来画到一个模拟的屏幕上，当界面需要更新时，只需将要刷新的元素更新到另外一个模拟屏幕上，而后将两个模拟屏幕合并到真正的屏幕上，这样就省掉了不变元素的重画时间，从而减轻了系统负担并且加速了画面的更新。

再说说层的第二个作用。如果有两个层构成一个屏幕，如果把上面的层设置成半透明，那么就很容易让整个屏幕呈现出来朦朦胧胧的半透明效果。实际上，可以利用屏幕可以由多个层合并而成这个特点来构建出很多丰富多彩的特效，比如通透、剪切等。

3. 层的创建与激活

示例代码如下：

```
gdi_handle my_layer; //gdi_handle 实例化出 my_layer
void mmi_mylayer_entry(void)
{
EntryNewScreen(MAIN_MENU_SCREENID, NULL, mmi_mylayer_entry, NULL);
clear_screen();
gui_move_text_cursor(50, 100);
gui_set_text_color(UI_COLOR_RED);
gui_print_text(L"Hello,World");
gdi_layer_create(20, 20, 136, 130, &my_layer);//创建层函数
gdi_layer_set_active(my_layer);//激活层
gui_BLT_double_buffer(0, 0, UI_device_width - 1, UI_device_height - 1);
}
```

在上面的代码中，先用 gdi_handle 实例化出 my_layer，再用函数 gdi_layer_create(20, 20, 136, 130, &my_layer)从坐标点(20,20)创建出来宽 136 高 130 大小的一个矩形层。层创建出来后需要进行激活，调用 gdi_layer_set_active(my_layer)即可。

4. 基础层的概念与层的合并

基础层是指系统开机的时候为每个硬件屏幕创建的那个基本层。基础层由系统创建，无法被删除，它与硬件屏幕完全重合，进入新的屏幕时系统会自动将基础层激活。

下面的代码中要使用基础层，必须用 gdi_handle 实例化出 base_layer，然后用 gdi_layer_get_base_handle(&base_layer)获取基础层，再用 gdi_layer_set_active(base_layer)激活基础层。

在下面的代码中，注意函数 gdi_layer_set_blt_layer(base_layer, my_layer, NULL, NULL)是用来合并 base_layer 和 my_layer 的。只有把层合并，才能看到显示效果。特别要指出的是，函数 gui_BLT_double_buffer 用来合并层，但在使用之前先得用 gdi_layer_set_blt_ layer 指明是哪几个层需要合并。函数 gdi_layer_set_blt_layer 能接受 4 个层句柄，也就是说系统同一时刻最多只能合并 4 个层（当然创建的层可以不止这个数）。另外要注意参数的顺序，第一个传入的层是放在最底下的，然后依次往上码。

```
gdi_handle my_layer ,base_layer; //gdi_handle 实例化出 my_layer
void mmi_mylayer_entry(void)
{
EntryNewScreen(MAIN_MENU_SCREENID, NULL, mmi_mylayer_entry, NULL);
clear_screen();
gui_move_text_cursor(50, 100);
gui_set_text_color(UI_COLOR_RED);
gui_print_text(L"Hello,World");
gdi_layer_create(20, 20, 136, 130, &my_layer);//创建层函数
gdi_layer_set_active(my_layer);//激活层
gdi_layer_get_base_handle(&base_layer); //获取基础层
gdi_layer_set_active(base_layer);//激活基础层
gdi_layer_set_blt_layer(base_layer, my_layer, NULL, NULL); //合并
//base_layer 和 my_layer
gui_BLT_double_buffer(0, 0, UI_device_width - 1, UI_device_height - 1);
}
```

上述代码运行后，显示效果如图 5.24 所示。

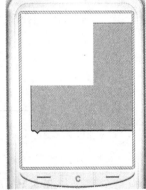

图 5.24 运行效果

5.6.2 层的特效实现

1. 通透与半透明

通透具体实现见下面的代码：

```
gdi_handle my_layer ,base_layer; //gdi_handle 实例化出 my_layer
void mmi_mylayer_entry(void)
{
EntryNewScreen(MAIN_MENU_SCREENID, NULL, mmi_mylayer_entry, NULL);
clear_screen();
gui_move_text_cursor(50, 100);
gui_set_text_color(UI_COLOR_RED);
gui_print_text(L"Hello,World");
gdi_layer_create(20, 20, 136, 130, &my_layer);//创建层函数
gdi_layer_set_active(my_layer);//激活层
gdi_layer_clear(GDI_COLOR_BLUE);//把 my_layer 层刷成蓝色
gdi_layer_set_source_key(TRUE, GDI_COLOR_BLUE);//把蓝色作为通透色
gdi_layer_get_base_handle(&base_layer); //获取基础层
gdi_layer_set_active(base_layer);//激活基础层
gdi_layer_set_blt_layer(base_layer, my_layer, NULL, NULL); //合并 base_layer 和 my_layer
gui_BLT_double_buffer(0, 0, UI_device_width - 1, UI_device_height - 1);
```

第 5 章　绘画、图像、背景和层

}

上述代码运行效果如图 5.25 所示。

上面的通透效果实现过程如下：

先用 gdi_layer_clear(GDI_COLOR_BLUE) 把 my_layer 层刷成蓝色，再用 gdi_layer_set_source_key(TRUE, GDI_COLOR_BLUE) 把蓝色作为通透色，这样 mylay_layer 就成为透明的了，从 my_layer 层就能看到 base_layer 层了。

刷成蓝色的效果如图 5.26 所示。

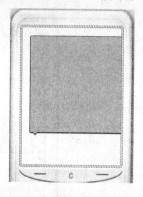 

图 5.25　层的通透效果　　　　　　　图 5.26　刷成蓝色效果

如果要实现半透明的效果，上面的代码，只需加上一句代码，如下：

```
gdi_handle my_layer ,base_layer; //gdi_handle 实例化出 my_layer
void mmi_mylayer_entry(void)
{
EntryNewScreen(MAIN_MENU_SCREENID, NULL, mmi_mylayer_entry, NULL);
clear_screen();
gui_move_text_cursor(50, 100);
gui_set_text_color(UI_COLOR_RED);
gui_print_text(L"Hello,World");
gdi_layer_create(20, 20, 136, 130, &my_layer);//创建层函数
gdi_layer_set_active(my_layer);//激活层
gdi_layer_clear(GDI_COLOR_BLUE);//把 my_layer 层刷成蓝色
gdi_layer_set_opacity(TRUE, 128); //设定透明度
gdi_layer_get_base_handle(&base_layer); //获取基础层
gdi_layer_set_active(base_layer);//激活基础层
gdi_layer_set_blt_layer(base_layer, my_layer, NULL, NULL); //合并 base_layer 和 my_layer
gui_BLT_double_buffer(0, 0, UI_device_width - 1, UI_device_height - 1);
}
```

上述代码运行的效果如图 5.27 所示。

注意：上面的代码 gdi_layer_set_opacity(TRUE, 128) 用来设定层的透明度，gdi_layer_ set_opacity 的第一个参数指明要不要开启半透明效果,第二个参数是透明度的取值,范围为 0~255,值越小表示透明度越高,当取值为 0 时就会完全被透掉,255 即完全不透明。

2. 剪切

具体实现请参考如下代码:

```
gdi_handle my_layer ,base_layer; //gdi_handle 实例化出 my_layer
void mmi_mylayer_entry(void)
{
    EntryNewScreen(MAIN_MENU_SCREENID, NULL, mmi_mylayer_entry, NULL);
    clear_screen();
    gui_move_text_cursor(50, 100);
    gui_set_text_color(UI_COLOR_RED);
    gui_print_text(L"Hello,World");
    gdi_layer_create(20, 20, 136, 130, &my_layer);//创建层函数
    gdi_layer_set_active(my_layer);//激活层
    gdi_layer_clear(GDI_COLOR_BLUE);//把 my_layer 层刷成蓝色
    gdi_layer_set_source_key(TRUE, GDI_COLOR_BLUE);//把蓝色作为通透色
    gdi_layer_set_clip(40, 25, 100, 100); //设定剪切区域
    gdi_layer_get_base_handle(&base_layer); //获取基础层
    gdi_layer_set_active(base_layer);//激活基础层
    gdi_layer_set_blt_layer(base_layer, my_layer, NULL, NULL); //合并 base_layer 和 my_layer
    gui_BLT_double_buffer(0, 0, UI_device_width - 1, UI_device_height - 1);
}
```

图 5.27　半透明效果

剪切就是在层中设一个限制区域,只有在这个区域中的绘画才是有效的,否则就会被自动忽略。

剪切特效有两个特点:

(1) 每个层一定有而且只能有一个剪切区域。

(2) 剪切区域一经设置,永久生效,所以剪切区域用完后最好用 gdi_layer_reset_clip 还原(如不还原则有可能什么东西都画不上来)。

剪切用函数 gdi_layer_set_clip 来实现,就如上面的代码所示。

3. 层的释放

示例代码如下:

```
gdi_handle my_layer ,base_layer; //gdi_handle 实例化出 my_layer
void mmi_mylayer_exit(void)
{
    … …
    gdi_layer_free(my_layer);//释放层
}
```

第5章 绘画、图像、背景和层

```
void mmi_mylayer_entry(void)
{
EntryNewScreen(MAIN_MENU_SCREENID, NULL, mmi_mylayer_exit, NULL);
clear_screen();
gui_move_text_cursor(50, 100);
gui_set_text_color(UI_COLOR_RED);
gui_print_text(L"Hello,World");
gdi_layer_create(20, 20, 136, 130, &my_layer);//创建层函数
gdi_layer_set_active(my_layer);//激活层
gdi_layer_clear(GDI_COLOR_BLUE);//把 my_layer 层刷成蓝色
gdi_layer_set_source_key(TRUE, GDI_COLOR_BLUE);//把蓝色作为通透色
gdi_layer_set_clip(40, 25, 100, 100); //设定剪切区域
gdi_layer_get_base_handle(&base_layer); //获取基础层
gdi_layer_set_active(base_layer);//激活基础层
gdi_layer_set_blt_layer(base_layer, my_layer, NULL, NULL); //合并 base_layer 和 my_layer
gui_BLT_double_buffer(0, 0, UI_device_width - 1, UI_device_height - 1);
}
```

结　语：

本章要重点把握各种绘画函数是怎样使用的，同时要重点掌握三个方面的内容：一是理解图像和动画的显示方式，二是掌握控制背景的结构体的使用，三是掌握层的创建、激活、合并以及通透等特殊效果的实现等。

第6章

控件、键盘和触摸屏编程

引 子：

各种控件的使用是 MTK 应用开发的重要内容，所以本章将详细阐述各种控件类型。本章例子源代码请见源代码"第 6 章的例子"文件夹下的"菜单_群组按键_触摸屏代码"文件夹。

6.1 控 件

程序要能和用户交互，不可避免要用到控件。在 MTK 平台中控件的使用比较麻烦，尤其是复杂的控件更是如此。MTK 平台对控件的控制一般在代码中，没有可视化的界面，无形中加大了它的开发难度。下面对典型控件一一介绍。

1. 菜单框架

菜单框架处理如图 6.1 所示，有 2 种形式：

(1) 矩阵菜单框架(Fixed matrix menu)，如图 6.2 所示。

注：名称中的 Fixed 即所有菜单项都是同一种类型。(最原始的菜单中每项都可以是不同类型，因其极复杂所以从来不用。)

(2) 列表菜单框架(Fixed list menu)，如图 6.3 所示。这里菜单都是由菜单框架与菜单项组合而成。菜单框架主要用来控制菜单项的排版及状态。菜单框架与后面所列的 4 种菜单项两两组合就成了各种不同的菜单。

2. 菜单项

(1) 文本菜单项(Fixed text menuitem)，分列表型与矩阵型两种，如图 6.4 所示。

(2) 文本图标菜单项(Fixed icontext menuitem)，也分为列表型与矩阵型两种，如图 6.5 所示。

(3) 多列菜单项(Fixed icontext list menuitem)，即多列图标与多列文本组合在一起的菜单项，如范例中上是两个图标加一个文本，范例中下是两列文本，如图 6.6 所示。

第6章 控件、键盘和触摸屏编程

图 6.1　菜单框外观　　　图 6.2　矩阵菜单框架　　　图 6.3　列表菜单框架

图 6.4　文本菜单项　　　图 6.5　文本图标菜单　　　图 6.6　多列菜单项

（4）两状态菜单项，菜单项在运行时有两种状态，典型的是复选框与单选框，如图 6.7 所示。

3. 按　钮

按钮有 4 种类型，如图 6.8 所示。

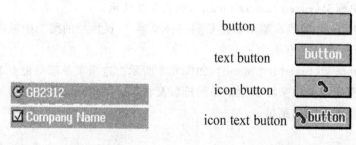

图 6.7　两状态菜单项　　　图 6.8　按钮的 4 种类型

左右软键都是 icontext button，只是其中的 icon 一般都会省掉。

4. 滚动条(Scrollbar)

图 6.9 所示的是竖向滚动条，另外还有横向滚动条。

5. 进度条(Progress)

如图 6.10 所示。

6. 滑杆(Slide)

如图 6.11 所示。

图 6.9　滚动条

图 6.10　进度条

图 6.11　滑杆

7. 输入法候选字符列表

输入法中按键后当有多个字符可供选择时,就显示此列表以供用户选择。如图 6.12 所示,在英文输入法时按数字键 5 时会出现此列表,用户可以在此列表中选择自己想要的字符(可连续按此键切换选择或用触摸屏点选)。

8. 输入框

(1) 单行输入框:一般在菜单式内嵌式编辑中多用单行输入框。单行输入框如图 6.13 所示。

(2) 多行输入框(Multi-line input box):多用于全屏状态下复杂文本的输入,比如中文输入等。多行输入框如图 6.14 所示。

图 6.12　输入法候选字符列表

图 6.13　单行输入框

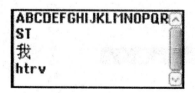

图 6.14　多行输入框

(3) 输入数字用拨号输入框(Dialer input box),如图 6.15 所示。

(4) 用于触摸屏的拨号输入框(Dialer input box for touch screen),如图 6.16 所示。

第6章 控件、键盘和触摸屏编程

图 6.15 输入数字用拨号输入框　　　　图 6.16 用于触摸屏的拨号输入框

9. 状态条

状态条用于显示当前的系统信息。

状态条有三条：

Status bar 0：主屏最上面的横状态条，在主屏的 Idle 或一般程序中均可显示。

Status bar 1：主屏右边的坚状态条，一般在 Status bar 0 中图标排不下的时候就会将图标放到 Status bar 1 中（只能在主屏的 Idle 中显示）。

Status bar 2：副屏上面的状态条。

状态条如图 6.17 所示。

10. 标题条(Title bar)

标题条包括左边的图标、中间的标题、右边的菜单高亮项序号三部分，如图 6.18 所示。

11. 输入法信息条(Information bar)

用于多行编辑框信息显示，包括左边的输入法指示，右边的输入字符数信息两部分，如图 6.19 所示。

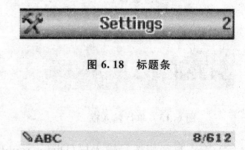

图 6.17 状态条　　　　图 6.18 标题条

　　　　　　　　　　　　图 6.19 输入法信息条

12. 滚动文本(Scrolling text)

当文本条过长无法完全显示时,就可以启用滚动文本条,如图 6.20 所示。

13. 弹出提示框(Popup description)

当高亮某个菜单项时,我们可以用弹出提示框显示一些有关此菜单项的信息,如图 6.21 所示。

图 6.20　滚动文本　　　　　　　图 6.21　弹出提示框

14. 虚拟键盘(Virtual keyboard)

触摸屏中编辑时用的虚拟键盘,如图 6.22 所示。

6.2　屏　　幕

6.2.1　菜　　单

(1) 文本列表菜单(Category6Screen),如下图 6.23 所示。

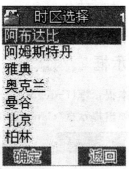

图 6.22　虚拟键盘　　　　　图 6.23　文本列表菜单

(2) 文本矩阵菜单(Category22Screen),如图 6.24 所示。
(3) 图标文本列表菜单(Category15Screen),如图 6.25 所示。
(4) 图标文本矩阵菜单(Category14Screen),如图 6.26 所示。
(5) 单选框菜单(Category11Screen),如图 6.27 所示。
(6) 复选框菜单(Category13Screen),如图 6.28 所示。

第6章 控件、键盘和触摸屏编程

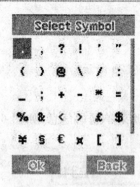
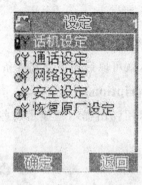
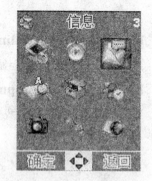

图 6.24 文本矩阵菜单　　图 6.25 图标文本列表菜单　　图 6.26 图标文本矩阵菜单

（7）多列菜单（Category73Screen），如图 6.29 所示。

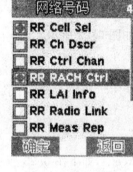

图 6.27 单选框菜单　　图 6.28 复选框菜单　　图 6.29 多列菜单

（8）内嵌编辑菜单（Category57Screen），如图 6.30 所示。

6.2.2 提示框

（1）长文本提示框（Category74Screen），如图 6.31 所示。

（2）全屏弹出提示框（Category165Screen），如图 6.32 所示。

图 6.30 内嵌编辑菜单　　图 6.31 长文本提示框　　图 6.32 全屏弹出提示框

(3) 文本图标提示框(Category8Screen)，如图 6.33 所示。

(4) 文本提示框(Category7Screen)，如图 6.34 所示。

6.2.3 其 他

(1) 全屏多行编辑框(Category5Screen)，如图 6.35 所示。

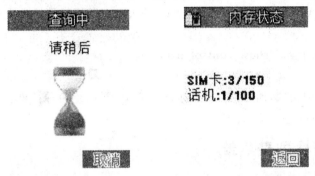

图 6.33　文本图标提示框　　图 6.34　文本提示框　　图 6.35　全屏多行编辑框

(2) 全屏单行输入框(Category111Screen)，如图 6.36 所示。

(3) 图片游览器(Category142Screen)，如图 6.37 所示。

(4) 数值选取(Category87Screen)，如图 6.38 所示。

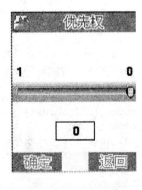

图 6.36　全屏单行输入框　　图 6.37　图片游览器　　图 6.38　数值选取

6.3　控件应用编程举例

在各种菜单控件中，文本图标列表菜单是比较典型，使用比较广泛的。下面以该控件为例详细介绍它的编程过程。

6.3.1 文本图标列表菜单使用的步骤

（1）创建：基本上就是创建一个此控件的结构体对象，一般都是申明一个全局对象。我们很少用动态对象，一是系统动态内存管理不是很成熟，二是因为屏幕中一般控件数量比较少，用全局的比较方便。另外要注意一点，系统中控件一般都会有一个类如 gui_create_control_name()的函数，此函数不是用来创建控件，而是初始化控件对象的。

（2）设置：形如 gui_create_XXX, gui_set_XXX, gui_resize_XXX 之类的都是控件设置类接口。

（3）显示：显示接口一般都类似于 gui_show_control_name()。

注意：

菜单是由菜单框架及 n 个菜单项组成，所以"文本图标列表菜单"要创建两种控件：Fixed list menu 及 Fixed icontext menuitem。

6.3.2 一步步编写文本图标列表菜单

第一步创建。

1. 创建前的准备

构建一个函数，让它输出如图 6.39 所示的界面。

函数代码如下：

```
void mmi_myapp_entry(void)
{
S32 x, y, w, h;
color text_color = {255, 255, 0, 100};
EntryNewScreen(SCR_MYAPP_MAIN, mmi_myapp_exit, NULL, NULL);
    gui_lock_double_buffer();
    entry_full_screen();
    clear_screen();
    gui_set_text_color(text_color);
    gui_set_text_border_color(UI_COLOR_GREEN);
    gui_measure_string((UI_string_type)GetString(STR_MYAPP_HELLO), &w, &h);
    x = (UI_device_width - w) / 2;
    y = MMI_title_y;
    gui_move_text_cursor(x, y);
    gui_print_bordered_text((UI_string_type)GetString(STR_MYAPP_HELLO));
    gui_unlock_double_buffer();
    gui_BLT_double_buffer(0, 0, UI_device_width - 1, UI_device_height - 1);
    SetKeyHandler(GoBackHistory, KEY_RSK, KEY_EVENT_UP);
}
```

图 6.39 运行效果

2. 构建菜单框架

需要先创建一个列表菜单框架：

```
fixed_list_menu My_fixed_list_menu; //列表菜单框架
void mmi_myapp_entry(void)
{
… …
gui_move_text_cursor(x, y);
gui_print_bordered_text((UI_string_type)GetString(STR_MYAPP_HELLO));
//开始显示菜单
memset(&My_fixed_list_menu, 0, sizeof(fixed_list_menu));
gui_create_fixed_list_menu(&My_fixed_list_menu, 20, MMI_content_y + 5, 136, MMI_content_height - 50);
MMI_current_menu_type = LIST_MENU;
//显示菜单结束
gui_BLT_double_buffer(0, 0, UI_device_width - 1, UI_device_height - 1);
SetKeyHandler(GoBackHistory, KEY_RSK, KEY_EVENT_UP);
}
```

gui_create_fixed_list_menu 用来初始菜单框架的一些基本属性。MMI_current_menu_type 是一个全局标志，用来标志当前菜单显示风格。(虽然有点多此一举，但代码中一定要有，否则会显示不正常。)

菜单框架显示效果如图 6.40 所示。

3. 创建菜单项公共属性

构建一个完整的菜单需要创建菜单项。菜单项有两种属性，一是公共属性，我们把所有菜单项属性中值完全相同的属性都合在一起，如每项高宽等，这样既方便控制又节省空间。二是单项属性(每项都不同)，如菜单项文本图标等。

图 6.40 菜单框架显示效果

```
… …
fixed_icontext_menuitem My_fixed_icontext_menuitem_common; //菜单项公共属性
void mmi_myapp_entry(void)
{
… …
//开始显示菜单
… …
memset(&My_fixed_icontext_menuitem_common, 0, sizeof(fixed_icontext_menuitem));
gui_create_fixed_icontext_menuitem(&My_fixed_icontext_menuitem_common, 136, 18);
//宽高
gui_fixed_icontext_menuitem_set_text_position(&My_fixed_icontext_menuitem_common, 24, 0); //文本偏移距离
My_fixed_icontext_menuitem_common.flags |= UI_MENUITEM_DISABLE_BACKGROUND; //统一
```

标志符显示菜单结束
... ...
}

4. 创建菜单项单项属性

下面初始化每个菜单项的单项属性。

在初始化之前我们先加几个文本串资源，添加方法如下：

```
typedef enum
{
STR_MYAPP_HELLO =  MYAPP_BASE + 1,
STR_MYAPP_HELLO_MTK,
STR_MYAPP_HELLO_TIBET,
STR_MYAPP_HELLO_LHASA,
STR_MYAPP_HELLO_SINKIANG,
STR_MYAPP_HELLO_MONGOLIA,
STR_MYAPP_HELLO_SIAN,
STR_MYAPP_HELLO_CHENGTU,
} STRINGID_LIST_MYAPP;
```

文本资源如图 6.41 所示。

STR_MYAPP_HELLO	Undefined	11	Hello, World	Hello, World	你好,世界
STR_MYAPP_HELLO_MTK	Undefined	11	Hello, MTK	Hello, MTK	你好,联发
STR_MYAPP_HELLO_TIBET	Undefined	11	Hello, Tibet	Hello, Tibet	你好,西藏
STR_MYAPP_HELLO_LHASA	Undefined	11	Hello, Lhasa	Hello, Lhasa	你好,拉萨
STR_MYAPP_HELLO_SINKIANG	Undefined	15	Hello, Sinkiang	Hello, Sinkiang	你好,新疆
STR_MYAPP_HELLO_MONGOLIA	Undefined	15	Hello, Mongolia	Hello, Mongolia	你好,内蒙古
STR_MYAPP_HELLO_SIAN	Undefined	11	Hello, Sian	Hello, Sian	你好,西安
STR_MYAPP_HELLO_CHENGTU	Undefined	15	Hello, Chengtu	Hello, Chengtu	你好,成都

图 6.41 文本资源

菜单项创建方法如下：

```
... ...
# define My_fixed_list_n_items (8) //菜单项项数
fixed_icontext_menuitem_type My_fixed_list_menuitems[My_fixed_list_n_items];
//icontext 型菜单项 //列表
void * My_fixed_menuitem_pointers[My_fixed_list_n_items]; //指向菜单项列表的索引列表
void mmi_myapp_entry(void)
{
S32 i;
... ...
//开始显示菜单
... ...
memset(&My_fixed_list_menuitems, 0, sizeof(fixed_icontext_menuitem_type) * My_fixed_list_n_items);
for (i = 0; i < My_fixed_list_n_items; i++ )
```

```
    {
    My_fixed_list_menuitems[i].item_text =
    (UI_string_type)GetString(STR_MYAPP_HELLO + i); //菜单项文本
    My_fixed_list_menuitems[i].item_icon = (PU8)GetImage(IMG_GLOBAL_L1 + i); //菜单项
//图标
    My_fixed_list_menuitems[i].flags = (UI_MENUITEM_CENTER_TEXT_Y | I_MENUITEM_CENTER_
ICON_Y);
    My_fixed_list_menuitems[i].item_icon_handle = GDI_ERROR_HANDLE;
    My_fixed_menuitem_pointers[i] = (void*)&My_fixed_list_menuitems[i]; //给索引列表
//赋值
    }
    //显示菜单结束
    … …
    }
```

My_fixed_menuitem_pointers 是指向菜单项中每一项的索引列表,主要用来通知菜单框架每一个菜单项的数据地址。

第二步 设置(联合菜单框架与菜单项)。

联合就是将菜单项的相关属性传递给菜单框架,要传递的属性有:菜单项索引列表,菜单项公共属性,菜单项项数,菜单项功能接口等。

```
    void mmi_myapp_entry(void)
    {
    … …
    //开始显示菜单
    … …
    My_fixed_list_menu.items = My_fixed_menuitem_pointers; //菜单项索引列表
    My_fixed_list_menu.common_item_data = (void*)&My_fixed_icontext_menuitem_common;
//菜单项公共属性
    My_fixed_list_menu.n_items = My_fixed_list_n_items; //菜单项项数
    gui_set_fixed_list_menu_item_functions(&My_fixed_list_menu, //菜单项功能接口
    gui_show_fixed_icontext_menuitem, //显示菜单项函数
    gui_measure_fixed_icontext_menuitem, //测量菜单项函数
    gui_highlight_fixed_icontext_menuitem, //高亮函数
    gui_remove_highlight_fixed_icontext_menuitem, //失去高亮函数
    gui_hide_fixed_icontext_menuitem, //菜单项隐藏函数
    NULL //菜单项重设大小函数
    );
    //显示菜单结束
    … …
    }
```

菜单框架是依靠传递过来的功能接口控制所有菜单项的。当要控制某一项的时候,就把菜单项索引值传入相应的功能接口,也就是说菜单框架只认接口不认菜单项。因每种类型的菜单项都有自己的一套接口,所以不管什么类型的菜单项,只要照上面这样联合起来,菜单框架都能控制。

第三步是显示菜单。

```
S32 My_fixed_list_highlight_item = 0;//菜单高亮项索引
void mmi_myapp_entry(void)
{
… …
//开始显示菜单
… …
My_fixed_list_menu.highlighted_item = - 1;//菜单高亮项索引,此为菜单框架内部属性值,在
//跳转之前一定要设为- 1
gui_fixed_list_menu_goto_item(&My_fixed_list_menu,
My_fixed_list_highlight_item);
gui_show_fixed_list_menu(&My_fixed_list_menu);
//显示菜单结束
… …
}
```

在显示之前要先用 gui_fixed_list_menu_goto_item 设置好菜单的高亮项,否则菜单会显示不正常。

当菜单项文本过长,高亮时其会自动滚动,所以我们退出菜单后还要手动通知所有菜单项停止滚动,实现如下:

```
void mmi_myapp_exit(void)
{
gui_fixed_icontext_menuitem_stop_scroll();
}
```

最终显示结果如图 6.42 所示。

6.4 键盘与 KEYCODE

键盘和触摸屏的编程是手机开发中的非常重要的内容,下面将对这部分内容做重点介绍。先介绍一下键盘,标准的键盘外观如图 6.43 所示。

图 6.42 菜单显示效果

图 6.43 标准的键盘外观

MTK 系统会给每种功能的按键定一个代号,无论键盘的外观和布局怎样改变,只要按键功能不变,其 KEYCODE 就不会改变。若有新功能的按键需要添加,就为其添加一个新的代码。

认识了键盘,我们再认识一下对应的按键代码。标准的按键代码(KEYCODE)如图 6.44 所示。每个按键的功能如表 6-1 所列。

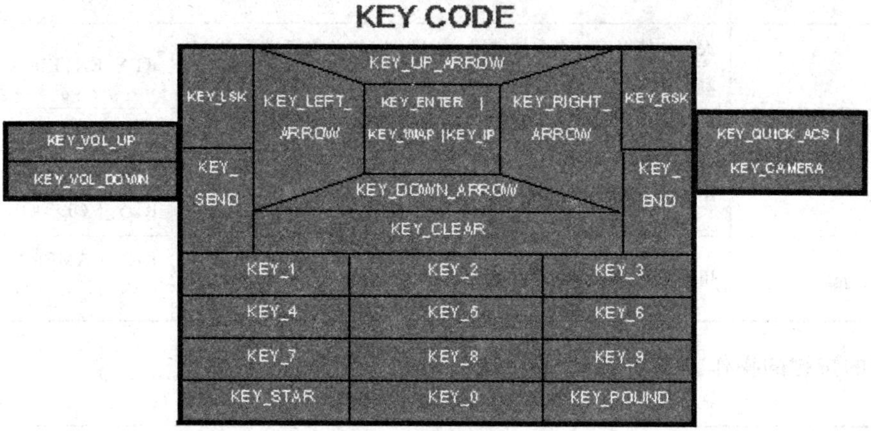

图 6.44 标准的按键代码

表 6-1 各个按键的功能

按键名	描述	KEYCODE
数字键 0~9	最原始的数字键盘,但其功能还可由程序自行定义	KEY_0~KEY_9
拨号键	主要有两个用途:一是打电话时用来拨号,二是 Idle 时按此键进入通话记录列表	KEY_SEND
终止键	终止键主要有三个作用: (1) 打电话时用来挂断。 (2) 绝大部分程序用此键来返回 Idle。 (3) 长按此键开关机。	KEY_END
星号键	与固话的星号键作用类似	KEY_STAR
井号键	与固话的井号键作用类似	KEY_POUND
左右中软键	与画面联系最紧密的功能按键,一般左软键用来进入,右软键用来退出,中软键一般只在触摸屏中会用到。如下图,在拨号界面中,中软键就是中间的小图标,只要点击就会拨号出去:	KEY_LSK KEY_RSK KEY_CSK

续表 6-1

按键名	描述	KEYCODE
上下左右方向键	方向按键	KEY_UP_ARROW KEY_DOWN_ARROW KEY_LEFT_ARROW KEY_RIGHT_ARROW
确认键	大部分情况下可当左软键用，在 Idle 时按此键可进入 WAP 游览器，在拨号界面按此键可拨 IP 电话	KEY_ENTER
清除键	编辑界面时此键用来删除字符（相当于 PC 键盘的退格键）	KEY_CLEAR
上下音量键	用来调节音量，一般放在手机左侧面	KEY_VOL_UP KEY_VOL_DOWN
拍照键	用来拍照，一般在手机右侧	KEY_CAMERA KEY_QUICK_ACS

对应的按键的操作方式如表 6-2 所列。

表 6-2 按键的操作方式

操作方式	描述	KEYTYPE
按下	将按键按下	KEY_EVENT_DOWN KEY_FULL_PRESS_DOWN
放开	放开按键	KEY_EVENT_UP
长按	按下按键后不动，定时间到后将会触发长按事件，一般情况下是 1.5 s 后，可参考 KPD_LONGPRESS_PERLOD	KEY_OLNG_PRESS
重复	长按事件触发以后，系统将会以一定频率不断触发"重复"事件，一般是间隔 0.5 s，可参考 KPD_REPEAT_PERIOD。注：长按事件只会触发一次，重复事件将会一直持续下去，直到放开按键	KEY_REPEAT
半按	将按键按下一半，只有特殊的按键支持此事件（比如经过特殊处理的拍照键），目前很少用到	KEY_HALF_PRESS_DOWN
半按放开	半按后放开按键	KEY HALF_PRESS_UP

为某个按键设置响应函数我们一般用 SetKeyHandler，其第一个参数是响应函数的地址，第二个参数是按键代码，第三个参数是按键操作方式。

下面我们为上下方向键加上按键响应：

```
fixed_list_goto_next_item(void) //跳到菜单的下一项
{
gui_lock_double_buffer();
gui_fixed_list_menu_goto_next_item(&My_fixed_list_menu); //菜单框架将跳到下一项
gui_show_fixed_list_menu(&My_fixed_list_menu);
gui_unlock_double_buffer();
gui_BLT_double_buffer( My_fixed_list_menu.x, My_fixed_list_menu.y,
My_fixed_list_menu.x + My_fixed_list_menu.width, My_fixed_list_menu.y + My_fixed_list_menu.height);
}
void mmi_myapp_entry(void)
{
… …
//开始显示菜单
… …
//显示菜单结束
SetKeyHandler(my_fixed_list_goto_previous_item, KEY_UP_ARROW, KEY_EVENT_DOWN);
SetKeyHandler(my_fixed_list_goto_next_item, KEY_DOWN_ARROW, KEY_EVENT_DOWN);
… …
}
```

运行后,按"下方向键"时菜单将会跳到第二项,如图 6.45 所示。

如果处理的按键动作比较少,我们可按上面的方式编程;但当要编程的按键比较多时,就要用到"群组按键"的概念。所谓群组按键,为一组按键编程的情况。接下来探讨一下"群组按键"的编程,先看下面的代码:

```
void my_fixed_list_goto_item(void)
{
U16 keycode, keytype;
S32 index = 0;
gui_lock_double_buffer();
GetkeyInfo(&keycode, &keytype); //获取当前用户操作的按
//键代码
index = keycode - KEY_1; //计算出当前按的是哪一个数字
gui_fixed_list_menu_goto_item(&My_fixed_list_menu, index);
gui_show_fixed_list_menu(&My_fixed_list_menu);
gui_unlock_double_buffer();
gui_BLT_double_buffer(My_fixed_list_menu.x, My_fixed_list_menu.y,
My_fixed_list_menu.x + My_fixed_list_menu.width,
My_fixed_list_menu.y + My_fixed_list_menu.height);
}
void mmi_myapp_entry(void)
{
U16 shortcut_keys[My_fixed_list_n_items] =
{
```

图 6.45 按下方向键时菜单效果

```
KEY_1, KEY_2, KEY_3, KEY_4,
KEY_5, KEY_6, KEY_7, KEY_8
};
… …
//开始显示菜单
… …
//显示菜单结束
SetGroupKeyHandler(my_fixed_list_goto_item, (PU16) shortcut_keys, My_fixed_list_n_items, KEY_EVENT_UP);
… …
}
```

因数字键数量多,如果为每一个按键都注册一次,代码将会很冗余,所以改用接口 SetGroupKeyHandler。其第一个参数是按键响应函数地址,第二个参数是按键代码列表,第三个参数是注册按键数量,第四个参数是按键操作方式。

运行后当按下数字键"8"时,菜单会立即跳到第 8 项,如图 6.46 所示。

完整代码如下:

```
void mmi_HelloWorld_exit(void);
fixed_list_menu My_fixed_list_menu;
fixed_icontext_menuitem My_fixed_icontext_menuitem_common;
fixed_list_menu My_fixed_list_menu;
fixed_icontext_menuitem My_fixed_icontext_menuitem_common;
# define My_fixed_list_n_items (8) //菜单项项数
fixed_icontext_menuitem_type My_fixed_list_menuitems[My_fixed_list_n_items];
//icontext 型菜单项列表
void * My_fixed_menuitem_pointers[My_fixed_list_n_items];
S32 My_fixed_list_highlight_item = 0; //菜单高亮项索引
void mmi_myapp_draw_text(S32 index) //显示主文本区函数,index 为菜单高亮项的序号
{
S32 x, y, w, h;
color text_color = {255, 255, 0, 100};
gui_lock_double_buffer();
gui_reset_clip();
gui_set_text_color(text_color);
gui_set_text_border_color(UI_COLOR_GREEN);
gui_measure_string((UI_string_type)GetString(STR_HELLOWORLD + index), &w, &h);
x = (UI_device_width - w) / 2;
y = MMI_title_y;
gui_move_text_cursor(x, y);
gui_fill_rectangle(0, y, UI_device_width - 1, y + h, UI_COLOR_WHITE);
gui_print_bordered_text((UI_string_type)GetString(STR_HELLOWORLD + index));
```

图 6.46 按下数定键"8"的效果

```c
gui_unlock_double_buffer();
gui_BLT_double_buffer(0, y, UI_device_width - 1, y + h);
}
void mmi_myapp_highlight_handler(S32 item_index) //菜单项高亮时被系统调用的回调函数
{
mmi_myapp_draw_text(item_index);
}
void my_fixed_list_goto_previous_item(void) //跳到菜单的前一项
{
gui_lock_double_buffer();
gui_fixed_list_menu_goto_previous_item(&My_fixed_list_menu); //菜单框架跳到前一项
gui_show_fixed_list_menu(&My_fixed_list_menu);
gui_unlock_double_buffer();
gui_BLT_double_buffer( My_fixed_list_menu.x, My_fixed_list_menu.y,
My_fixed_list_menu.x + My_fixed_list_menu.width, My_fixed_list_menu.y + My_fixed_list_menu.height);
}
void my_fixed_list_goto_next_item(void) //跳到菜单的下一项
{
gui_lock_double_buffer();
gui_fixed_list_menu_goto_next_item(&My_fixed_list_menu); //菜单框架将跳到下一项
gui_show_fixed_list_menu(&My_fixed_list_menu);
gui_unlock_double_buffer();
gui_BLT_double_buffer( My_fixed_list_menu.x, My_fixed_list_menu.y,
My_fixed_list_menu.x + My_fixed_list_menu.width, My_fixed_list_menu.y + My_fixed_list_menu.height);
}
void my_fixed_list_goto_item(void)
{
U16 keycode, keytype;
S32 index = 0;
gui_lock_double_buffer();
GetkeyInfo(&keycode, &keytype); //获取当前用户操作的按键代码
index = keycode - KEY_1; //计算出当前按的是哪一个数字键
gui_fixed_list_menu_goto_item(&My_fixed_list_menu, index);
gui_show_fixed_list_menu(&My_fixed_list_menu);
gui_unlock_double_buffer();
gui_BLT_double_buffer(My_fixed_list_menu.x, My_fixed_list_menu.y,
My_fixed_list_menu.x + My_fixed_list_menu.width,
My_fixed_list_menu.y + My_fixed_list_menu.height);
}

void mmi_HelloWorld_entry(void)
{
U16 shortcut_keys[My_fixed_list_n_items] =
{
KEY_1, KEY_2, KEY_3, KEY_4,
```

第6章 控件、键盘和触摸屏编程

```c
    KEY_5, KEY_6, KEY_7, KEY_8
};
S32 i;
S32 x, y, w, h;
color text_color = {255, 255, 0, 100};
EntryNewScreen(MAIN_MENU_SCREENID, mmi_HelloWorld_exit, NULL, NULL);
gui_lock_double_buffer();
entry_full_screen();
clear_screen();
gui_set_text_color(text_color);
gui_set_text_border_color(UI_COLOR_GREEN);
gui_measure_string(L"Hello world", &w, &h);
x = (UI_device_width - w) / 2;
y = MMI_title_y;
gui_move_text_cursor(x, y);
gui_print_bordered_text(L"Hello world");
gui_unlock_double_buffer();
mmi_myapp_draw_text(0);
//开始显示菜单
memset(&My_fixed_list_menu, 0, sizeof(fixed_list_menu));
gui_create_fixed_list_menu(&My_fixed_list_menu, 20, MMI_content_y + 5, 136, MMI_content_height - 50);
MMI_current_menu_type = LIST_MENU;
memset(&My_fixed_icontext_menuitem_common, 0, sizeof(fixed_icontext_menuitem));
gui_create_fixed_icontext_menuitem(&My_fixed_icontext_menuitem_common, 136, 18);
//宽高
    gui_fixed_icontext_menuitem_set_text_position( &My_fixed_icontext_menuitem_common, 24, 0); //文本偏移距离
    My_fixed_icontext_menuitem_common.flags |= UI_MENUITEM_DISABLE_BACKGROUND; //统一
//标志符
    memset(&My_fixed_list_menuitems, 0, sizeof(fixed_icontext_menuitem_type) * My_fixed_list_n_items);
    for (i = 0; i < My_fixed_list_n_items; i++ )
    {
    My_fixed_list_menuitems[i].item_text = (UI_string_type)GetString(STR_HELLOWORLD + i); //菜单项文本
    My_fixed_list_menuitems[i].flags = (UI_MENUITEM_CENTER_TEXT_Y | UI_MENUITEM_CENTER_ICON_Y);
    My_fixed_list_menuitems[i].item_icon_handle = GDI_ERROR_HANDLE;
    My_fixed_menuitem_pointers[i] = (void *)&My_fixed_list_menuitems[i]; //给索引列表
//赋值
    }
    My_fixed_list_menu.items = My_fixed_menuitem_pointers; //菜单项索引列表
    My_fixed_list_menu.common_item_data = (void *)&My_fixed_icontext_menuitem_common; //菜单项公共属性
    My_fixed_list_menu.n_items = My_fixed_list_n_items; //菜单项项数
    gui_set_fixed_list_menu_item_functions(&My_fixed_list_menu, //菜单项功能接口
```

```
      gui_show_fixed_icontext_menuitem, //显示菜单项函数
      gui_measure_fixed_icontext_menuitem, //测量菜单项函数
      gui_highlight_fixed_icontext_menuitem, //高亮函数
      gui_remove_highlight_fixed_icontext_menuitem, //失去高亮函数
      gui_hide_fixed_icontext_menuitem, //菜单项隐藏函数
      NULL //菜单项重设大小函数
      );
      My_fixed_list_menu.highlighted_item = -1; //菜单高亮项索引,此为菜单框架内部属性值,在
//跳转之前一定要设为-1
      gui_fixed_list_menu_goto_item(&My_fixed_list_menu,
      My_fixed_list_highlight_item);
      My_fixed_list_menu.item_highlighted = mmi_myapp_highlight_handler;
      gui_show_fixed_list_menu(&My_fixed_list_menu);
      //显示菜单结束
      mmi_pen_register_down_handler(mmi_myapp_pen_down_hdlr); //注册"按下"操作响应函数
      mmi_pen_register_up_handler(mmi_myapp_pen_up_hdlr); //注册"放开"操作响应函数
      mmi_pen_register_move_handler(mmi_myapp_pen_move_hdlr); //注册"移动"操作响应函数
      mmi_pen_register_repeat_handler(mmi_myapp_pen_repeat_hdlr); //注册"重复"操作响应
//函数
      mmi_pen_register_long_tap_handler(mmi_myapp_pen_long_tap_hdlr);// 注册"长按"操作响
//应函数
      SetGroupKeyHandler(my_fixed_list_goto_item, (PU16) shortcut_keys, My_fixed_list_n_
items, KEY_EVENT_UP);
      SetKeyHandler(my_fixed_list_goto_previous_item, KEY_UP_ARROW, KEY_EVENT_DOWN);
      SetKeyHandler(my_fixed_list_goto_next_item, KEY_DOWN_ARROW, KEY_EVENT_DOWN);
      gui_BLT_double_buffer(0, 0, UI_device_width - 1, UI_device_height - 1);
      SetKeyHandler(GoBackHistory, KEY_RSK, KEY_EVENT_UP);
      }
      void mmi_HelloWorld_exit(void)
      {
      # ifdef __MMI_HELLOWORLD_ENABLED__
      history currHistory;
      S16 nHistory = 0;
      currHistory.scrnID = MAIN_MENU_SCREENID;
      currHistory.entryFuncPtr = mmi_HelloWorld_entry;
      pfnUnicodeStrcpy( (S8 *)currHistory.inputBuffer, (S8 *)&nHistory);
      AddHistory(currHistory);
      gui_fixed_icontext_menuitem_stop_scroll();
      # endif
      }
```

6.5 触摸屏

下面接着探讨一下触摸屏的编程方法。先看看触摸屏的工作原理,如图 6.47 所示。

➢ PEN_DOWN:触摸笔点下。

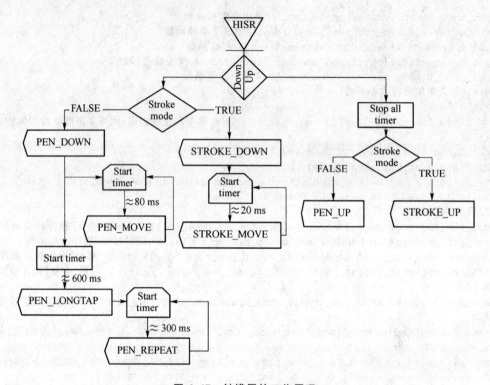

图 6.47 触摸屏的工作原理

- PEN_MOVE：触摸笔移动操作。
- PEN_LONGTAP：长按操作。
- STROKE_DOWN：手写点下的操作。
- STROKE_MOVE：手写移动操作。
- STROKE_LONGTAP：手写长按操作。
- PEN_UP：触摸笔放开的操作。
- STROKE_UP：手写放开的操作。
- PEN_REPEAT：重复操作。

看了上面的工作原理框图后，读者不禁要问，怎样对触摸屏进行编程呢？下面就来讲解这部分内容。

第一步：把用户操作传递给菜单。
//此函数将用户操作传递给菜单

```
void mmi_myap_pen_list_menu_hdlr(
mmi_pen_point_struct point,  //触摸笔坐标
mmi_pen_event_type_enum pen_event  //操作方式
)
```

```
{
    gui_list_pen_enum menu_event;
    gui_lock_double_buffer();
    if (! gui_fixed_list_menu_translate_pen_event(&My_fixed_list_menu, pen_event,
point.x, point.y, &menu_event))
    {
        return; //如果触摸笔不在菜单显示区域内则不做处理
    }
    if (menu_event == GUI_LIST_PEN_HIGHLIGHT_CHANGED ||
menu_event == GUI_LIST_PEN_NEED_REDRAW|| menu_event == GUI_LIST_PEN_ITEM_SELECTED)
    {
        //如果菜单处理后使菜单显示内容有了变化,我们需手动重画菜单
        gui_show_fixed_list_menu(&My_fixed_list_menu);
    }
    gui_unlock_double_buffer();
    gui_BLT_double_buffer( My_fixed_list_menu.x, My_fixed_list_menu.y,
My_fixed_list_menu.x + My_fixed_list_menu.width, My_fixed_list_menu.y + My_fixed_
list_menu.height);
}
```

第二步:构建响应函数。

```
void mmi_myapp_pen_up_hdlr(mmi_pen_point_struct point)
{
mmi_myap_pen_list_menu_hdlr(point, MMI_PEN_EVENT_UP);
}
void mmi_myapp_pen_down_hdlr(mmi_pen_point_struct point)
{
mmi_myap_pen_list_menu_hdlr(point, MMI_PEN_EVENT_DOWN);
}
void mmi_myapp_pen_move_hdlr(mmi_pen_point_struct point)
{
mmi_myap_pen_list_menu_hdlr(point, MMI_PEN_EVENT_MOVE);
}
void mmi_myapp_pen_repeat_hdlr(mmi_pen_point_struct point)
{
mmi_myap_pen_list_menu_hdlr(point, MMI_PEN_EVENT_REPEAT);
}
void mmi_myapp_pen_long_tap_hdlr(mmi_pen_point_struct point)
{
mmi_myap_pen_list_menu_hdlr(point, MMI_PEN_EVENT_LONG_TAP);
}
```

第三步:在入口函数中加入代码。

```
void mmi_ HelloWorld_entry(void)
{
... ...
//开始显示菜单
... ...
```

第6章 控件、键盘和触摸屏编程

```
    //显示菜单结束
    mmi_pen_register_down_handler(mmi_myapp_pen_down_hdlr);//注册"按下"操作响应函数
    mmi_pen_register_up_handler(mmi_myapp_pen_up_hdlr);//注册"放开"操作响应函数
    mmi_pen_register_move_handler(mmi_myapp_pen_move_hdlr);//注册"移动"操作响应函数
    mmi_pen_register_repeat_handler(mmi_myapp_pen_repeat_hdlr);//注册"重复"操作响应
//函数
    mmi_pen_register_long_tap_handler(mmi_myapp_pen_long_tap_hdlr);//注册"长按"操作响
//应函数
    ……
}
```

经过上述三步，我们就完成了触摸屏的编程。在前面章节的基础上加上触摸屏操作，完整的触摸屏代码如下：

```c
#include "stdC.h"
#include "MMI_Features.h"
#include "L4Dr.h"
#include "L4Dr1.h"
#include "AllAppGprot.h"
#include "FrameworkStruct.h"
#include "GlobalConstants.h"
#include "EventsGprot.h"
#include "mmiappfnptrs.h"
#include "HistoryGprot.h"
#include "HelloWorldProt.h"
#include "HelloWorldTypes.h"
#include "HelloWorldDefs.h"
#include "MainMenuDef.h"
#include "wgui_categories.h"
#include "Unicodexdcl.h"
void mmi_HelloWorld_exit(void);
fixed_list_menu My_fixed_list_menu;
fixed_icontext_menuitem My_fixed_icontext_menuitem_common;
void mmi_myap_pen_list_menu_hdlr(
mmi_pen_point_struct point, //触摸笔坐标
mmi_pen_event_type_enum pen_event //操作方式
)
{
gui_list_pen_enum menu_event;
gui_lock_double_buffer();
if(! gui_fixed_list_menu_translate_pen_event(&My_fixed_list_menu, pen_event, point.x, point.y, &menu_event))
{
return;//如果触摸笔不在菜单显示区域内则不做处理
}
```

```c
    if (menu_event == GUI_LIST_PEN_HIGHLIGHT_CHANGED ||
    menu_event == GUI_LIST_PEN_NEED_REDRAW|| menu_event == GUI_LIST_PEN_ITEM_SELECTED)
    {
    //如果菜单处理后使菜单显示内容有了变化,我们需手动重画菜单
    gui_show_fixed_list_menu(&My_fixed_list_menu);
    }
    gui_unlock_double_buffer();
    gui_BLT_double_buffer( My_fixed_list_menu.x, My_fixed_list_menu.y,
    My_fixed_list_menu.x + My_fixed_list_menu.width, My_fixed_list_menu.y + My_fixed_
list_menu.height);
    }
    void mmi_myapp_pen_up_hdlr(mmi_pen_point_struct point)
    {
    mmi_myap_pen_list_menu_hdlr(point, MMI_PEN_EVENT_UP);
    }
    void mmi_myapp_pen_down_hdlr(mmi_pen_point_struct point)
    {
    mmi_myap_pen_list_menu_hdlr(point, MMI_PEN_EVENT_DOWN);
    }
    void mmi_myapp_pen_move_hdlr(mmi_pen_point_struct point)
    {
    mmi_myap_pen_list_menu_hdlr(point, MMI_PEN_EVENT_MOVE);
    }
    void mmi_myapp_pen_repeat_hdlr(mmi_pen_point_struct point)
    {
    mmi_myap_pen_list_menu_hdlr(point, MMI_PEN_EVENT_REPEAT);
    }
    void mmi_myapp_pen_long_tap_hdlr(mmi_pen_point_struct point)
    {
    mmi_myap_pen_list_menu_hdlr(point, MMI_PEN_EVENT_LONG_TAP);
    }

    fixed_list_menu My_fixed_list_menu;
    fixed_icontext_menuitem My_fixed_icontext_menuitem_common;
    #define My_fixed_list_n_items (8) //菜单项项数
    fixed_icontext_menuitem_type My_fixed_list_menuitems[My_fixed_list_n_items];
//icontext 型菜单项列表
    void * My_fixed_menuitem_pointers[My_fixed_list_n_items];
    S32 My_fixed_list_highlight_item = 0; //菜单高亮项索引
    void mmi_myapp_draw_text(S32 index) //显示主文本区函数,index 为菜单高亮项的序号
    {
    S32 x, y, w, h;
    color text_color = {255, 255, 0, 100};
    gui_lock_double_buffer();
```

第6章 控件、键盘和触摸屏编程

```c
    gui_reset_clip();
    gui_set_text_color(text_color);
    gui_set_text_border_color(UI_COLOR_GREEN);
    gui_measure_string((UI_string_type)GetString(STR_HELLOWORLD + index), &w, &h);
    x = (UI_device_width - w) / 2;
    y = MMI_title_y;
    gui_move_text_cursor(x, y);
    gui_fill_rectangle(0, y, UI_device_width - 1, y + h, UI_COLOR_WHITE);
    gui_print_bordered_text((UI_string_type)GetString(STR_HELLOWORLD + index));
    gui_unlock_double_buffer();
    gui_BLT_double_buffer(0, y, UI_device_width - 1, y + h);
}
void mmi_myapp_highlight_handler(S32 item_index) //菜单项高亮时被系统调用的回调函数
{
    mmi_myapp_draw_text(item_index);
}
void my_fixed_list_goto_previous_item(void) //跳到菜单的前一项
{
    gui_lock_double_buffer();
    gui_fixed_list_menu_goto_previous_item(&My_fixed_list_menu); //菜单框架跳到前一项
    gui_show_fixed_list_menu(&My_fixed_list_menu);
    gui_unlock_double_buffer();
    gui_BLT_double_buffer( My_fixed_list_menu.x, My_fixed_list_menu.y,
    My_fixed_list_menu.x + My_fixed_list_menu.width, My_fixed_list_menu.y + My_fixed_list_menu.height);
}
void my_fixed_list_goto_next_item(void) //跳到菜单的下一项
{
    gui_lock_double_buffer();
    gui_fixed_list_menu_goto_next_item(&My_fixed_list_menu); //菜单框架将跳到下一项
    gui_show_fixed_list_menu(&My_fixed_list_menu);
    gui_unlock_double_buffer();
    gui_BLT_double_buffer( My_fixed_list_menu.x, My_fixed_list_menu.y,
    My_fixed_list_menu.x + My_fixed_list_menu.width, My_fixed_list_menu.y + My_fixed_list_menu.height);
}

void my_fixed_list_goto_item(void)
{
    U16 keycode, keytype;
    S32 index = 0;
    gui_lock_double_buffer();
    GetkeyInfo(&keycode, &keytype); //获取当前用户操作的按键代码
    index = keycode - KEY_1; //计算出当前按的是哪一个数字键
```

```
    gui_fixed_list_menu_goto_item(&My_fixed_list_menu, index);
    gui_show_fixed_list_menu(&My_fixed_list_menu);
    gui_unlock_double_buffer();
    gui_BLT_double_buffer(My_fixed_list_menu.x, My_fixed_list_menu.y,
    My_fixed_list_menu.x + My_fixed_list_menu.width,
    My_fixed_list_menu.y + My_fixed_list_menu.height);
}
void mmi_HelloWorld_entry(void)
{
    U16 shortcut_keys[My_fixed_list_n_items] =
    {
    KEY_1, KEY_2, KEY_3, KEY_4,
    KEY_5, KEY_6, KEY_7, KEY_8
    };
    S32 i;
    S32 x, y, w, h;
    color text_color =  {255, 255, 0, 100};
    EntryNewScreen(MAIN_MENU_SCREENID, mmi_HelloWorld_exit, NULL, NULL);
    gui_lock_double_buffer();
    entry_full_screen();
    clear_screen();
    gui_set_text_color(text_color);
    gui_set_text_border_color(UI_COLOR_GREEN);
    gui_measure_string(L"Hello world", &w, &h);
    x = (UI_device_width - w) / 2;
    y = MMI_title_y;
    gui_move_text_cursor(x, y);
    gui_print_bordered_text(L"Hello world");
    gui_unlock_double_buffer();
    mmi_myapp_draw_text(0);
    //开始显示菜单
    memset(&My_fixed_list_menu, 0, sizeof(fixed_list_menu));
    gui_create_fixed_list_menu(&My_fixed_list_menu, 20, MMI_content_y + 5, 136, MMI_
content_height - 50);
    MMI_current_menu_type = LIST_MENU;
    memset(&My_fixed_icontext_menuitem_common, 0, sizeof(fixed_icontext_menuitem));
    gui_create_fixed_icontext_menuitem(&My_fixed_icontext_menuitem_common, 136, 18);
    //宽高
    gui_fixed_icontext_menuitem_set_text_position( &My_fixed_icontext_menuitem_common,
24, 0); //文本偏移距离
    My_fixed_icontext_menuitem_common.flags |= UI_MENUITEM_DISABLE_BACKGROUND; //统一
//标志符
    memset(&My_fixed_list_menuitems, 0, sizeof(fixed_icontext_menuitem_type) * My_
fixed_list_n_items);
```

第6章 控件、键盘和触摸屏编程

```c
    for (i = 0; i < My_fixed_list_n_items; i++)
    {
        My_fixed_list_menuitems[i].item_text = (UI_string_type)GetString(STR_HELLOWORLD + i); //菜单项文本
        My_fixed_list_menuitems[i].flags = (UI_MENUITEM_CENTER_TEXT_Y | UI_MENUITEM_CENTER_ICON_Y);
        My_fixed_list_menuitems[i].item_icon_handle = GDI_ERROR_HANDLE;
        My_fixed_menuitem_pointers[i] = (void*)&My_fixed_list_menuitems[i]; //给索引列表
//赋值
    }
    My_fixed_list_menu.items = My_fixed_menuitem_pointers; // 菜单项索引列表
    My_fixed_list_menu.common_item_data = (void*)&My_fixed_icontext_menuitem_common;
// 菜单项公共属性
    My_fixed_list_menu.n_items = My_fixed_list_n_items; // 菜单项项数
    gui_set_fixed_list_menu_item_functions(&My_fixed_list_menu, // 菜单项功能接口
    gui_show_fixed_icontext_menuitem, //显示菜单项函数
    gui_measure_fixed_icontext_menuitem, //测量菜单项函数
    gui_highlight_fixed_icontext_menuitem, //高亮函数
    gui_remove_highlight_fixed_icontext_menuitem, //失去高亮函数
    gui_hide_fixed_icontext_menuitem, //菜单项隐藏函数
    NULL //菜单项重设大小函数
    );
    My_fixed_list_menu.highlighted_item = -1; //菜单高亮项索引,此为菜单框架内部属性值,在
//跳转之前一定要设为-1
    gui_fixed_list_menu_goto_item(&My_fixed_list_menu,
    My_fixed_list_highlight_item);
    My_fixed_list_menu.item_highlighted = mmi_myapp_highlight_handler;
    gui_show_fixed_list_menu(&My_fixed_list_menu);
    //显示菜单结束
    mmi_pen_register_down_handler(mmi_myapp_pen_down_hdlr); //注册"按下"操作响应函数
    mmi_pen_register_up_handler(mmi_myapp_pen_up_hdlr); //注册"放开"操作响应函数
    mmi_pen_register_move_handler(mmi_myapp_pen_move_hdlr); //注册"移动"操作响应函数
    mmi_pen_register_repeat_handler(mmi_myapp_pen_repeat_hdlr); //注册"重复"操作响应函数
    mmi_pen_register_long_tap_handler(mmi_myapp_pen_long_tap_hdlr);// 注册"长按"操作响
//应函数
    SetGroupKeyHandler(my_fixed_list_goto_item, (PU16) shortcut_keys, My_fixed_list_n_items, KEY_EVENT_UP);
    SetKeyHandler(my_fixed_list_goto_previous_item, KEY_UP_ARROW, KEY_EVENT_DOWN);
    SetKeyHandler(my_fixed_list_goto_next_item, KEY_DOWN_ARROW, KEY_EVENT_DOWN);
    gui_BLT_double_buffer(0, 0, UI_device_width - 1, UI_device_height - 1);
    SetKeyHandler(GoBackHistory, KEY_RSK, KEY_EVENT_UP);
}
void mmi_HelloWorld_exit(void)
{
```

```
# ifdef __MMI_HELLOWORLD_ENABLED__
history currHistory;
S16 nHistory =  0;
currHistory.scrnID =  MAIN_MENU_SCREENID;
currHistory.entryFuncPtr =  mmi_HelloWorld_entry;
pfnUnicodeStrcpy( (S8 *)currHistory.inputBuffer, (S8 *)&nHistory);
AddHistory(currHistory);
gui_fixed_icontext_menuitem_stop_scroll();
# endif
}
```

结　语：

在本章学习中，要重点掌握菜单控件、各种对话框的特性、编程方法以及群组按键、触摸屏的编程，同时要理解触摸屏响应函数的注册过程。

第 7 章

屏幕模板与高级模板的构建与使用

引 子:

在程序开发过程中,我们经常要涉及各种模板,模板的好处是其能被重用。本章将讨论屏幕模板的构建与使用,通过使用模板,从而屏幕的编程变得更加简单。

本章另一个重点是高级控件的使用。高级模板是建立在普通模板的基础上的,所以要特别注意普通的模板是怎样一步步变成高级模板的。

7.1 屏幕模板的构建与使用

屏幕模板是指可以重复使用,可被自由调用的代码,那么我们应该怎样构建一个屏幕模板呢?下面一步步进行介绍。

第一步:构建一个简单的模板

下面的例子代码构建了一个简单的屏幕模板:

```
void ShowCategory888Screen()
{
S32 i;
//初始化屏幕
EntryNewScreen(SCR_MYAPP_MAIN, mmi_myapp_exit, NULL, NULL);
gui_lock_double_buffer();
entry_full_screen();
clear_screen();
//初始化菜单框架
move_fixed_list(20, MMI_content_y + 5);
resize_fixed_list(136, MMI_content_height - 40);
MMI_current_menu_type = LIST_MENU;
disable_menu_shortcut_box_display = 1;
//初始化菜单项公用数据
create_fixed_icontext_menuitems();
//联合菜单框架与菜单项
associate_fixed_icontext_list();
//初始化菜单项单项数据
```

```c
    for (i = 0; i < My_fixed_list_n_items; i++ )
    {
    add_fixed_icontext_item(get_string(STR_MYAPP_HELLO + i), (PU8) GetImage(IMG_GLOBAL
_L1 + i));
    }
    //注册按键
    register_fixed_list_shortcut_handler();
    register_fixed_list_keys();
    register_fixed_list_highlight_handler(mmi_myapp_highlight_handler);
    //显示菜单
    fixed_list_goto_item_no_redraw(0);
    show_fixed_list();
    //显示左右软键
    change_left_softkey(STR_GLOBAL_OK, IMG_GLOBAL_OK);
    change_right_softkey(STR_GLOBAL_BACK, IMG_GLOBAL_BACK);
    show_softkey(MMI_LEFT_SOFTKEY);
    show_softkey(MMI_RIGHT_SOFTKEY);
    SetRightSoftkeyFunction(GoBackHistory, KEY_EVENT_UP);
    gui_unlock_double_buffer();
    gui_BLT_double_buffer(0, 0, UI_device_width - 1, UI_device_height - 1);
    }
    void mmi_myapp_entry(void)
    {
    ShowCategory888Screen();
    }
```

这样就构建了一个名为ShowCategory888Screen的新模板,并将前面章节介绍的功能都移到了该模板中。

通过阅读代码可以看出这样的模板别人是无法使用的。接下来将经常会被改动的元素提取出来。

第二步:可重用模板的构建。

```c
    //将 mmi_myapp_highlight_handler 改为 cat888_highlight_handler,并将 mmi_myapp_draw_
    //text 中的内容并入其中
    void cat888_highlight_handler(S32 index)
    {
    … …
    gui_measure_string(MMI_fixed_icontext_menuitems[index].item_text, &w, &h);
    … …
    gui_print_bordered_text(MMI_fixed_icontext_menuitems[index].item_text);
    gdi_layer_unlock_frame_buffer();
    gui_BLT_double_buffer(0, y, UI_device_width - 1, y + h);
    }
    void ShowCategory888Screen(
    U16 left_softkey, U16 left_softkey_icon, //左软键文本及图标
    U16 right_softkey, U16 right_softkey_icon, //右软键文本及图标
```

```
    S32 number_of_items, //菜单项项数
    U16 * list_of_items, //菜单项文本列表
    U16 * list_of_icons, //菜单项图标列表
    S32 highlighted_item) //初始菜单高亮项序号
    {
    … …
    //初始化菜单项单项数据
    for (i = 0; i < number_of_items; i++ )
    {
    add_fixed_icontext_item(get_string(list_of_items[i]),
    (PU8) GetImage(list_of_icons[i]));
    }
    //注册按键
    register_fixed_list_shortcut_handler();
    register_fixed_list_keys();
    register_fixed_list_highlight_handler(cat888_highlight_handler);
    //显示菜单
    fixed_list_goto_item_no_redraw(highlighted_item);
    show_fixed_list();
    //显示左右软键
    change_left_softkey(left_softkey, left_softkey_icon);
    change_right_softkey(right_softkey, right_softkey_icon);
    show_softkey(MMI_LEFT_SOFTKEY);
    show_softkey(MMI_RIGHT_SOFTKEY);
    … …
    }
    void mmi_myapp_entry(void)
    {
    S32 i;
    U16 list_of_items[My_fixed_list_n_items];
    U16 list_of_icons[My_fixed_list_n_items];
    EntryNewScreen(SCR_MYAPP_MAIN, mmi_myapp_exit, NULL, NULL);
    for (i = 0; i < My_fixed_list_n_items; i++ )
    {
    list_of_items[i] = STR_MYAPP_HELLO + i;
    list_of_icons[i] = IMG_GLOBAL_L1 + i;
    }
    ShowCategory888Screen(
    STR_GLOBAL_OK, IMG_GLOBAL_OK,
    STR_GLOBAL_BACK, IMG_GLOBAL_BACK,
    My_fixed_list_n_items,
    list_of_items,
    list_of_icons,
    0);
    SetRightSoftkeyFunction(GoBackHistory, KEY_EVENT_UP);
    }
```

可重用模板构建成功了,那么我们该如何调用呢?下面一步将进行详细讲解。

第三步:可重用模板的调用。

可重用模板的关键调用源码如下:

```
# include "Worldclock.h"
# define My_fixed_list_n_items (30)
void mmi_myapp_entry(void)
{
S32 i;
U16 list_of_items[My_fixed_list_n_items];
U16 list_of_icons[My_fixed_list_n_items];
U8 * guiBuffer = NULL;
EntryNewScreen(SCR_MYAPP_MAIN, mmi_myapp_exit, NULL, NULL);
guiBuffer = GetCurrGuiBuffer(SCR_MYAPP_MAIN);
for (i = 0; i < My_fixed_list_n_items; i++ )
{
list_of_items[i] = STR_WCLOCK_CITY1 + i;
list_of_icons[i] = IMG_GLOBAL_L1 + i;
}
ShowCategory888Screen1(
STR_GLOBAL_OK, IMG_GLOBAL_OK,
STR_GLOBAL_BACK, IMG_GLOBAL_BACK,
My_fixed_list_n_items, list_of_items, list_of_icons,
0, guiBuffer);
SetLeftSoftkeyFunction(mmi_myapp_popup, KEY_EVENT_UP);
SetRightSoftkeyFunction(GoBackHistory, KEY_EVENT_UP);
}
```

经过上面三步,我们构建出了一个可重用的模板,并且演示了如何对该代码进行调用。下面我们列出完整的模板构建和调用的代码,供读者参考。完整代码如下:

```
# include "stdC.h"
# include "MMI_Features.h"
# include "L4Dr.h"
# include "L4Dr1.h"
# include "AllAppGprot.h"
# include "FrameworkStruct.h"
# include "GlobalConstants.h"
# include "EventsGprot.h"
# include "mmiappfnptrs.h"
# include "HistoryGprot.h"
# include "HelloWorldProt.h"
# include "HelloWorldTypes.h"
# include "HelloWorldDefs.h"
# include "MainMenuDef.h"
# include "wgui_categories.h"
# include "Unicodexdcl.h"
# include "Worldclock.h"
```

第7章 屏幕模板与高级模板的构建与使用

```c
void mmi_HelloWorld_exit(void);
# define My_fixed_list_n_items (30)
fixed_list_menu My_fixed_list_menu;
fixed_icontext_menuitem My_fixed_icontext_menuitem_common;
void ExitCategory888Screen(void)
{
ClearHighlightHandler(); //清掉所有高亮响应函数
reset_softkeys(); //重置左右软键
reset_menu_shortcut_handler(); //重置快捷序号框
reset_fixed_list(); //重置列表菜单
}
void mmi_myap_pen_list_menu_hdlr(
mmi_pen_point_struct point, //触摸笔坐标
mmi_pen_event_type_enum pen_event //操作方式
)
{
gui_list_pen_enum menu_event;
gui_lock_double_buffer();
if (! gui_fixed_list_menu_translate_pen_event(&My_fixed_list_menu, pen_event,
point.x, point.y, &menu_event))
{
return; //如果触摸笔不在菜单显示区域内则不做处理
}
if (menu_event == GUI_LIST_PEN_HIGHLIGHT_CHANGED ||
menu_event == GUI_LIST_PEN_NEED_REDRAW|| menu_event == GUI_LIST_PEN_ITEM_SELECTED)
{
//如果菜单处理后使菜单显示内容有了变化,我们需手动重画菜单
gui_show_fixed_list_menu(&My_fixed_list_menu);
}
gui_unlock_double_buffer();
gui_BLT_double_buffer( My_fixed_list_menu.x, My_fixed_list_menu.y,
My_fixed_list_menu.x + My_fixed_list_menu.width, My_fixed_list_menu.y + My_fixed_
list_menu.height);
}
void mmi_myapp_pen_up_hdlr(mmi_pen_point_struct point)
{
mmi_myap_pen_list_menu_hdlr(point, MMI_PEN_EVENT_UP);
}
void mmi_myapp_pen_down_hdlr(mmi_pen_point_struct point)
{
mmi_myap_pen_list_menu_hdlr(point, MMI_PEN_EVENT_DOWN);
}
void mmi_myapp_pen_move_hdlr(mmi_pen_point_struct point)
{
mmi_myap_pen_list_menu_hdlr(point, MMI_PEN_EVENT_MOVE);
}
void mmi_myapp_pen_repeat_hdlr(mmi_pen_point_struct point)
{
mmi_myap_pen_list_menu_hdlr(point, MMI_PEN_EVENT_REPEAT);
```

```
}
void mmi_myapp_pen_long_tap_hdlr(mmi_pen_point_struct point)
{
mmi_myap_pen_list_menu_hdlr(point, MMI_PEN_EVENT_LONG_TAP);
}
fixed_list_menu My_fixed_list_menu;
fixed_icontext_menuitem My_fixed_icontext_menuitem_common;
# define My_fixed_list_n_items (8)  //菜单项项数
fixed_icontext_menuitem_type My_fixed_list_menuitems[My_fixed_list_n_items];
//icontext 型菜单项列表
void * My_fixed_menuitem_pointers[My_fixed_list_n_items];
S32 My_fixed_list_highlight_item = 0;  //菜单高亮项索引
void mmi_myapp_draw_text(S32 index)  //显示主文本区函数，index 为菜单高亮项的序号
{
}
void cat888_highlight_handler(S32 index)
{  //菜单项高亮时被系统调用的回调函数
S32 x, y, w, h;
color text_color = {255, 255, 0, 100};
gui_lock_double_buffer();
gui_reset_clip();
gui_set_text_color(text_color);
gui_set_text_border_color(UI_COLOR_GREEN);
gui_measure_string(MMI_fixed_icontext_menuitems[index].item_text, &w, &h);
x = (UI_device_width - w) / 2;
y = MMI_title_y;
gui_move_text_cursor(x, y);
gui_fill_rectangle(0, y, UI_device_width - 1, y + h, UI_COLOR_WHITE);
gui_print_bordered_text(MMI_fixed_icontext_menuitems[index].item_text);
gui_unlock_double_buffer();
gui_BLT_double_buffer(0, y, UI_device_width - 1, y + h);
}
void my_fixed_list_goto_previous_item(void)  //跳到菜单的前一项
{
gui_lock_double_buffer();
gui_fixed_list_menu_goto_previous_item(&My_fixed_list_menu);  //菜单框架跳到前一项
gui_show_fixed_list_menu(&My_fixed_list_menu);
gui_unlock_double_buffer();
gui_BLT_double_buffer( My_fixed_list_menu.x, My_fixed_list_menu.y,
    My_fixed_list_menu.x + My_fixed_list_menu.width, My_fixed_list_menu.y + My_fixed_list_menu.height);
}
void my_fixed_list_goto_next_item(void)  //跳到菜单的下一项
{
gui_lock_double_buffer();
gui_fixed_list_menu_goto_next_item(&My_fixed_list_menu);  //菜单框架将跳到下一项
gui_show_fixed_list_menu(&My_fixed_list_menu);
gui_unlock_double_buffer();
gui_BLT_double_buffer( My_fixed_list_menu.x, My_fixed_list_menu.y,
```

第7章 屏幕模板与高级模板的构建与使用

```
    My_fixed_list_menu.x + My_fixed_list_menu.width, My_fixed_list_menu.y + My_fixed_list_menu.height);
}
void my_fixed_list_goto_item(void)
{
U16 keycode, keytype;
S32 index = 0;
gui_lock_double_buffer();
GetkeyInfo(&keycode, &keytype); //获取当前用户操作的按键代码
index = keycode - KEY_1; //计算出当前按的是哪一个数字键
gui_fixed_list_menu_goto_item(&My_fixed_list_menu, index);
gui_show_fixed_list_menu(&My_fixed_list_menu);
gui_unlock_double_buffer();
gui_BLT_double_buffer(My_fixed_list_menu.x, My_fixed_list_menu.y,
My_fixed_list_menu.x + My_fixed_list_menu.width,
My_fixed_list_menu.y + My_fixed_list_menu.height);
}
void RedrawCategory888Screen(void)
{
gdi_layer_lock_frame_buffer();
//显示菜单
show_fixed_list();
//显示左右软键
show_softkey(MMI_LEFT_SOFTKEY);
show_softkey(MMI_RIGHT_SOFTKEY);
gdi_layer_unlock_frame_buffer();
gui_BLT_double_buffer(0, 0, UI_device_width - 1, UI_device_height - 1);
}
U8 * cat888_get_category_history(U8 * history_buffer)
{
get_list_menu_category_history(0, history_buffer); //返回屏幕模板的历史记录
}
S32 cat888_get_category_history_size()
{
return (sizeof(list_menu_category_history)); //返回屏幕模板的历史记录大小
}
void ShowCategory888Screen(
U16 left_softkey, U16 left_softkey_icon, //左软键文本及图标
U16 right_softkey, U16 right_softkey_icon, //右软键文本及图标
S32 number_of_items, //菜单项项数
U16 * list_of_items, //菜单项文本列表
U16 * list_of_icons,
S32 highlighted_item,
U8 * history_buffer

)
{
S32 i;
//初始化屏幕
```

```
EntryNewScreen(MAIN_MENU_SCREENID, mmi_HelloWorld_exit, NULL, NULL);
gui_lock_double_buffer();
entry_full_screen();
clear_screen();
//初始化菜单框架
//开始显示菜单
memset(&My_fixed_list_menu, 0, sizeof(fixed_list_menu));
gui_create_fixed_list_menu(&My_fixed_list_menu, 20, MMI_content_y + 5, 136, MMI_content_height - 50);
MMI_current_menu_type = LIST_MENU;
//开始显示菜单
memset(&My_fixed_icontext_menuitem_common, 0, sizeof(fixed_icontext_menuitem));
gui_create_fixed_icontext_menuitem(&My_fixed_icontext_menuitem_common, 136, 18);
//宽高
gui_fixed_icontext_menuitem_set_text_position(&My_fixed_icontext_menuitem_common, 24, 0);//文本偏移距离
My_fixed_icontext_menuitem_common.flags |= UI_MENUITEM_DISABLE_BACKGROUND; //统一
//标志符显示
memset(&My_fixed_list_menuitems, 0, sizeof(fixed_icontext_menuitem_type) * My_fixed_list_n_items);
for (i = 0; i < My_fixed_list_n_items; i++ )
{
add_fixed_icontext_item((UI_string_type) list_of_items[i], (PU8) GetImage(right_softkey_icon + i));
}
My_fixed_list_menu.items = My_fixed_menuitem_pointers; //菜单项索引列表
My_fixed_list_menu.common_item_data = (void *)&My_fixed_icontext_menuitem_common;
//菜单项公共属性
My_fixed_list_menu.n_items = My_fixed_list_n_items; //菜单项项数
//注册按键
register_fixed_list_shortcut_handler();
register_fixed_list_keys();
register_fixed_list_highlight_handler(cat888_highlight_handler);
//显示菜单
fixed_list_goto_item_no_redraw(highlighted_item);
show_fixed_list();
//显示左右软键
change_left_softkey(left_softkey, left_softkey_icon);
change_right_softkey(right_softkey, right_softkey_icon);
show_softkey(MMI_LEFT_SOFTKEY);
show_softkey(MMI_RIGHT_SOFTKEY);
SetRightSoftkeyFunction(GoBackHistory, KEY_EVENT_UP);
gui_unlock_double_buffer();
gui_BLT_double_buffer(0, 0, UI_device_width - 1, UI_device_height - 1);
//初始化菜单
if (set_list_menu_category_history(0, history_buffer))
{ //如果屏幕是 GoBack 进来的,则历史不为空
fixed_list_goto_item_no_redraw(MMI_fixed_list_menu.highlighted_item);
}
```

第7章 屏幕模板与高级模板的构建与使用

```c
    else
    { //如果历史为空,则用 highlighted_item 初始化
        fixed_list_goto_item_no_redraw(highlighted_item);
    }
    ExitCategoryFunction = ExitCategory888Screen;
    RedrawCategoryFunction = RedrawCategory888Screen;
    GetCategoryHistory = cat888_get_category_history;
    GetCategoryHistorySize = cat888_get_category_history_size;
    RedrawCategoryFunction();
}
void mmi_myapp_popup()
{
    EntryNewScreen(0, NULL, mmi_myapp_popup, NULL);
    ShowCategory165Screen(
        STR_HELLOWORLD, WGUI_VOLUME_LEVEL1,
        STR_HELLOWORLD, WGUI_VOLUME_LEVEL1,
        get_string(STR_HELLOWORLD + MMI_fixed_list_menu.highlighted_item),
        WGUI_VOLUME_LEVEL1, NULL
    );
    SetLeftSoftkeyFunction(GoBackHistory, KEY_EVENT_UP);
    SetLeftSoftkeyFunction(mmi_myapp_popup, KEY_EVENT_UP);
    SetRightSoftkeyFunction(GoBackHistory, KEY_EVENT_UP);
}
void mmi_HelloWorld_entry(void)
{
    S32 i;
    U16 list_of_items[My_fixed_list_n_items];
    U16 list_of_icons[My_fixed_list_n_items];
    U8 * guiBuffer = NULL;
    EntryNewScreen(MAIN_MENU_SCREENID, mmi_HelloWorld_exit, NULL, NULL);
    guiBuffer = GetCurrGuiBuffer(MAIN_MENU_SCREENID);//获取当前屏幕模板的历史记录,如果
//第一次进屏幕则记录为空
    memset(&My_fixed_list_menuitems, 0, sizeof(fixed_icontext_menuitem_type) * My_fixed_list_n_items);
    for (i = 0; i < My_fixed_list_n_items; i++ )
    {
        list_of_items[i] = STR_WCLOCK_CITY1 + i; //菜单项文本
        My_fixed_list_menuitems[i].flags = (UI_MENUITEM_CENTER_TEXT_Y | UI_MENUITEM_CENTER_ICON_Y);
        My_fixed_list_menuitems[i].item_icon_handle = GDI_ERROR_HANDLE;
        My_fixed_menuitem_pointers[i] = (void*)&My_fixed_list_menuitems[i]; //给索引列表赋值
    }
    ShowCategory888Screen(
        STR_HELLOWORLD, WGUI_VOLUME_LEVEL1,
        STR_HELLOWORLD, WGUI_VOLUME_LEVEL1,
        My_fixed_list_n_items,
        list_of_items,
        list_of_icons,
        0,guiBuffer);
```

```
SetRightSoftkeyFunction(GoBackHistory, KEY_EVENT_UP);
gui_set_fixed_list_menu_item_functions(&My_fixed_list_menu, // 菜单项功能接口
gui_show_fixed_icontext_menuitem, //显示菜单项函数
gui_measure_fixed_icontext_menuitem, //测量菜单项函数
gui_highlight_fixed_icontext_menuitem, //高亮函数
gui_remove_highlight_fixed_icontext_menuitem, //失去高亮函数
gui_hide_fixed_icontext_menuitem, //菜单项隐藏函数
NULL //菜单项重设大小函数
);
My_fixed_list_menu.highlighted_item = - 1; //菜单高亮项索引,此为菜单框架内部属性值,在
//跳转之前一定要设为- 1
gui_fixed_list_menu_goto_item(&My_fixed_list_menu, My_fixed_list_highlight_item);
My_fixed_list_menu.item_highlighted = cat888_highlight_handler;
gui_show_fixed_list_menu(&My_fixed_list_menu);
//显示菜单结束
SetKeyHandler(my_fixed_list_goto_previous_item, KEY_UP_ARROW, KEY_EVENT_DOWN);
SetKeyHandler(my_fixed_list_goto_next_item, KEY_DOWN_ARROW, KEY_EVENT_DOWN);
gui_BLT_double_buffer(0, 0, UI_device_width - 1, UI_device_height - 1);
SetKeyHandler(GoBackHistory, KEY_RSK, KEY_EVENT_UP);
SetLeftSoftkeyFunction(mmi_myapp_popup, KEY_EVENT_UP);
}
void mmi_HelloWorld_exit(void)
{
# ifdef __MMI_HELLOWORLD_ENABLED__
history currHistory;
S16 nHistory = 0;
currHistory.scrnID = MAIN_MENU_SCREENID;
currHistory.entryFuncPtr = mmi_HelloWorld_entry;
pfnUnicodeStrcpy( (S8 * ) currHistory.inputBuffer, (S8 * )
&nHistory);
GetCategoryHistory(currHistory.guiBuffer); //添加屏幕历史
//时顺便将模板历史加入其中
AddHistory(currHistory);
gui_fixed_icontext_menuitem_stop_scroll();
# endif
}
```

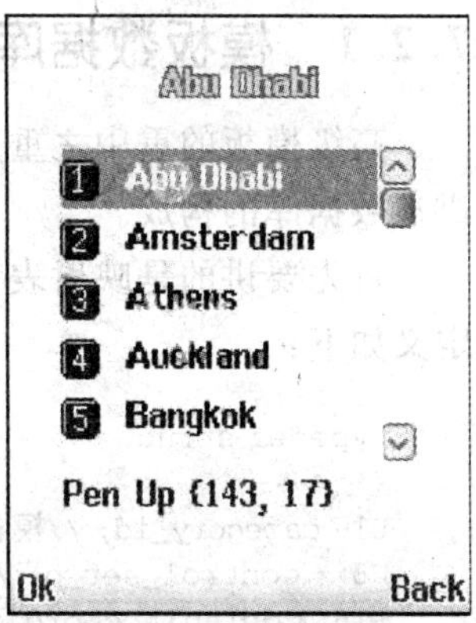

运行后的显示效果如图 7.1 所示。

图 7.1 运行效果

7.2 高级模板的构建与使用

本节例子源代码请见源代码"第 7 章的例子"文件夹下的"7.2 高级模板的构建与使用"文件夹。

前面介绍了屏幕模板的使用,接下来重点介绍高级模板的使用。高级模板是建立在普通模板基础上的,所以要特别注意普通的模板是怎样变成高级模板的。

讲到高级模板,我们不可避免涉及 Draw Manager 的概念。Draw Manager(简称 DM)主

第7章 屏幕模板与高级模板的构建与使用

要是为了减轻代码冗余。触摸屏在模板数据库中保存了每个模板的控件列表,DM 一并将每个控件的属性集(如排版数据、控制标志等)加入其中。当要绘制模板时 DM 将控件集与属性集一起取出来,然后依次通知每个 WGUI 控件,WGUI 控件收到 DM 的通知与相关的属性集后立即将自己绘制出来。

DM 简要流程如图 7.2 所示。

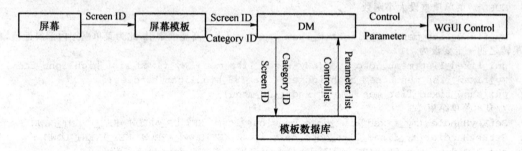

图 7.2 DM 简要流程

普通屏幕模板加入触摸屏与 DM 后,就成了高级屏幕模板。下面介绍如何将普通模板转化为高级模板。

7.2.1 模板数据库

高级模板的重中之重是"模板数据库",数据库存在于 CustCoordinates.C 中,下面将详细讲述数据库的构成。

首先要讲的是映射表 g_categories_controls_map,映射表中每一项代表一个模板,其结构定义如下:

```
typedef struct
{
U16 category_id; //模板 ID,CategoryScreen、DM、TouchScreen 之间主要是通过模板 ID 相互交流
U8 * control_set_p; //控件列表
S16 * default_coordinate_set_p; //属性列表
S16 * rotated_coordinate_set_p; //旋转屏幕的属性列表,目前基本不用
} dm_category_id_control_set_map_struct;
```

模板 ID 定义在 wgui_categories_defs.h 中,我们将新模板的 ID 命名为 MMI_CATEGORY888_ID:

```
enum MMI_CATEGORY_ID_LIST
{
MMI_LIST_CATEGORY_ID = 1,
MMI_CATEGORY5_ID,
… …
MMI_CATEGORY_NSM275,
```

```
MMI_CATEGORY888_ID //我们屏幕的模板 ID
};
```

然后在映射表中加上一项：

```
const dm_category_id_control_set_map_struct g_categories_controls_map[] =
{
{MMI_CATEGORY5_ID, (U8 *) category5, (S16 *) coordinate_set5, NULL},
{MMI_CATEGORY6_ID, (U8 *) list_menu_category, (S16 *) common_coordinate_set, NULL},
… …
{MMI_CATEGORY888_ID, (U8 *) category888, (S16 *) coordinate_set888, NULL}
};
```

我们的模板包含了两个控件——"列表控件"与"系统按键条"：

```
const U8 category888[] =
{
3,
DM_BASE_LAYER_START,
DM_LIST1,
DM_BUTTON_BAR1,
};
```

第一个参数表示模板包含的控件数，这里为数字"3"，因为我们还加上了一个控制类型的控件 DM_BASE_LAYER_START，后面会详细讲此控件的作用。控件在列表中放置的顺序也有讲究，越往后的控件显示越靠上层，也越容易接收触摸屏操作。

接下来定义我们模板的属性集：

```
const S16 coordinate_set888[] =
{
DM_FULL_SCREEN_COORDINATE_FLAG,
20, MMI_CONTENT_Y +  5, 136, MMI_CONTENT_HEIGHT -  40, DM_NO_FLAGS,
DM_DEFAULT_BUTTON_BAR_FLAG, MMI_SOFTKEY_WIDTH,
};
```

7.2.2 将普通模板加入 DM

将上一章的 ShowCategory888Screen 修改如下：

```
void ShowCategory888Screen(
U16 left_softkey, U16 left_softkey_icon, U16 right_softkey, U16 right_softkey_icon,
S32 number_of_items, U16 * list_of_items, U16 * list_of_icons,
S32 highlighted_item, U8 * history_buffer)
{
dm_data_struct dm_data; //模板参数
… …
//初始化菜单,因 DM 以模板 ID 为索引保存历史,此处也要同步以模板 ID 为索引使用历史
if (set_list_menu_category_history(MMI_CATEGORY888_ID, history_buffer))
```

第 7 章　屏幕模板与高级模板的构建与使用

```
    {
    fixed_list_goto_item_no_redraw(MMI_fixed_list_menu.highlighted_item);
    }
    else
    {
    fixed_list_goto_item_no_redraw(highlighted_item);
    }
    … …
    ExitCategoryFunction = ExitCategory888Screen;
    RedrawCategoryFunction = dm_redraw_category_screen; //DM 绘制模板函数
    GetCategoryHistory = dm_get_category_history; //DM 获取模板历史函数
    GetCategoryHistorySize = dm_get_category_history_size; // DM 获取模板历史记录大小函数
    dm_data.s32ScrId = (S32) GetActiveScreenId(); //当前屏幕 ID,EntryNewScreen(SCR_XXX,
    //…)时自动保存
    dm_data.s32CatId = MMI_CATEGORY888_ID; //当前屏幕模板的 ID
    dm_data.s32flags = DM_NO_FLAGS; //当前模板的 flags
    dm_setup_data(&dm_data); //将模板参数传入 DM
    dm_redraw_category_screen(); //由 DM 绘制模板
    }
```

7.3　自绘制控件

如果现有控件中找不到符合要求的怎么办？用 DM_CATEGORY_CONTROLLED_AREA。此控件由读者自己绘制，触摸屏幕操作也由控件自己处理。

下面为新模板加一个自画区域，并将此区域的触摸屏操作用文本显示出来。

修改模板数据库：

```
const U8 category888[] =
{
4,
DM_BASE_LAYER_START,
DM_CATEGORY_CONTROLLED_AREA, //将自画区域放在最前面,这样就不妨碍后面控件显示及操作
DM_LIST1,
DM_BUTTON_BAR1,
};
const S16 coordinate_set888[] =
{
DM_FULL_SCREEN_COORDINATE_FLAG,
DM_FULL_SCREEN_COORDINATE_FLAG, //此控件为全屏大小
20, MMI_CONTENT_Y + 5, 136, MMI_CONTENT_HEIGHT - 40, DM_NO_FLAGS,
DM_DEFAULT_BUTTON_BAR_FLAG, MMI_SOFTKEY_WIDTH
};
```

修改 CategoryScreen：

```
//将当前触摸屏操作以文本形式显示出来
```

```c
void DrawCate888PenStatus(U8 * event_type, mmi_pen_point_struct point)
{
S32 x, y;
color text_color = {255, 0, 0, 100};
gdi_layer_lock_frame_buffer();
gui_reset_clip();
gui_set_text_color(text_color);
x = 20;
y = 170;
gui_move_text_cursor(x, y);
gui_fill_rectangle(0, y - 3, UI_device_width - 1, y + 20 + 3, UI_COLOR_WHITE);
gui_printf((UI_string_type)"% s {% d, % d}",event_type, point.x, point.y);
gdi_layer_unlock_frame_buffer();
gui_BLT_double_buffer(0, y, UI_device_width - 1, y + 20);
}
//绘制自画区域
void DrawCate888CategoryControlArea(dm_coordinates * coordinate)
{
mmi_pen_point_struct point = {- 1, - 1};
DrawCate888PenStatus("Pen None", point);
}
//触摸笔按下响应函数
MMI_BOOL Cate888CategoryControlAreaPenDownHandler(mmi_pen_point_struct point)
{
DrawCate888PenStatus("Pen Down", point);
return TRUE;
}
//触摸笔放开响应函数
MMI_BOOL Cate888CategoryControlAreaPenUpHandler(mmi_pen_point_struct point)
{
DrawCate888PenStatus("Pen Up", point);
return TRUE;
}
//触摸笔移动响应函数
MMI_BOOL Cate888CategoryControlAreaPenMoveHandler(mmi_pen_point_struct point)
{
DrawCate888PenStatus("Pen Move", point);
return TRUE;
}
//触摸笔重复响应函数
MMI_BOOL Cate888CategoryControlAreaPenRepeatHandler(mmi_pen_point_struct point)
{
DrawCate888PenStatus("Pen Repeat", point);
return TRUE;
```

第 7 章 屏幕模板与高级模板的构建与使用

```
    }
    //触摸笔长按响应函数
    MMI_BOOL Cate888CategoryControlAreaPenLongTapHandler(mmi_pen_point_struct point)
    {
    DrawCate888PenStatus("Pen LongTap", point);
    return TRUE;
    }
    //触摸笔中止响应函数
    MMI_BOOL Cate888CategoryControlAreaPenAbortHandler(mmi_pen_point_struct point)
    {
    DrawCate888PenStatus("Pen Abort", point);
    return TRUE;
    }
    void ShowCategory888Screen(
    U16 left_softkey, U16 left_softkey_icon, U16 right_softkey, U16 right_softkey_icon,
    S32 number_of_items, U16 * list_of_items, U16 * list_of_icons,
    S32 highlighted_item, U8 * history_buffer)
    {
    … …
    //初始化自画区域
    dm_register_category_controlled_callback(DrawCate888CategoryControlArea);//注册自画区
//域绘制函数
        wgui _ register _ category _ screen _ control _ area _ pen _ handlers
(Cate888CategoryControlAreaPenDownHandler, MMI_PEN_EVENT_DOWN);//注册自画区域触摸笔按下
//响应函数
        wgui _ register _ category _ screen _ control _ area _ pen _ handlers
(Cate888CategoryControlAreaPenUpHandler, MMI_PEN_EVENT_UP);//注册自画区域触摸笔放开响应
//函数
        wgui _ register _ category _ screen _ control _ area _ pen _ handlers
(Cate888CategoryControlAreaPenMoveHandler, MMI_PEN_EVENT_MOVE);//注册自画区域触摸笔移动
//响应函数
        wgui _ register _ category _ screen _ control _ area _ pen _ handlers
(Cate888CategoryControlAreaPenRepeatHandler, MMI_PEN_EVENT_REPEAT);//注册自画区域触摸笔重复
//响应函数
        wgui _ register _ category _ screen _ control _ area _ pen _ handlers
(Cate888CategoryControlAreaPenLongTapHandler, MMI_PEN_EVENT_LONG_TAP);//注册自画区域触摸笔
//长按响应函数
        wgui _ register _ category _ screen _ control _ area _ pen _ handlers
(Cate888CategoryControlAreaPenAbortHandler, MMI_PEN_EVENT_ABORT);//注册自画区域触摸笔中止响
//应函数
    gdi_layer_unlock_frame_buffer();
    ExitCategoryFunction = ExitCategory888Screen;
    … …
    dm_redraw_category_screen();
```

}

运行后效果如图7.3所示。

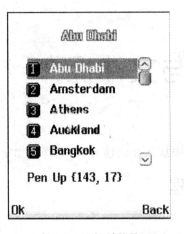

图7.3 运行后效果

结　语：

本章要重点关注屏幕模板的构建与使用,以及"模板数据库"和"自绘制控件"等概念。

第 8 章

输入法、字库与文件操作

引　子：
本章重点学习怎样在手机中加入新的输入法、怎样添加字库。

8.1　输入法调用流程

输入法模块调用流程如图 8.1 所示。

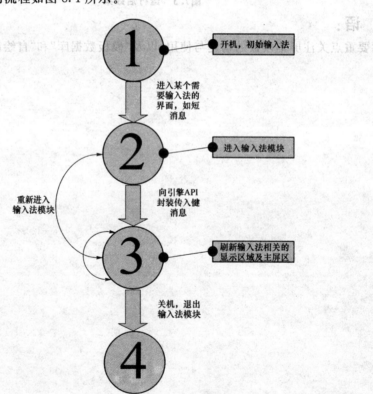

图 8.1　输入法模块调用流程

8.2 初始化输入法

文件 MMITask.c 中的函数：

```
void InitIME(void)
{
…..
InitInputMethod();//初始化输入法
}
```

进行了输入法的初始化，主要是初始化输入法的模式，当前模式设置。

IMERES.h 定义了一个数据结构，该数据结构定义了输入法的模式所涵盖的细节。

```
typedef struct _IMEModeDetails
{
    SUPPORT_INPUT_MODES IME_Mode_ID;
    SUPPORT_INPUT_TYPES IME_Type_ID;
    U16 Common_Screen_StringID;
    U16 Prefered_IMEStringID;
    MMI_BOOL English_Only_Flag;
} sIMEModeDetails;
```

IMERES.c 中定义了一个全局的输入法模式数组，如果要增加或者删减相关的模式，在此数组下修改：

```
const sIMEModeDetails mtk_gIMEModeArray[] =
{
…..
}
```

8.3 需要输入法的短消息界面的进入

编写短消息时会进入一个句柄绑定函数 HighlightWMessageHandler()，该函数位于文件 SMSMoMtGuiInterface.c 中，具体如下所示：

```
void HighlightWMessageHandler (void)
{
    …
    SetLeftSoftkeyFunction (mmi_msg_entry_write_msg, KEY_EVENT_UP);
    …..
}
void mmi_msg_entry_write_msg (void){
……
```

```
ShowCategory28Screen(…)
……
}
void ShowCategory28Screen(…)
{
…..
//若是非触摸屏
//关联＊键,用于切换特殊字符
SetKeyHandler(change_input_mode,KEY_STAR,KEY_EVENT_DOWN);
……
//注册一个回调函数
register_multiline_inputbox_input_callback(handle_category28_input);
……
//关联＃键,用于切换输入模式
SetKeyHandler(handle_category28_change_input_mode,KEY_POUND,KEY_EVENT_DOWN);
…..
//关联 0～9 键
change_EMS_inputbox_input_mode();
//若是触摸屏
mmi_pen_editor_setup_input_box(。。。)//进入 editorpen.c 文件,相关的键处理都在此文件下
//进行
…..
}
```

(2) 彩信。在 widget_ctk.c 中:

```
static void widget_ctk_show_smil_editor(ctk_layout_handle layoutid)
{
…..
ShowCategory275Screen(….)
….
}
```

8.4 虚拟键盘的使用

使用时,虚拟键盘的显示函数是 void mmi_pen_editor_vk_show(void)。
编程时用到的虚拟键盘的相关文件:

wgui_virtual_keyboard.h, gui_virtual_keyboard.h
wgui_virtual_keyboard.c, gui_virtual_keyboard.c

8.5 语言种类的选择

在文件 MMI_features＊8.h 中定义了以下的宏:

```
# define __MMI_LANG_ENGLISH__
# define __MMI_LANG_TR_CHINESE__
# define __MMI_LANG_SM_CHINESE__
……..
```

在"设置→话机设置→语言"中，如果想添加或者减少语言的种类，只须打开或者屏蔽上述的宏即可。

8.6 字库的选择与添加

下面以国笔输入法的添加为例（平台为6226），MTK平台的输入法没有按照模块化来设置，代码非常分散，所以移植起来有点麻烦。一般来说，所有出现过__MMI_KA__的地方都需要修改。

第一步：加入库文件

在目录\plutommi\Customer\CustResource\PLUTO_MMI\InputMethod 下增加两个文件夹：GUOBI_LIB 和 GUOBI_INC，将相应的第三方软件提供的 *.lib、*.a 文件复制到 GUOBI_LIB 中，将引擎头文件复制到 GUOBI_INC。

第二步：建立相关的文件夹

在当前工程目录下建立一个文件夹 GUOBI，其下建立文件夹 SRC 与 include。.c 与 .h 文件分别复制到其中，另外建立自己的接口文件 gbmain.c 与 gbmain.h。

第三步：配置 ADS 编译需用到的一些设置文件

（1）在文件 ***_GSM.mak（make）中有如下的语句"INPUT_METHOD= MMI_SHURU"，则将其替换为 MMI_GUOBI，并且搜索 MMI_SHURU，在相应位置添加 MMI_GUOBI，将需要用到的 *.lib、*.a 依样加入，同样在 REL_MMI_GPRS.mak 也需要仿照 MMI_SHURU，加入其相应的文件。

（2）在 make 文件夹里加入你的输入法的目录 GUOBI，并建立以下几个文件：

guobi.def：需要使用的一些特殊的宏定义。

guobi.inc：需要使用的一些头文件的引用。

guobi.lis：包含的文件。

guobi.pth：包含文件的路径。

（3）在 custominfo.pl 下，"push(@thatdirs, "inputmethod\\ $ mmi_version\\inc");"语句后加入

"push(@thatdirs, "inputmethod\\ $ mmi_version\\guobi_inc");"。

（4）在\plutommi\mmi\GlobalSimulatorPathDef 文件最后加入

/I "..\..\custom\inputmethod\PLUTO_MMI\guobi_inc"

第四步：设置按键处理函数

主要有 change_EMS_inputbox_mode、change_singleline_inputbox_mode 及 change_multiline_inputbox_mode 三个函数。这是系统在改变输入法时调用的函数,这时候输入法需要把自己的按键处理函数设置到系统。有关的按键包括所有的数字键、方向键、确定键和 *、# 两个键。

一般来说,MTK 里面已经实现了数字输入法、MULTITAP 输入法,这几个输入法我们基本不需要修改。但是要修改这几个输入法里面的 * 和 # 键的调用。

一般来说我们在 INPUT_MODE_123、INPUT_MODE_MULTITAP_UPPERCASE_ABC、INPUT_MODE_MULTITAP_LOWERCASE_ABC 的输入模式的处理程序后面加入:

```
# ifdef __MMI_GUOBI__
        GBClearKeyHandler(gbKeyStarPound);
        SetKeyHandler(mmi_pen_editor_switch_input_method, KEY_STAR, KEY_EVENT_DOWN);
# endif
```

并且要加入自己的 4 个输入模式的处理函数:

mmi_pen_editor_switch_input_method 是触摸屏版本 MTK 里面切换输入法的统一函数,在非触摸屏的版本里面,可能要把它改为 change_EMS_inputbox_mode、change_singleline_inputbox_mode、change_multiline_inputbox_mode 中的一个。

第五步:处理候选窗口

国笔的候选窗口比较复杂,所以建议自己画,而不是使用系统的控件。对于触摸屏的版本的 MTK 平台,建议使用一个空的虚拟键盘来做候选窗口。候选窗口还可以通过单击进行操作。但是这个虚拟键盘一定要自己来画。

对于非触摸屏的版本,建议建立一个空的 singline inputbox 来做候选窗口(但是记得不要往这个 inputbox 插入字符)。对于 singline inputbox 的候选窗口,需要注意的是有时候需要隐藏这个候选窗口。画候选窗口需要部首的图片。这些图片共 $5 \times 29 = 145$ 个,要全部加到资源里面。

第六步:处理输入法图标

EMS 里面左上角有一个输入法图标,这个图标主要在 wgui_EMS_show_input_mode 函数中处理。我们需要跟着 __MMI_SHURU__ 进行处理。

第七步:处理输入法菜单

IMERes.c 里面有一个数组:

const sIMEModeDetails mtk_gIMEModeArray[]

这个数组当前可用的输入法和输入法的顺序。

这里面我们需要加入 4 个输入法。

```
# if defined(__MMI_GUOBI__)
    /* Smart Pinyin */
```

```
    {
        INPUT_MODE_SM_PINYIN,
        INPUT_TYPE_SM_PINYIN,
        STR_INPUT_METHOD_MENU_PINYIN,
        STR_INPUT_METHOD_PINYIN,
        0
    },
    {/* Simplified Chinese */
        INPUT_MODE_SM_STROKE,
        INPUT_TYPE_SM_STROKE,
        STR_INPUT_METHOD_MENU_SIMPLIFIED_CHINESE_STROKE,
        STR_INPUT_METHOD_SM_STROKE,
        0
    },
    /* Smart abc */
    {
        INPUT_MODE_SMART_LOWERCASE_ABC,
        INPUT_TYPE_SMART_LOWERCASE_ABC,
        STR_INPUT_METHOD_MENU_SMART_abc,
        STR_INPUT_METHOD_SMART_L_ABC,
        1
    },
    /* Smart ABC */
    {
        INPUT_MODE_SMART_UPPERCASE_ABC,
        INPUT_TYPE_SMART_UPPERCASE_ABC,
        STR_INPUT_METHOD_MENU_SMART_ABC,
        STR_INPUT_METHOD_SMART_U_ABC,
        1
    },
# endif //__MMI_GUOBI__
```

Wgui_categories_inputs.c 里面有一个数组 MMI_implement_input_mode_set，这个数组也需要加入：

```
# if defined(__MMI_GUOBI__)//MMI_implement_input_mode_set
    INPUT_MODE_SM_PINYIN,
    INPUT_MODE_SM_STROKE,
    INPUT_MODE_SMART_UPPERCASE_ABC,
    INPUT_MODE_SMART_LOWERCASE_ABC,
# endif
```

第八步：改变 EMS 默认的输入法

ShowCategory28Screen 函数的开头有一个语句：

```
    U16 input_type =  (U16) INPUT_TYPE_ALPHANUMERIC_LOWERCASE;
```

把它改成：

第8章 输入法、字库与文件操作

```
# ifndef __MMI_GUOBI__
    U16 input_type = (U16) INPUT_TYPE_ALPHANUMERIC_LOWERCASE;
# else
    U16 input_type = (U16) INPUT_TYPE_SM_PINYIN;
# endif
```

第九步：其他部分处理

MTK 代码里面有很多：

```
# if defined(__MMI_SHURU__) || defined(__MMI_ITAP__) || defined(__MMI_KA__)
```

一般来说在后面加上 || defined(__MMI_GUOBI__)就好了。基本需要加入的地方都会有__MMI_KA__，移植的时候把__MMI_KA__全部找出来，仔细阅读后进行添加。

第十步：CommonScreens.c 处理

在 SetSavedInputType

```
# if defined (__MMI_SHURU__) || defined (__MMI_ZI__) || defined (__MMI_KA__)
```

后面加入 defined(__MMI_GUOBI__)

```
U32 InputMethodSetKeyHandler(
    FuncPtr * preFuncPtrs,
    FuncPtr * postPtrs,
    const sIMEModeDetails * IMEModeArray,
    BOOL EnglishOnly,
    BOOL AP_required)
```

函数 switch (input_mode_id)里面加入：

```
# ifdef __MMI_GUOBI__
        case INPUT_MODE_SMART_UPPERCASE_ABC:
            preFuncPtrs[j] = wgui_change_inputbox_mode_smart_ABC;
            break;
        case INPUT_MODE_SMART_LOWERCASE_ABC:
            preFuncPtrs[j] = wgui_change_inputbox_mode_smart_abc;
            break;
        case INPUT_MODE_SM_PINYIN:
            preFuncPtrs[j] = wgui_change_inputbox_mode_sm_pinyin;
            break;
        case INPUT_MODE_SM_STROKE:
            preFuncPtrs[j] = wgui_change_inputbox_mode_sm_stroke;
            break;
# endif
```

第十一步： EditorPen.c 处理

```
void mmi_pen_editor_setup_input_box(
    mmi_pen_handwriting_area_struct * stroke_area,
    mmi_pen_handwriting_area_struct * ext_stroke,
```

第8章 输入法、字库与文件操作

```
        U16 input_type,
        U8 information_bar_flag,
        mmi_pen_editor_input_box_type_enum input_box_type)
.........
        SetKeyHandler(mmi_pen_editor_switch_input_method, KEY_POUND, KEY_EVENT_DOWN);
..........
```

改成 * 键切换输入法功能：

```
# ifdef __MMI_GUOBI__
        ClearKeyHandler(KEY_POUND, KEY_EVENT_DOWN);
        SetKeyHandler(mmi_pen_editor_switch_input_method, KEY_STAR, KEY_EVENT_DOWN);
# else
        SetKeyHandler(mmi_pen_editor_switch_input_method, KEY_POUND, KEY_EVENT_DOWN);
# endif
    void mmi_pen_editor_switch_input_method(void);
```

输入法切换之后有一段：

```
    if (INPUT_MODE_TR_MULTITAP_BOPOMO == MMI_current_input_mode ||
        INPUT_MODE_SM_MULTITAP_PINYIN == MMI_current_input_mode)
    {
        mmi_pen_editor_bpmf_pinyin_create_multitap(MMI_current_input_mode);
        mmi_pen_editor_bpmf_pinyin_register_multitap_function();
    }
    else if (INPUT_MODE_SMART_UPPERCASE_ABC == MMI_current_input_mode ||
        INPUT_MODE_SMART_LOWERCASE_ABC == MMI_current_input_mode)
    {
        mmi_pen_editor_smart_latin_register_key_function();
    }
    else if (INPUT_MODE_TR_STROKE == MMI_current_input_mode || INPUT_MODE_SM_STROKE
== MMI_current_input_mode)
    {
        mmi_pen_editor_chinese_stroke_register_key_function();
    }
    else if (INPUT_MODE_TR_BOPOMO == MMI_current_input_mode || INPUT_MODE_SM_PINYIN
== MMI_current_input_mode)
    {
        mmi_pen_editor_smart_bpmf_pinyin_register_key_function();
    }
```

在国笔输入法里面把这段去掉。

第十二步：Wui_ems_categories.c 处理

void change_EMS_inputbox_mode(U8 mode);

这个函数主要是将输入法模式改过来。然后在每一次切换输入法之后把 * 键的功能改为

第8章 输入法、字库与文件操作

切换输入法。

```
void change_EMS_inputbox_mode(U8 mode)
{
    /* ................................................................. */
    /* Local Variables                                                    */
    /* ................................................................. */
    /* ................................................................. */
    /* Code Body                                                          */
    /* ................................................................. */
    /* PMT dara added for Multitap thai */
# if defined(__MMI_MULTITAP_THAI__)
    SetKeyHandler(handle_category28_change_input_mode, KEY_POUND, KEY_EVENT_DOWN);
# endif
    switch (mode)
    {
        case INPUT_MODE_MULTITAP_UPPERCASE_ABC:
            change_multitap_mode(INPUT_MODE_MULTITAP_UPPERCASE_ABC);
            register_EMS_multitap_function();
# ifdef __MMI_GUOBI__
            //*键切换输入法
            SetKeyHandler(mmi_pen_editor_switch_input_method, KEY_STAR, KEY_EVENT_DOWN);
# endif
            break;
        case INPUT_MODE_MULTITAP_LOWERCASE_ABC:
            change_multitap_mode(INPUT_MODE_MULTITAP_LOWERCASE_ABC);
            register_EMS_multitap_function();
# ifdef __MMI_GUOBI__
            //*键切换输入法
            SetKeyHandler(mmi_pen_editor_switch_input_method, KEY_STAR, KEY_EVENT_DOWN);
# endif
            break;
        ...............................
        case INPUT_MODE_123:
            change_multitap_mode(INPUT_MODE_123);
            clear_multitap_key_handlers();
            register_MMI_key_input_handler();
            register_key_down_handler(EMS_inputbox_handle_key_down);
            register_keyboard_input_handler(EMS_inputbox_numeric_keyboard_input_handler);
            wgui_set_EMS_inputbox_RSK();
            register_EMS_inputbox_keys();
            if ((MMI_current_input_type & INPUT_TYPE_MASK) == INPUT_TYPE_NUMERIC_CHANGEABLE)
            {
                SetKeyHandler(wgui_EMS_inputbox_handle_symbol_picker_star_key, KEY
```

```
_STAR, KEY_EVENT_DOWN);
                        }
        # ifdef __MMI_GUOBI__
                   SetKeyHandler(mmi_pen_editor_switch_input_method, KEY_STAR, KEY_EVENT_
DOWN);
        # endif
                        break;
    ….
    # ifdef __MMI_GUOBI__
              case INPUT_MODE_SM_PINYIN:
              case INPUT_MODE_SM_STROKE:
              case INPUT_MODE_SMART_UPPERCASE_ABC:
              case INPUT_MODE_SMART_LOWERCASE_ABC:
                    /*输入法模式切换,这里面会把上下左右设置 EMS 处理*/
    # endif
```

void handle_category28_change_input_mode(void)函数主要用来改变输入法的图标。只要把获取中文输入法图标里面的 #if defined(__MMI_SHURU__) || defined(__MMI_ITAP__) || defined(__MMI_KA__)加上|| defined(__MMI_GUOBI__)就可以了。同时在 Wui_ems_categories.c 做处理,处理格式如下:

```
# if defined(__MMI_SHURU__) || defined(__MMI_ZI__) || defined(__MMI_KA__) || defined(_
_MMI_ITAP__)
    void wgui_EMS_inputbox_change_input_mode_smart_ABC(void)
    ………..
    void wgui_EMS_inputbox_change_input_mode_smart_abc(void)
    ………..
    void wgui_EMS_inputbox_change_input_mode_tr_bpmf(void)
    ………..
```

同样在前面加上|| defined(__MMI_GUOBI__)。

```
void ShowCategory28Screen(
        U16 title,
        U16 title_icon,
        U16 left_softkey,
        U16 left_softkey_icon,
        U16 right_softkey,
        U16 right_softkey_icon,
        EMSData *data,
        U8 *history_buffer)
```

函数里面加入对 GBInputMethodEnterCategory28 函数的调用,如:

```
# ifdef __MMI_SHURU__
       InuptMethodEnterCategory28();
# elif defined(__MMI_ZI__) && defined(__MMI_MESSAGES_EMS__)
```

第8章 输入法、字库与文件操作

```
        ZiInuptMethodEnterCategory28();
# elif defined(__MMI_KA__)
        KonkaInuptMethodEnterCategory28();
# elif defined(__MMI_ITAP__) //已经处理过了
/* under construction ! */
/* under construction ! */
# elif defined(__MMI_GUOBI__) //OK
        GBInputMethodEnterCategory28();
# endif
```

在 wgui_categories_inputs.c 文件里面有很多：

```
# ifdef __MMI_SHURU__
        InuptMethodExitCategory5();
# elif defined __MMI_ZI__
        ZiInuptMethodExitCategory5();
# elif defined __MMI_KA__
        KonkaInuptMethodExitCategory5();
# elif defined __MMI_ITAP__ //handled
/* under construction ! */
/* under construction ! */
# elif defined(__MMI_GUOBI__) //ExitCategory5();
        GBInputMethodExitCategory5();
# endif
```

类似的程序段，对于这些都依葫芦画瓢就可以了。

还有很多

#if defined(__MMI_SHURU__) || defined(__MMI_ZI__) || defined(__MMI_ITAP__) ….

对于这些都在后面加上||defined(__MMI_GUOBI__)好了。

第十三步：Wui_inputs.c 文件处理

wgui_set_EMS_inputbox_RSK 及 EMS_inputbox_direct_input 函数都需要根据当前输入框类型进行修改。

也需要修改下面两个函数：

```
void change_singleline_inputbox_mode(U8 mode);
void change_multiline_inputbox_mode(U8 mode);
```

根据 gPenEditorInputBoxType 变量来获得当前输入框的类型。

第十四步：处理资源文件

把图片文件加入到工程里面，需要有以下步骤：

(1) 把图片加到 plutommi\Customer\Images\PLUTO240X320\image.zip 中。

(2) 在 wgui_categories_defs.h 文件里面，有关图片的 enum 里面加入读者图片的 ID。那个 enum 定义的开始如：

```
typedef enum
{
}
```

在 plutommi\Customer\CustResource\PLUTO_MMI\Res_MMI 下的任何一个 res_XXX.c 中使用宏 ADD_APPLICATION_IMAGE2 增加对图片的包含。

(3) 运行 plutommi\Customer\ResGenerator.bat 重新生成资源。

(4) 重新编译模拟器。

(5) 工程首先需要把输入法的图标加入资源，在 plutommi\Customer\CustResource\PLUTO_MMI\Res_MMI\Res_gui.c 里面加入：

```
ADD_APPLICATION_IMAGE2(WGUI_IME_SMART_PINYIN_IMG,CUST_IMG_PATH"\\\\MainLCD\\\\Edit\\\\Smart Pinyin.bmp","Icon for SHURU smart pinyin");
ADD_APPLICATION_IMAGE2(WGUI_IME_SM_STROKE_IMG,CUST_IMG_PATH"\\\\MainLCD\\\\Edit\\\\Simplified Chinese stroke.bmp","Icon for SHURU SC Stroke");
ADD_APPLICATION_IMAGE2(WGUI_IME_SMART_ENGLISH_IMG,CUST_IMG_PATH"\\\\MainLCD\\\\Edit\\\\Smartamb.bmp","Icon for SHURU smart English");
```

其次在 plutommi\Customer\CustResource\PLUTO_MMI\IMERes.c 里面修改 ommi\Customer\CustResource\PLUTO_MMI\IMERES.C。在 const sIMEModeDetails mtk_gIMEModeArray[] = 数组的定义的前面加入：

```
const sIMEModeDetails mtk_gIMEModeArray[] =
{
#if defined(__MMI_GUOBI__)
    /* Smart Pinyin */
    {
        INPUT_MODE_SM_PINYIN,
        INPUT_TYPE_SM_PINYIN,
        STR_INPUT_METHOD_MENU_PINYIN,
        STR_INPUT_METHOD_PINYIN,
        0
    },
    {
        INPUT_MODE_SM_STROKE,
        INPUT_TYPE_SM_STROKE,
        STR_INPUT_METHOD_MENU_SIMPLIFIED_CHINESE_STROKE,
        STR_INPUT_METHOD_SM_STROKE,
        0
    },
    {
        INPUT_MODE_SMART_UPPERCASE_ABC,
        INPUT_TYPE_SMART_UPPERCASE_ABC,
        STR_INPUT_METHOD_MENU_SMART_ABC,
```

```
            STR_INPUT_METHOD_SMART_U_ABC,
            1
    },

    /* Smart abc */
    {
            INPUT_MODE_SMART_LOWERCASE_ABC,
            INPUT_TYPE_SMART_LOWERCASE_ABC,
            STR_INPUT_METHOD_MENU_SMART_abc,
            STR_INPUT_METHOD_SMART_L_ABC,
            1
    },
#endif //__MMI_GUOBI__
```

通过以上的步骤就完成了字库的选择与添加。由此也能看出字库的选择与添加是一个非常繁琐的过程,需要认真把握。

8.7 文件操作

文件系统是指一个存储设备上的数据和元数据组织机制,在 MTK 平台中简称 FS ,具有以下特性:

- ➢ 支持 FAT-16,FAT-32。
- ➢ 支持 FAT 格式。
- ➢ 长文件名——255 字符。
- ➢ 支持 Unicode。
- ➢ 支持软盘、闪存、SRAM。
- ➢ 支持缓存。
- ➢ 支持多任务。
- ➢ 支持安装设备驱动。

注意:FAT 在模拟器中,存放路径为:\plutommi\WIN32FS\。

8.7.1 常用函数

下面介绍与常用函数相关的两个重要的文件。

1. fs_func. h

该文件主要用来声明函数,具体代码如下:

```
// General I/O
extern int FS_Open(const WCHAR * FileName, UINT Flag);
extern int FS_OpenHint(const WCHAR * FileName, UINT Flag, FS_FileLocationHint * DSR_
Hint);
```

```c
extern int FS_Close(FS_HANDLE FileHandle);
extern int FS_CloseAll(void);
extern int FS_Read(FS_HANDLE FileHandle, void * DataPtr, UINT Length, UINT * Read);
extern int FS_Write(FS_HANDLE FileHandle, void * DataPtr, UINT Length, UINT * Written);
extern int FS_SetSeekHint(FS_HANDLE FileHandle, UINT HintNum, FS_FileLocationHint * Hint);
extern int FS_Seek(FS_HANDLE FileHandle, int Offset, int Whence);
extern int FS_Commit(FS_HANDLE FileHandle);
extern int FS_ReleaseFH(void * TaskId);
extern int FS_Abort(UINT ActionHandle);
extern int FS_ParseFH(FS_HANDLE FileHandle);
extern int FS_GenVirtualFileName(FS_HANDLE FileHandle, WCHAR * VFileNameBuf, UINT BufLength, UINT VFBeginOffset, UINT VFValidLength);

//Information
extern int FS_GetFileInfo(FS_HANDLE FileHandle, FS_FileInfo * FileInfo);
extern int FS_GetFileSize(FS_HANDLE FileHandle, UINT * Size);
extern int FS_GetFilePosition(FS_HANDLE FileHandle, UINT * Position);
extern int FS_SetFileTime(FS_HANDLE FileHandle, const FS_DOSDateTime * Time);
extern int FS_GetAttributes(const WCHAR * FileName);
extern int FS_GetFirstCluster(FS_HANDLE FileHandle, UINT * Cluster);
```

2. FSSim_core.c

该文件主要功能为函数实现,代码如下:

```c
int FS_Open(const WCHAR * FileName, UINT Flag)
{
    int fh = -1, is_exist, i;
    unsigned int j, is_virtual, map_fh;
    TCHAR strbuf[MAX_PATH], * pch;
    DWORD access, share, create, attribute, error;
    ASSERT(FileName != NULL);
    __try {
        if (fssim_mutex == NULL) {
            fssim_init();
        }
        /* Virtual File Name Compare Hook */
        if (wcsncmp(FileName, fssim_vfname_prefix, wcslen(fssim_vfname_prefix)) == 0) {
            is_virtual = 1;
        } else {
            is_virtual = 0;
            /* Stop irregular path input */
            if (wcslen(FileName) >= MAX_PATH) {
                return FS_PATH_OVER_LEN_ERROR;
            }
            /* convert file name (i.e., X:\ ==> DRIVE_X\) */
            fssim_conv_fn(strbuf, FileName);
        }
        /* varify flags */
```

8.7.2 典型函数分析

1. FS_Open 函数

打开文件,文件不存在时会创建文件。

该函数 FielName 为文件路径及文件名,Flag 为文件的操作属性,其值可为 FS_READ_WRITE、FS_READ_ONLY、FS_OPEN_SHARED 等。如果文件打开成功,该函数返回一个大于等于 0 的值,否则返回一个小于 0 的值。

具体操作方法可如下:

```
FS_HANDLE h;
if((h = (FS_HANDLE)FS_Open((constWCHAR *)filename, FS_READ_WRITE|FS_OPEN_SHARED|FS_CREATE)) >= 0)
    {
        /*其他操作*/
        FS_Close(h);
    }
```

注意,这里的路径要转换成 Unicode 字符串,可以通过 AnsiiToUnicodeString(S8 * pOutBuffer, S8 * pInBuffer)函数来实现。比如在 E 盘的 example 文件夹下有一个 test.c 文件需要对其进行修改(E:\example\test.c),则:

```
FS_HANDLE h;
S8 UnicodeName[100];
AnsiiToUnicodeString((S8*)UnicodeName, (S8 *)"D:\\example\\test.c");
if((h = (FS_HANDLE)FS_Open((const WCHAR *)UnicodeName, FS_READ_WRITE|FS_OPEN_SHARED|FS_CREATE)) >= 0)
    {
        /*其他操作*/
        FS_Close(h);
    }
```

也可使用 FS_Open((const WCHAR *) L"E:\\example\\test.c", FS_READ_WRITE|FS_OPEN_SHARED|FS_CREATE)方式打开。

当对文件修改完成后,要使用函数 FS_Close()将其关闭。

(1) 原型:

FS_HANDLE FS_OPEN(const WCHAR * FileName,UINT Flags)

注意:

① const WCHAR * FileName——WCHAR(宽字符);大小写不敏感;书写方式(D:\File\File.txt)。

② UINT Flags:

FS_READ_WRITE:文件打开后可读写。
FS_READ_ONLY:文件打开只读。
FS_OPEN_SHARED:共享方式打开。
FS_CREATE:若文件名无,指示 FS_OPEN 创建文件。
FS_CREATE_ALWAYS:总创建。
FS_CREATE_COMMITED:修改文件立即写入设备。
FS_CACHE_DATA:指示 FS 为该文件不要丢缓存数据。
FS_LAZY_DATA:指示不要刷新修改过的数据缓冲。
(2) 上面的函数打开成功返回 0,不成功返回值小于 0。

2. FS_CLOSE 函数

关闭打开的文件。

(1) 原型:

int FS_CLOSE(FS_HANDLE File)

注意:参数是 FS_OPEN 操作成功的文件句柄。

(2) 函数成功,返回 FS_NO_ERROR;否则返回负数的错误码。

3. FS_Read 函数

该函数用来将文件中的内容读取到一个 DataPtr 指向的缓冲区中,FileHandle 为已打开文件的句柄,Length 为要读取的字节数,参数 *Read 为实际读取到的字节数。在下面的例子中,我们将从前面打开的文件中读取 100 个字节(假设有)的数据到数组 buf[]中:

```
FS_HANDLE h;
UINT read;
S8 buf[256];
S8UnicodeName[100];
memset(buf, 0,sizeof(buf));
AnsiiToUnicodeString((S8 * ) UnicodeName, (S8 * )" D:\\example\\test.c");
if((h = (FS_HANDLE)FS_Open((const WCHAR * ) UnicodeName, FS_READ_WRITE|FS_OPEN_
SHARED|FS_CREATE)) > = 0)
        {
        FS_Read(h, (void * )buf, 100, &read);
        FS_Close(h);
    }
```

(1) 原型:

int FS_Read(FS_HANDLE File,void * DataPtr,UINT Length,UINT * Read)

注意:

File:读取数据的文件句柄。

* DataPtr：指明将要读取的数据地址。
Length：将读取的数据字节数。
Read：接收时间读入的字节数。

（2）函数成功，返回 FS_NO_ERROR；否则返回负数的错误码。

4. FS_Write

文件写操作。该函数用来将指针 DataPtr 指向的缓冲区数据写到文件中去，Length 为要写入的数据的字节数，*Written 值为实际写入的字节数。

原型：

```
int FS_Write(FS_HANDLE File,void * DataPtr,UINT Length,UINT * Written )
```

注意：

File：写入数据的文件句柄。

*DataPtr：指明将要写入的数据地址。

Length：将写入的数据字节数。

Written：接收时间写入的字节数，一般为 NULL。

5. FS_Seek

复位文件指针。对文件指针移动，使得可以在某个位置添加数据。Whence 的取值有 FS_FILE_BEGIN、FS_FILE_CURRENT 和 FS_FILE_END。比如可用如下方法将文件指向末尾部分，FS_Seek(h, 0,FS_FILE_END)；然后可在文件末尾追加写入数据。Offset 为文件指针的偏移，例如 FS_Seek(h,-5,FS_FILE_CURRENT)将文件指针向前移 5 个字节，如果是向后移 5 个字节的话则 Offset 的值为 5。

（1）原型：

```
int FS_Seek(FS_HANDLE File,int Offset,int Whence)
```

注意：

File：文件句柄。

Offset：指针移动距离。

Whence：指针从何处移动(FS_FILE_BEGIN 表示移动到文件头,FS_FILE_END 表示移动到文件尾,FS_FILE_CURRENT 表示移动到当前位置)。

（2）函数成功，返回 FS_NO_ERROR；否则返回负数的错误码。

6. FS_Commit

刷新文件缓冲区数据并写入磁盘。该函数用来将缓冲区中还没有写入到文件中的数据写入文件中去，一般在 FS_Write 写完文件后用此函数来确保数据都被写进去。

（1）原型：

```
int FS_Commit(FS_HANDLE File)
```

注意:

File:用于提交数据的文件。

(2) 函数成功,返回 FS_NO_ERROR;否则返回负数的错误码。

7. FS_GetFileInfo:文件具体信息

(1) 原型:

```
int FS_GetFileInfo(FS_HANDLE File,FS_FileInfo * FileInfo)
```

注意:

FileInfo:请求信息文件句柄。

(2) 函数成功,返回 FS_NO_ERROR;否则返回负数的错误码。

8. FS_GetAttributes:获取文件属性

(1) 原型:

```
int FS_GetAttibutes(const WCHAR  * FileName)
```

(2) 返回值是正数,它包含文件属性,负数表示失败。

9. FS_FindFirst

搜索匹配 NamePattern 模式的文件。

(1) 原型:

```
int FS_FindFirst(const WCHAR * NamePattern,BYTE Attr,BYTE AttrMask,FS_DOSDirEntry * FileInfo,WCHAR * FileName,UINT MaxLength)
```

注意:

NamePattern:类似正则表达式,文件名可以含 " * "、"?"。

Attr:搜索的文件具有的属性。

AttrMask:文件不匹配属性。

FileInfo:指向 FS_DOSDirEntry 结构实例的指针。若函数成功,该结构体实例会填允文件目录信息。

FileName:已找到的文件的文件名。

MaxLength:文件名最大长度。

(2) 函数成功,返回值大于或等于 0;否则返回负数的错误码。

10. FS_FindNext

根据 FindFirst 返回句柄,继续查找满足条件的文件。

原型：

int FS_FindNext(FS_HANDLE File,FS_DOSDirEntry * FileInfo,WCHAR * Filename,UINT MaxLength)

注意：

File：由 FindFirst 成功返回的文件句柄。

FileInfo：指向 FS_DOSDirEntry 的指针。

FileName：已找到文件的文件名。

MaxLength：文件名的最大长度。

8.7.3　文件读/写函数的使用总结

1. 新建目录函数的使用

CreateFileDir(L"E:\\FileTest");

2. 创建和打开文件函数

FS_Open(L"D:\\Demo\\demo.txt"FS_CREATE|FS_READ_WRITE,);

若 demo.txt 不存在就创建，存在就打开。

3. 读取数据

handleFind= FS_Open(L"D:\\Demo\\demo.txt"FS_CREATE|FS_READ_WRITE,);

//从文件的头开始读

FS_Seek(handleFind,0,FS_FILE_BEGIN);

//读取的数据放在 RecievedData 中

FS_Read(handleFind,&RecievedData,sizeof(DemoData),Null);

//关闭文件句柄

FS_Close(handleFind);

4. 写入数据

WriteStuData(L" D:\\Demo\\demo.txt",&RecievedData, sizeof(DemoData));

8.7.4　文件读/写函数的使用实例

本节例子源代码请见源代码"第 8 章的例子"文件夹下的"8.7.4 文件读写函数的使用实例.txt"文件。

本实例要实现将一个文件中的内容(假定不多于 5000 个字节)全部读出来然后再追加到它自己的末尾，即将文件的内容 copy 一遍到它本身，具体代码如下：

FS_HANDLE h;

```
UINT read, written, size;
static S8 buf[5000];
S8 UnicodeName[100];
memset(buf, 0, sizeof(buf));
AnsiiToUnicodeString((S8 * ) UnicodeName,(S8 * )" D:\\example\\test.c");
if((h =  (FS_HANDLE)FS_Open((constWCHAR * ) UnicodeName, FS_READ_WRITE|FS_OPEN_SHARED|FS_CREATE)) > = 0)
{
        FS_GetFileSize(h,&size);
        if(size> 0)
        {
                FS_Read(h, (void * )buf, size, &read);
        }
        FS_Seek(h, 0, FS_FILE_END);
        FS_Write(h, (void * )buf,size, &written);
        FS_Commit(h);
        FS_Close(h);
}
```

这里的 FS_Read(FS_Write)在操作的时候一般会将指定大小的数据读(写)出来,但这并不能保证一定做得到,所以,比较合理的做法是读写完后判断 size 和 read(written)的大小,如果 read(written)小于 size,则要将剩下的内容再继续读写。

结　语：

本章要重点掌握添加输入法的流程。

第 9 章

任务与定时器

引 子:

不管什么系统平台,任务都是一个很重要的概念。系统平台可以利用任务处理一些比较复杂的工作。本章详细介绍任务的创建和使用的流程。

9.1 MTK 中任务的概念

在 MTK 中,任务是指具有一定封装性的软件模块,可以理解为一个进程。MTK 的基本执行单元是 task,从操作系统的角度来理解,task 有些像线程而不是进程。进程之间的地址空间是相互隔离的,说白点就是进程之间的全局变量是不相互干扰的,而线程之间则是用同一个地址空间。MTK 的 task 之间的地址空间也是共同的,也就是在 MTK 编程里,定义了一个全局变量,那么在任何一个 task 里面都能引用,所以说,MTK 的 task 更像线程。MTK 用的是实时操作系统 Nucleus,是非抢占式操作系统,也就是当高优先级的 task 在运行时,低优先级的 task 是得不到运行时间的,除非等高优先级的 task 因为种种原因挂起。

MTK 还有一个跟 task 相关的概念称为 module,它跟 task 之间的关系是:一个 task 可以对应多个 module。task 主要表示一个执行单元,module 主要是用于传递消息。在 MTK 中,消息传递是以 module 为单位,src_mod→des_mod,而不是以 task 为单位。虽然 MTK 手机是 feature phone(功能机),不像 symbian6 那样可以同时运行多个应用,但是 MTK 还是由许多 task 组成。平时 MTK 的后台播放 MP3 就是由一个 task 完成的,具体以后分析。现在来看看 MTK 最主要的 task——MMI task,MTK 的应用程序都是在该 task 里面运行,它有一整套开发 MTK 应用的 framework。

9.2 任务的创建

(1) 修改 Custom_config.h 文件,增加索引和 ID,修改部分如下(注意修改了两处):

```
typedef enum {
INDX_CUSTOM1 = RPS_CUSTOM_TASKS_BEGIN,
```

```
    INDX_CUSTOM2,
    INDEX_DEMO,      // 增加该条目
    RPS_CUSTOM_TASKS_END
} custom_task_indx_type;
/ ***********************************************************************
 * [Very Important Message]
 * 1. Component task's module id (Please add before system service)
 * 2. Customers are allowed to create at most 16 task module ID as defined
 *    in config\include\stack_config.h (MAX_CUSTOM_MODS = 16)
 *********************************************************************** /
typedef enum {
    MOD_CUSTOM1 = MOD_CUSTOM_BEGIN,
    MOD_CUSTOM2,
    MOD_DEMO,//增加该条目
    MOD_CUSTOM_END
} custom_module_type;
```

注意：custom_module_type 枚举里面的成员不能超过 16 个。

(2) 修改 Custom_config.c，添加映射：

```
custom_task_indx_type custom_mod_task_g[ MAX_CUSTOM_MODS ] =
{
    INDX_CUSTOM1,          / * MOD_CUSTOM1 * /
    INDX_CUSTOM2,          / * MOD_CUSTOM2 * /
    INDX_DEMO,    //增加该条目
    INDX_NIL               / * Please end with INDX_NIL element * /
};
```

注意：条目的顺序要和头文件保持一致。

(3) 配置 Task：

```
const comptask_info_struct custom_comp_config_tbl[ MAX_CUSTOM_TASKS ] =
{
    / * INDX_CUSTOM1 * /
    {"CUST1", "CUST1 Q", 210, 1024, 10, 0,
# ifdef CUSTOM1_EXIST
    custom1_create, KAL_FALSE
# else
    NULL, KAL_FALSE
# endif
    },
    / * INDX_CUSTOM2 * /
    {"CUST2", "CUST2 Q", 211, 1024, 10, 0,
# ifdef CUSTOM2_EXIST
    custom2_create, KAL_FALSE
# else
    NULL, KAL_FALSE
# endif
    },
```

```
{"TEST", "TEST, 210, 1024, 10, 0,demo_task_create,KAL_FALSE}
};
```

注意:{"TEST"，"TEST，210，1024，10，0,demo_task_create,KAL_FALSE}
}里参数的含义如下。

参数1:任务名称。

参数2:外部队列的名称。

参数3:任务优先级。

参数4:外部队列的大小。

参数5:内部队列大小。

参数6:创建任务的入口函数。

参数7:函数指针,要求返回 kal_bool。

经过上面的工作,一个新的完整任务的框架建立起来了。下面我们演示一下怎样使用任务。

9.3 任务的使用流程

(1) 由于任务是基于消息驱动的,所以使用任务前,应确定可向任务请求哪些消息,消息完成的服务,请求消息时要提供的信息。

首先把消息放到队列,这个步骤需要用到 send_ILM(src_mod,dest_mod,sap,ilm_ptr)函数,示例如下:

```
Void vid_send_play_finish_ind(kal_int16 result)
{
   ilm_struct * ilm_ptr= NULL;
   ilm_ptr= allocate_ilm(MOD_MMI);
ilm_ptr- > msg_id= (msg_type)MSG_ID_DEMO; //创建的消息的 ID
ilm_ptr- > local_para_ptr= NULL;
ilm_ptr- > peer_buff_ptr= NULL;

S END_ILM(MOD_MMI,MOD_DEMO,0,ilm_ptr); //MOD_DEMO 就是我们创建的任务的模块

}
```

(2) 创建一个任务:

```
Kal_bool demo_task_create(comptask_handler_struct * * handle)
{
static void demo_main(task_entry_struct * task_entry_ptr)
{
ilm_struct current_ilm;
while(1)
```

```
    {
        receive_msg_ext_q(task_info_g[task_entry_ptr- > task_indx].task_ext_qid,&current_
ilm);
        switch (current_ilm.msg_id)
        case MSG_ID_DEMO_START: //和我们创建的任务相关的消息
            //消息处理
            break;
            default:
            break;
        }
        free_ilm(&current_ilm);
    }
}
```

注意,上面的函数是在配置任务时被调用的,即下面的代码:

```
{"TEST", "TEST, 210, 1024, 10, 0,demo_task_create,KAL_FALSE}
};
```

9.4 task 应用实例

看了上面 task 使用的完整过程后,再举个例子以加深对 Task 的理解。

先来看创建 MMI task 的函数,详细代码如下:

```
kal_bool mmi_create(comptask_handler_struct * * handle)
{
    /* ....................................................................... */
    /* Local Variables                                                          */
    /* ....................................................................... */
    static comptask_handler_struct mmi_handler_info =
    {
        MMI_task,     /* task entry function */
        MMI_Init,     /* task initialization function */
        NULL,
        NULL,         /* task reset handler */
        NULL,         /* task termination handler */
    };
    /* ....................................................................... */
    /* Code Body                                                                */
    /* ....................................................................... */
    * handle =  &mmi_handler_info;
    return KAL_TRUE;
}
```

这个函数的结构是 MTK 创建 task 的基本结构,系统初始化时,会调用该函数。看里面的结构体:

第 9 章 任务与定时器

```
typedef struct {
    kal_task_func_ptr      comp_entry_func;   //task 的入口函数
    task_init_func_ptr     comp_init_func;    //task 的初始化函数
    task_cfg_func_ptr      comp_cfg_func;     //task 的配置函数
    task_reset_func_ptr    comp_reset_func;   //task 的重置函数
    task_end_func_ptr      comp_end_func;     //task 的终止函数
} comptask_handler_struct;
```

task 的入口函数是必须的,这个函数告诉系统,初始化完相应的 task 控制块后,就要进入该函数来运行。

task 初始化函数是在进入 task 入口函数之前被调用,用来初始化可能需要的资源,可选。

task 终止函数是当 task 结束时要调用,用来释放资源,可选。

先看 MMI task 的初始化函数:

```
MMI_BOOL MMI_Init(task_indx_type task_indx)
{
    //创建一个 mutex(互斥体)
    mmi_mutex_trace = kal_create_mutex("mmi_trace");
    //这个是初始化 2step 按键, 2step 按键是指 有一些按键具有半按下状态
    //比如照相功能,按下一半进行聚焦,再按下一半拍照
    mmi_frm_get_2step_keys();
    //初始化 timer,具体可以看 MTK timer 小结 系列
    L4InitTimer();
    //初始化 UI 相关信息,里面有许多画点、图等函数
    setup_UI_wrappers();
    return MMI_TRUE;
}
```

初始化函数比较简单。

下面来看 MMI 的入口函数,这个函数是整个 MMI 运行的核心。

为了简单,这里删除了大部分宏控制程序:

```
void MMI_task(oslEntryType * entry_param)
{
    MYQUEUE Message;
    oslMsgqid qid;
    U32 my_index;
    U32 count = 0;
    U32 queue_node_number = 0;
    // 获得 task 的外部消息队列 id,通过这个 id,获得别的 task 往 MMI task 发送的消息
    // MMI task 有两个消息,外部消息队列和内部消息队列
    // 外部消息队列的消息不直接处理,只是简单地存放到内部消息队列
    // 这样使内部消息队列的优先级稍微高一点
    qid = task_info_g[entry_param-> task_indx].task_ext_qid;
    mmi_ext_qid = qid;
    // 初始化 event 处理函数,这个 event 必须在获得消息前就进行注册
```

```c
// 不让可能使得这个 event 丢弃
InitEventHandlersBeforePowerOn();
//进入 task 的 while 循环
// task 的 while(1) 循环使得这个 task 不会结束,只有挂起或者运行
while (1)
{
    {
        // 判断是否有 key 事件需要处理
        if (g_keypad_flag == MMI_TRUE)
        {
            mmi_frm_key_handle(NULL);
        }
        // 获得外部消息队列里,消息的个数
        msg_get_ext_queue_info(mmi_ext_qid, &queue_node_number);

        // 如果没有任何消息需要处理(内部消息和外部消息都没有,同时也没有按键需要处理)
        // OslNumOfCircularQMsgs 获得内部消息队列消息的个数
        if ((queue_node_number == 0) && (OslNumOfCircularQMsgs() == 0) && (g_keypad_flag == MMI_FALSE))
        {
            U8 flag = 0;
            ilm_struct ilm_ptr;

            //去外部消息队列里获得消息,这是一个阻塞函数,也就是说,如果外部消息队列里
            //没有任何消息,那么这个 task 将被阻塞,或者说挂起,也就是不再运行
            //直到有消息到达,才会被唤醒,看过操作系统原理的,应该不难理解这个意思和这个本质
            OslReceiveMsgExtQ(qid, &Message);
            //如果有消息,获得 task 的 index
            OslGetMyTaskIndex(&my_index);
            // 设置该 task 的获得 mod 为 MMI mod
            OslStackSetActiveModuleID(my_index, MOD_MMI);
            //保存该消息,用于放入到内部队列
            ilm_ptr.src_mod_id = Message.src_mod_id;
            ilm_ptr.dest_mod_id = Message.dest_mod_id;
            ilm_ptr.msg_id = Message.msg_id;
            ilm_ptr.sap_id = Message.sap_id;
            ilm_ptr.local_para_ptr = Message.local_para_ptr;
            ilm_ptr.peer_buff_ptr = Message.peer_buff_ptr;
            //放入内部队列
            // 这个内部队列是个简单的循环队列
            flag = OslWriteCircularQ(&ilm_ptr);
            // 对 timer 消息进行特殊处理
            if (Message.src_mod_id != MOD_TIMER)
            {
                hold_local_para(ilm_ptr.local_para_ptr);
                hold_peer_buff(ilm_ptr.peer_buff_ptr);
                OslFreeInterTaskMsg(&Message);
            }
        }
```

```
        else
        {
            // 把外部消息放入到内部消息
            mmi_frm_fetch_msg_from_extQ_to_circularQ();
        }
        //处理内部消息
        count = OslNumOfCircularQMsgs();
        while (count > 0)
        {
            OslGetMyTaskIndex(&my_index);
            OslStackSetActiveModuleID(my_index, MOD_MMI);
            if (OslReadCircularQ(&Message))
            {
                CheckAndPrintMsgId((U16) (Message.msg_id));
                //是否是 wap 的消息
                // 这里就体现了一个 task 可以对应多个 mod
                if (Message.dest_mod_id == MOD_WAP)
                {
                }
                else
                {
                    switch (Message.msg_id)
                    {
                        //timer 消息 具体看 MTK timer 小结 2
                        case MSG_ID_TIMER_EXPIRY:
                        {
                            kal_uint16 msg_len;
                            //处理 stack timer 消息
                            EvshedMMITimerHandler(get_local_para_ptr(Message.oslDataPtr, &msg_len));
                        }
                        break;
                        //开机消息
                        //具体分析 见后文
                        case MSG_ID_MMI_EQ_POWER_ON_IND:
                        {
                            mmi_eq_power_on_ind_struct * p = (mmi_eq_power_on_ind_struct * ) Message.oslDataPtr;

                            /* To initialize data/time */
                            SetDateTime((void * )&(p-> rtc_time));
                            gdi_init();
                            g_pwr_context.PowerOnMMIStatus = MMI_POWER_ON_INDICATION;

                            switch (p-> poweron_mode)
                            {
                                case POWER_ON_KEYPAD:

                                    OslMemoryStart(MMI_TRUE);
```

```
            g_charbat_context.PowerOnCharger = 0;
            g_pwr_context.PowerOnMode = POWER_ON_KEYPAD;

            DTGetRTCTime(&StartUpTime);
            memset(&LastDuration, 0, sizeof(LastDuration));
            mmi_bootup_entry_disk_check();

            break;

        case POWER_ON_PRECHARGE:
        case POWER_ON_CHARGER_IN:

            g_pwr_context.PowerOnMode= p- > poweron_mode;
            InitializeChargingScr();
            if (! g_charbat_context.isChargerConnected)
            {
                QuitSystemOperation();
            }

            break;

        case POWER_ON_ALARM:

            g_pwr_context.PowerOnMode = POWER_ON_ALARM;

            gdi_layer_clear(GDI_COLOR_BLACK);
            AlmInitRTCPwron();

            break;
        case POWER_ON_EXCEPTION:

             g_pwr_context.PowerOnMode = POWER_ON_EXCEPTION;

            gdi_layer_clear(GDI_COLOR_BLACK);
            OslMemoryStart(MMI_TRUE);
            SetAbnormalReset();
            InitializeAll();
            OslDumpDataInFile();

    ClearInputEventHandler(MMI_DEVICE_ALL);
            ClearKeyHandler(KEY_END, KEY_LONG_PRESS);

            InitNvramData();
            InitAllApplications();
    mmi_pwron_exception_check_display();
            break;
        default:
```

```
                                break;
                        }
                    }
                    break;
                // event 时间,这个也是 MMI task 的一个重点
                default:
                    ProtocolEventHandler(
                        (U16) Message.oslMsgId,
                        (void*) Message.oslDataPtr,
                        (int)Message.oslSrcId,
                        (void*)&Message);
                    break;
                }
                OslFreeInterTaskMsg(&Message);
            }
            msg_get_ext_queue_info(mmi_ext_qid, &queue_node_number);
            count-- ;
        }
    }
}
```

9.5 MTK 定时器的使用

在使用 MTK 定时器前,我们先分析一下定时器的工作机制。

9.5.1 MTK 定时器基本分析

接下来,从下面几个要点对 MTK 定时器进行分析。

1. 数据结构

(1) stack_timer_struct:定时器类型的信息结构,其主要作用似乎是用以装载待发送的定时器消息数据。

(2) TIMERTABLE:定时器队列节点结构,其由主要元素 mmi_frm_timer_type 结构及链表指针两个元素组成。

(3) event_scheduler:队列信息结构。

(4) mmi_frm_timer_type:定时器信息结构。

2. L4 定时器初始化

(1) 步骤:

⋯→创建 MMI Task→设置 MMI Task 初始化函数→在该函数中调用 L4InitTimer

(2) 作用：初始化定时器队列并设置基本定时器 1、2。

3. 发送定时器消息

(1) 步骤：StartTimer→L4StartTimer

(2) MTK 中有两种类型的定时器：

NO_ALIGNMENT：非队列式的，即要求立即执行的定时器，时间到了就自动被 reset。

ALIGNMENT：队列式的，即可以通过队列操作，有一定的延时容忍的定时器。

除了触摸屏和手写，其他情况下的定时器一般都是队列式的。

(3) L4StartTimer 的作用：判断将要发送的定时器 ID，根据是否是队列类型传递给不同的队列结构(event_sheduler1/event_sheduler2)。

(4) TimerExpiry：这是作为参数传递给 L4StartTimer 的回调函数，由于 MTK 做了一定的封装，因此其内部具体回调触发过程无法得知，但根据猜测，应该是在定时时间一到，以中断的方式发出消息(MSG_ID_TIMER_EXPIRY)，并将其写到 MMI 的循环队列。

该函数可能是在 L4CallBackTimer 中调用的，L4CallBackTimer 的作用如下：

① 重置当前定时器信息结构(mmi_frm_timer_type)；

② 执行定时器到点后的执行函数(TimerExpiry)；

③ 将 Timer 消息写到 MMI 循环队列中。

4. 与 StartTimer 对应的 StopTimer

(1) 具体实现通过调用 L4StopTimer 操作。

(2) 作用：找出指定要停止的定时器 ID 在队列中的位置，然后使用 evshed_cancel_event 将指定定时器节点从队列中删除。

5. 定时器消息的处理

(1) 步骤：

…→创建 MMI Task →设置 MMI Task 入口函数→调用 EvshedMMITimerHandler

(2) evshed_timer_handler( )→处理具体的定时器事件。

9.5.2　MTK 定时器消息处理机制

1. 基本概念及 Neclus 内核定时器初始化

expires：即指定定时器到期的时间，这个时间被表示成自系统启动以来的时钟滴答计数（也即时钟节拍数）。当一个定时器的 expires 值小于或等于 jiffies 变量时，就说这个定时器已经超时或到期了。在初始化一个定时器后，通常把它的 expires 域设置成当前 expires 变量的当前值加上某个时间间隔值（以时钟滴答次数计）。

第9章 任务与定时器

```
typedef struct timertable
    {   /* store the timer_id, MSB(Most Significant Bit) is align_timer_mask */
    U16 timer_id[SIMULTANEOUS_TIMER_NUM];
    /* store the event_id that returns from evshed_set_event() */
    eventid event_id[SIMULTANEOUS_TIMER_NUM];
    /* store the timer_expiry_func */
    oslTimerFuncPtr callback_func[SIMULTANEOUS_TIMER_NUM];
    /* point to the next TIMERTABLE data */
    struct timertable * next;
} TIMERTABLE;
typedef lcd_dll_node * eventid;
struct lcd_dll_node {
    void            * data;
    lcd_dll_node    * prev;
    lcd_dll_node    * next;
};
```

(1) timer_id：定时器 id 最多同时 12 个。

(2) 双向链表元素 event_id：用来将多个定时器调度动作连接成一条双向循环队列。

(3) 函数指针 callback_func：指向一个可执行函数。当定时器到期时，内核就执行 function 所指定的函数，产生 expires 消息。

```
//L4 init the timer
/*****************************************************************************
 * FUNCTION
 *  L4InitTimer
 * DESCRIPTION
 *   This function is to init the timer while task create.
 *
 * PARAMETERS
 * a IN      void
 * RETURNS
 * VOID.
 * GLOBALS AFFECTED
 *   external_global
 *****************************************************************************/
void L4InitTimer(void)
{
    /* ....................................................................... */
    /* Local Variables                                                          */
    /* ....................................................................... */
        TIMERTABLE      * p;
        TIMERTABLE      * pp;

    /* ....................................................................... */
    /* Code Body                                                                */
    /* ....................................................................... */
        /* Try to free TIMERTABLE list exclude g_timer_table */
```

```c
            p = g_timer_table.next;
            pp = NULL;
            do
            {
                if (p != NULL)
                {
                    pp = p->next;
                    OslMfree(p);
                }
                p = pp;
            } while (p != NULL);
            /* reset g_timer_talbe */
            memset(&g_timer_table, 0, sizeof(TIMERTABLE));
            g_timer_table_size = SIMULTANEOUS_TIMER_NUM;
            g_timer_table_used = 0;
        /* Initiate the clock time callback function. */
        get_clocktime_callback_func = NULL;
        set_clocktime_callback_func = NULL;
        /* Initate the no alignment stack timer */
            stack_init_timer(&base_timer1, "MMI_Base_Timer1", MOD_MMI);
        /* Create a no alignment timer schedule */
            event_scheduler1_ptr = new_evshed(&base_timer1,
                                                                L4StartBaseTimer,
L4StopBaseTimer,
                                            0, kal_evshed_get_mem, kal_
evshed_free_mem, 0);
        /* Initate the alignment stack timer */
            stack_init_timer(&base_timer2, "MMI_Base_Timer2", MOD_MMI);
        /* Create an alignment timer schedule */
            event_scheduler2_ptr = new_evshed(&base_timer2,
                                                                L4StartBaseTimer,
L4StopBaseTimer,
                                            0, kal_evshed_get_mem, kal_
evshed_free_mem, 255);
    }
    typedef struct stack_timer_struct_t {
            module_type             dest_mod_id;
            kal_timerid             kal_timer_id;
            kal_uint16              timer_indx;
            stack_timer_status_type timer_status;
            kal_uint8               invalid_time_out_count;
    } stack_timer_struct;
    /*************************************************************************
     * Exported Function Prototypes
     ************************************************************************* /
    /*
     * Important:
     * Current implementation max_delay_ticks _disibledevent=
```

2. Linux 动态内核定时器机制的原理

Linux 是怎样为其内核定时器机制提供动态扩展能力的呢？其关键就在于"定时器向量"的概念。"定时器向量"就是指这样一条双向循环定时器队列（对列中的每一个元素都是一个 timer_list 结构）；对列中的所有定时器都在同一个时刻到期，即对列中的每一个 timer_list 结构都具有相同的 expires 值。显然，可以用一个 timer_list 结构类型的指针来表示一个定时器向量。

显然，定时器 expires 成员的值与 jiffies 变量的差值决定了一个定时器将在多长时间后到期。在 32 位系统中，这个时间差值的最大值应该是 0xffffffff。因此如果是基于"定时器向量"基本定义，内核将至少要维护 0xffffffff 个 timer_list 结构类型的指针，这显然是不现实的。

另一方面，从内核本身这个角度看，它所关心的定时器显然不是那些已经过期而被执行过的定时器（这些定时器完全可以被丢弃），也不是那些要经过很长时间才会到期的定时器，而是那些当前已经到期或者马上就要到期的定时器（注意，时间间隔是以滴答次数为计数单位的）。

基于上述考虑，并假定一个定时器要经过 interval 个时钟滴答后才到期（interval = expires − jiffies），则 Linux 采用了下列思想来实现其动态内核定时器机制：对于那些 $0 \leqslant$ interval $\leqslant 255$ 的定时器，Linux 严格按照定时器向量的基本语义来组织这些定时器，也即 Linux 内核最关心那些在接下来的 255 个时钟节拍内就要到期的定时器，因此将它们按照各自不同的 expires 值组织成 256 个定时器向量。而对于那些 $256 \leqslant$ interval $\leqslant$ 0xffffffff 的定时器，由于它们离到期还有一段时间，因此内核并不关心它们，而是将是以一种扩展的定时器向量语义（或称为"松散的定时器向量语义"）进行组织。"松散的定时器向量语义"就是指：各定时器的 expires 值可以互不相同的一个定时器队列。

3. MTK Linux 动态内核定时器机制的原理

MTK 内核只需要同时维护 12 个类型的定时器，而且限定了其 interval $\leqslant 255$，列为最关心处理的定时器，那么只需要为每个类型的定时器分配不同的 expires 值，因为它们按照不同的 expires 值组织成定时器向量。MTK 内核里还分为两种不同类型的定时器，一种允许 delay 的，一种不允许，其他这些在初始化调度函数指针时就已经指定好了，内核对两者的处理是一样的。一般使用的是允许 delay 的定时器，防止一些突发性错误。

4. MTK 具体代码级分析

MMITask.c 中：

```
void MMI_task(oslEntryType * entry_param)
{
……
switch (Message.msg_id)
{
        case MSG_ID_TIMER_EXPIRY:
```

```
                {
                    kal_uint16 msg_len;
                    EvshedMMITimerHandler(get_local_para_ptr(Message.oslDataPtr, &msg_len));
                }
                break;
                    ……
        }
    }
```

在这里或者在 trace 信息的时候可能经常看到一类比较特殊的消息,MSG_ID_TIMER_EXPIRY(定时器时间到的消息 ID)。Expiry 是满、终结的意思。那么这个消息应该是在设置定时器的时候发给 L4 层的,然后再转交到 MMI 或者其他的模块,被 MMItask 所获取读到消息队列里的,然后针对其进行时间上的再分配和调度。

在 MTK 里面,存在两种性质定时时间,一种是很精确的(no alignment timer),一种允许调整校准(delay)(allow alignment timer)。而 timer 发出的消息不类似其他任务或进程发出的消息,并不是信号量,信号量的话一般发出来被其他进程得到(处理完后)可能就消亡了,而 timer 的动作则需要重复地产生和调度,对两者的处理不一样。见以下代码:

```
/* * NoteXXX:
 * In evshed_timer_handler(), system would execute event regisited timeout callback function.
 * Caller should reset saved event id in regisited timeout callback function,
 * or cause potential bug to cancel wrong timer event.
 */
(MMI Timer Event Scheduler)
//MMI 定时器动作调度函数
void EvshedMMITimerHandler(void * dataPtr)
            {
    /* ............................................................... */
    /* Local Variables                                                  */
    /* ............................................................... */
                stack_timer_struct * stack_timer_ptr;
                stack_timer_ptr = (stack_timer_struct *)dataPtr;
    /* ............................................................... */
    /* Code Body                                                        */
    /* ............................................................... */
                if (stack_timer_ptr == &base_timer1)
                {
                    if (stack_is_time_out_valid(&base_timer1))
                    {
                        evshed_timer_handler(event_scheduler1_ptr);
                    }
                    stack_process_time_out(&base_timer1);
```

```
                else if (stack_timer_ptr == &base_timer2)
                {
                        if (stack_is_time_out_valid(&base_timer2) )
                        {
                                evshed_timer_handler(event_scheduler2_ptr);
                        }
                        stack_process_time_out(&base_timer2) ;
                }
        }
```

上面讲的是如何对消息进行处理,那么设置定时器后这消息如何发出去呢? 下面对该过程进行讲解,具体代码如下:

```
void StartTimer(U16 timerid, U32 delay, FuncPtr funcPtr)
{
        StartMyTimer(timerid, delay, (oslTimerFuncPtr)funcPtr);
}
```

再往下:

```
# define StartMyTimer(nTimerId,nTimeDuration,TimerExpiryFunction)\
StartMyTimerInt(nTimerId,nTimeDuration,TimerExpiryFunction,0)
```

再往下:

```
U16 StartMyTimerInt(U16 nTimerId,U32 nTimeDuration,oslTimerFuncPtr TimerExpiry, U8 alignment)
{
        if(TimerExist[nTimerId])
        {
                OslStopSoftTimer(nTimerId);
        }
        OslStartSoftTimer(nTimerId,TimerExpiry, nTimerId, nTimeDuration,alignment);
        TimerExist[nTimerId]= 1;
        return TRUE;
}
```

L4 timer:

```
//将定时器消息由 L4 发送给 MMI
# define OslStartSoftTimer(nTimerId,TimerExpiry, nTimerId1, nTimeDuration,alignment)\
L4StartTimer(nTimerId,TimerExpiry,(void * )nTimerId1,nTimeDuration,alignment)
    void L4StartTimer(unsigned short nTimerId, oslTimerFuncPtr TimerExpiry, void *
funcArg, unsigned long nTimeDurationInTicks, unsigned char alignment)
    {
```

```
/* .................................................................... */
/* Local Variables                                                         */
/* .................................................................... */
    TIMERTABLE         *pTable = NULL;
    U16                i = 0;
U32                    temp;
/* .................................................................... */
/* Code Body                                                               */
/* .................................................................... */
if (TimerExpiry == NULL)
{       /* If TimerExpiry is NULL, we don't start the timer */
        MMI_ASSERT(0);
  return ;
}
    MMI_ASSERT(nTimerId< MAX_TIMERS);
      if (L4TimerUsePreciseTick(nTimerId))
      {
          temp = ( nTimeDurationInTicks * KAL_TICKS_10_MSEC ) / 10;
          if (temp == 0)
          {
              temp = KAL_TICKS_10_MSEC;
          }
      alignment = TIMER_IS_NO_ALIGNMENT;//非对列的,需要紧急处理,处理完立即 reset
      }
    else
      {
          if (nTimeDurationInTicks == 1000)
          {
              temp = KAL_TICKS_1_SEC- 4;
          }
          else
          {
              temp = (nTimeDurationInTicks / 100) * KAL_TICKS_100_MSEC;
          }

          if (temp== 0)
          {
              temp = KAL_TICKS_100_MSEC;
          }
      } /* if (L4TimerUsePreciseTick(nTimerId)) */

    /*
     * Because the handset doesn't camp _disibledevent= "text- indent: 21.6pt"> * it in-
fluences MMI alignment timer are inaccurate.
     * We change all of MMI timer to non- alignment timer in flight mode.
     */
      if ( mmi_bootup_get_active_flight_mode() == 1 )
      {
      alignment = TIMER_IS_NO_ALIGNMENT;
```

```c
            }
            MMI_TRACE((MMI_TRACE_G1_FRM, MI_FRM_INFO_L4DRV_STARTTIMER_HDLR, nTimerId, TimerExpiry, temp, alignment));

        pTable = &g_timer_table;
        if (g_timer_table_used >= g_timer_table_size)
        {
            /*
             * TIMERTABLE list doesn't have enough space, allocate the memory
             * * If we need to allocate the memeory, it means that MMI may have
             * such many timers run simultaneously. We won't free the memory
             * after we allocate more memory in TIMERTABLE list.
             */
            do
            {
                if (pTable->next == NULL)
                {
                    pTable->next = OslMalloc(sizeof(TIMERTABLE));
                    memset(pTable->next, 0, sizeof(TIMERTABLE));
                    g_timer_table_size += SIMULTANEOUS_TIMER_NUM;
                    pTable = pTable->next;
                    i = 0;
                    break;
                }
                pTable = pTable->next;
            } while (pTable != NULL);
        }
        else
        {
            /* find the empty record in g_timer_table list */
            i = 0;
            do
            {
                if (pTable->event_id[i] == NULL)
                {   /* find the empty space */
                    break;
                }
                i++;
                if (i >= SIMULTANEOUS_TIMER_NUM )
                {
                    pTable = pTable->next;
                    i = 0;
                }
            } while (pTable != NULL);

            if (pTable == NULL)
            {
                /* Can't find the empty space in TIMERTABLE list, assert!!! */
                MMI_ASSERT(0);
```

```
            } /* if (g_timer_table_used > = g_timer_table_size) */
        /*
         * already find the empty record, and then start timer
         * event_sheduler1 =  NO alignment scherulder
         * event_sheduler2 =  alignment scherulder (low power)
         */
        if (alignment == TIMER_IS_NO_ALIGNMENT)
        {
            /* MSB(Most Significant Bit) is align_timer_mask */
            pTable- > timer_id[i] = nTimerId | NO_ALIGNMENT_TIMER_MASK;
         pTable- > event_id[i] = evshed_set_event (event_scheduler1_ptr,
                                    (kal_timer_func_ptr)L4CallBackTimer, (void
* )nTimerId, temp);
            pTable- > callback_func[i] = TimerExpiry;
            g_timer_table_used ++ ;
        }
        else if (alignment == TIMER_IS_ALIGNMENT)
        {
            /* MSB(Most Significant Bit) is align_timer_mask */
            pTable- > timer_id[i] = nTimerId | ALIGNMENT_TIMER_MASK;
       pTable- > event_id[i] = evshed_set_event (event_scheduler2_ptr,
                                    (kal_timer_func_ptr)L4CallBackTimer, (void
* )nTimerId,temp );
            pTable- > callback_func[i] = TimerExpiry;
            g_timer_table_used ++ ;
        }
}
```

TimerExpiry 类型为 void（ * oslTimerFuncPtr)(void *)，笔者认为消息应该在回调函数 TimerExpiry 里(定时时间一到，而且很有可能是中断的方式)发出 MSG_ID_TIMER_EXPIRY。

Evshed_set_event()函数有点类似 SetProtocolevent()设置协议动作函数，就像设置异步串口时只要消息一到就会跳到相应的处理函数里处理。在定时器 timer 里面用的是 L4CallBackTimer 函数，在这个函数里面：复位使用过的 TimerID 和 EventID。

```
    ******************************************************************* /
    void L4CallBackTimer(void * p)
    {
    U32 nTimerId =  (U32) p;
        TIMERTABLE * pTable =  &g_timer_table;
        U32          i = 0;
        oslTimerFuncPtr    pTimerExpiry = NULL;
    MMI_ASSERT(nTimerId < MAX_TIMERS);
        /* find the nTimerId in TIMERTABLE list */
        do
```

```
            {
                /* MSB(Most Significant Bit) of timer_id[i] is align_timer_mask */
                if ((pTable->timer_id[i] & (~ NO_ALIGNMENT_TIMER_MASK)) == (U16) nTimerId)
                {
                    /* find out nTimerId */
                    if (pTable->callback_func[i] != NULL)
                    {
                        pTimerExpiry = pTable->callback_func[i];
    MMI_TRACE((MMI_TRACE_G1_FRM, MMI_FRM_INFO_L4DRV_CBTIMER_HDLR, nTimerId, pTimerExpiry));
                        g_timer_table_used -- ;
                        pTable->event_id[i] = 0;
                        pTable->timer_id[i] = 0;
                        pTable->callback_func[i] = NULL;
                        /*
                         * we process g_timer_table_used, event_id and timer_id first
                         * because the user may call stoptimer() in the timer_expiry_func
                         */
                        pTimerExpiry(p);//此定时 nTimerId 已经执行完
                    }
                    break;
                }
                i++ ;
                if (i >= SIMULTANEOUS_TIMER_NUM )
                {
                    pTable = pTable->next;
                    i = 0;
                }
            } while (pTable != NULL);
            /* can't find nTimerId, do nothing */
            mmi_frm_fetch_msg_from_extQ_to_circularQ();
            /*
             * Because we modify MMI process protocol events and key events mechanism,
             * we don't need to process key events here.
             */
        }
```

mmi_frm_fetch_msg_from_extQ_to_circularQ()函数将所有由 MOD_TIMER(receive the message from MMI queue and put in circular queue)发送给 MMI 的消息放进循环队列，而这个函数在 MMI_task()函数 while(1)循环一开始就用于获取内部队列消息到循环队列中。

另外，可以在 Stoptimer()里面存在 evshed_cancel_event()函数，与 Starttimer()函数相

对应。

```
/*
 * Important
 * System will allocate memory for event id, and return to caller.
 * If caller need to save event id, please be careful to reset when
 * cancel the event or the event expired.
 */
extern eventid evshed_set_event(event_scheduler * es,
                                kal_timer_func_ptr event_hf,
                                void * event_hf_param,kal_uint32 elapse_time);
/*
 * Important
 * System would reset * eid to NULL before return, however, caller
 * should pay attention to saved event id.
 */
extern kal_int32 evshed_cancel_event(event_scheduler * es, eventid * eid);
```

5. 总结分析

定时器消息一般分为两类：

(1) 队列型，这类消息一旦有事件处理就会一直执行下去，从而出现超时现象（产生 MSG_ID_TIMER_EXPIRY），接下去保存 timer id 和 event id 继续再执行下去。直到定时器被停止或事件处理完，才会被 reset。

(2) 非队列型：这类消息一发出去，而且一般时间很紧急，时间到了就自动被 reset，然后调用 void L4CallBackTimer(void * p) 函数。

基于这个思路，MTK 平台下一般是对列型定时器。队列定时器一般允许调整校准的时间（根据 EXPIRYS 值来调整），一旦定时器开启，则一直在执行过程中，实际时间将超时（不超时可能会导致某些问题），系统计数时间到将产生 MSG_ID_TIMER_EXPIRY 消息，然后 In evshed_timer_handler() 函数处理，注册一个超时回调函数并复位定时器/保存 event id。这样这个定时器一旦开启就不被 Stop 将一直执行下去。

```
 * NoteXXX:
 * In evshed_timer_handler(), system would execute event regisited timeout callback
function.
 * Caller should reset saved event id in regisited timeout callback function,
 * or cause potential bug to cancel wrong timer event.
 */
```

6. 深入总结

关于队列与非队列型以及宽松队列型 timer 可以总结如下：

(1) 队列型：相当于执行正常的定时器，只允许稍微有偏差，影响不大，比如延时 500 ms，实际超过 1 ms 是没有问题的。

第9章 任务与定时器

(2) 非队列型：一般是立即执行，时间很短，MTK 上为 10 ms，这时间相差 1 ms 问题很大。

(3) 宽松队列：只存在 Linux(软实时内核)，延时 1 min，相差 10 ms 问题不大。

操作系统一般会对于这些定时器 timer 的紧急程度，分配不同的 expires 值进行调整，以达到目的。宽松队列和队列型一般放在队列中进行处理，有一个等待的过程，而非队列型处理可能要紧急。

9.5.3 MTK 定时器使用案例一

下面以一个具体的例子来说明 MTK 定时器的使用方法，理解了这个例子就能基本上掌握定时器的使用方法了，下面就一步步来介绍。

第一步：定义自己的 Timer

定义一个下面的结构体：

```
typedef struct MyTimerItem
{
    const int       index;//多个 timer 时使用，在这个例子里是没有用的
    int             delay;//1000 相当于 1 秒，这是定时器定时工作的周期
    unsigned char   used;//是否被使用
    FuncPtr         timerFunc;//执行的函数

    int isCircle;//timer 是否循环

}MyTimer;
```

第二步：修改文件 TimerEvents.h

在文件 TimerEvents.h 里有一个 enum，叫做 MMI_TIMER_IDS，它存放了所有 timer 的索引。如果想要使用一个自己的 timer，就要在这个 enum 时加上自己的一项。一般加在后面，即 MAX_TIMERS 的前一个。

```
typedef enum
{
    // Start for Keypad based timer.
    KEY_TIMER_ID_NONE = 0,
    KEY_TIMER_ID0 = 1,
    KEY_TIMER_ID1,
    KEY_TIMER_ID2,
    KEY_TIMER_ID3,
        ……
MY_TEMER_BASE_ID,
MY_TEMER_END_ID = My_TEMER_BASE_ID + 5,
    MAX_TIMERS
} MMI_TIMER_IDS;
my_timer_baseid = MY_TEMER_BASE_ID;
```

第三步:创建文件 Events.c 并在其中构建函数

```c
//函数 StartTimer 和 StopTimer 在文件 Events.c 里实现
static  MyTimer mytimer = { 0, 1000, 0, MyUpdateTimerHanler, 1 };
//注意上面大括弧中的"MyUpdateTimerHanler",这是定时器工作时要调用的函数
//timer 处理函数
void MyUpdateTimerHanler()
{
    MyTimer * t = &mytimer;
    //写下你要的操作
    // 使定时器继续工作,MTK 的定时器执行一次就会关闭
    if(t- > isCircle)
        StartTimer((UINT16)(my_timer_baseid), t- > delay, t- > timerFunc);
}
//开始计时
int MyUpdateTimerStart()
{
    MyTimer * t =  &mytimer;
if(! t) return 0;
    StartTimer((UINT16)(my_timer_baseid), t- > delay, t- > timerFunc);
    return 0;
}
//关掉 timer
int UpdateTimerStop()
{
    MyTimer * t =  &mytimer;

if(! t) return 0;
    StopTimer((UINT16)(my_timer_baseid));

    return 0;
}
```

9.5.4 定时器使用案例二

本节例子源代码请见源代码"第9章的例子"文件夹下的"9.5.4节定时器例子"文件夹。

下面介绍一种简单定时器的设计。这种定时器发送数据后只有两种状态,即接收到数据的状态和接收数据超时的状态。

这种定时器方式的频率和发送数据次有关,例如:发送 N 次数据,就 startTime 和 stopTime N 次。

设计过程如图 9.1 所示。

模拟代码如下:

```c
//模拟代码
int g_timeout = 3;
void SendData()
```

```
{
    StartTimer(SCM_TIME_ID, TimeOut,  SCM_SendDataTimeOut);
//...
}
```

```
                发送数据                        单片机


                    │────1：发送数据[StartTimer]()────▶│
                    │                                │
                    │◀───2：接收到数据[StopTimer]()────│
                    │                                │
                    │                                │───┐
                    │                                │   │ 3：超时[StopTime]()
                    │                                │◀──┘
```

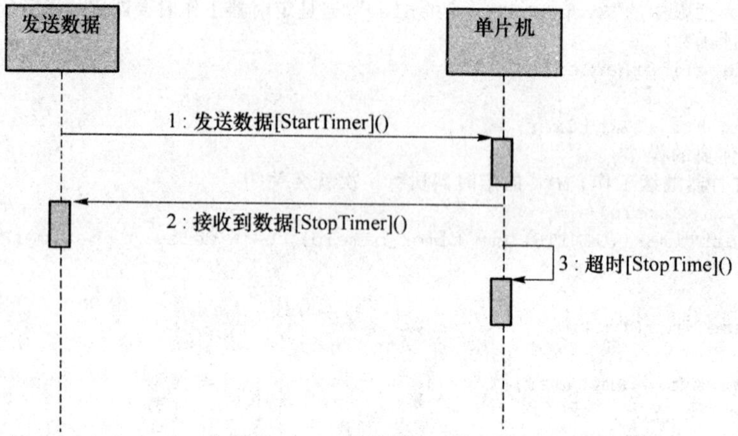

图 9.1 数据发送和接收流程

```
void Handle_RecvData()
{
    g_timeout -- ;
    StopTimer(SCM_TIME_ID);
//接收到数据后，再发送下帧数据
    SendData();
}
void SCM_SendDataTimeOut()
{
    if(g_timeout == 0) Exit_Print();//超时次数达到 3 次,退出打印
    g_timeout -- ;
    //重发数据
    SendData();
}
```

方式 2 的流程如图 9.2 所示。

这种定时器的设计是大众使用比较多的方式。这种方式可以减少打开和关闭定时器的次数，且这种定时器打开和关闭的次数与设置的超时时间有关。

```
int g_timeout = 3;
int TimeOut = 1000;
void TaskStart()
{
    g_timeout = 3;
    StartTimer(SCM_TIME_ID,TimeOut,SCM_SendDataTimeOut);
```

第 9 章 任务与定时器

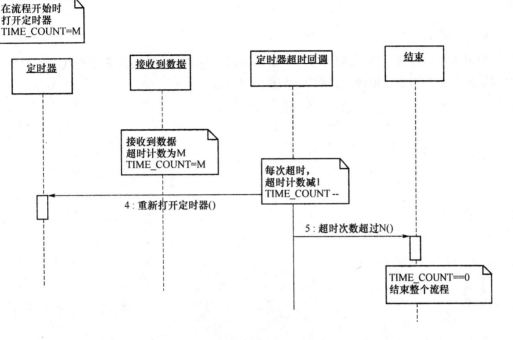

图 9.2 数据传输方式 2 流程

```
}
void SendData()
{
//这里只做发送数据,就没有打开定时器的操作
//....
}
void SCM_Handle_RecvData()
{
    g_timeout = 3;

//接收到数据后,再发送下帧数据
      SendData();

}

void SCM_SendDataTimeOut()
{
   if(g_timeout== 0) Exit_Print();//超时计数为 0,退出打印
   g_timeout-- ;
   StartTimer(SCM_TIME_ID,TimeOut,SCM_SendDataTimeOut);
```

第 9 章 任务与定时器

}

结　语：

学习本章的内容，关键是理解任务创建的流程。任务部分要关注消息在其中所起的作用，同时定时器在工作中使用得也很频繁，也要重点掌握。

第 10 章

双卡单待开发及 MTK 调试方法

引 子:
本章重点讨论了电话簿在 MTK 系统中的存储方式、系统中电话薄的存储结构与 SIM 卡中电话薄中存储结构的区别、来电如何实现号码快速匹配名字以及卡二拨号键支持下的拨打电话等方面的内容,为读者进行双卡单待的移植、拨打电话和电话薄的开发提供参考。

10.1 电话薄在 MTK 系统中的存储方式

先看看电话薄中最重要的结构:MMI_PHB_ENTRY_BCD_STRUCT PhoneBook [MAX_PB_ENTRIES]。其中,PhoneBook 是存储电话本的数组,大小为手机的容量+SIM1 卡容量+SIM2 卡容量。

注意:PhoneBook 中的数组的内容并不是连续的。比如手机容量为 500,SIM1 为 250,SIM2 为 150,则数组内容分配如下:

手机 PhoneBook [0:499]+ SIM1[500:749] + SIM2[750:899]

SIM1 的数据是从 501(非数组序号)个开始,是 SIM1 的电话薄内容,顺序是 SIM1 的物理顺序(非拼音顺序)。同理,SIM2 的数据是从 751(非数组序号)个开始的。如果 SIM1 没有满,则 501~751 之间的内容后面会是有空的。

对此结构的描述(主要存储电话本的数据)代码如下:

```
typedef struct
{
MMI_PHB_NUMBER_BCD_STRUCT tel;
MMI_PHB_NAME_STRUCT alpha_id;
U8 field; /* Indicate if an entry has the field */
U8 dummy; /* Make sure each phb structure is two- bytes aligned. */
} MMI_PHB_ENTRY_BCD_STRUCT;
typedef struct
{
U8 type; /* 129- default; 145- international, begin with '+' */
U8 length;
U8 number[(MAX_PB_NUMBER_LENGTH + 1) / 2]; /* half space to store BCD format. */
```

} MMI_PHB_NUMBER_BCD_STRUCT;
typedef struct
{
U8 name_length; /* Name Length */
U8 name_dcs; /* Name Data Coding Scheme */
U8 name[(MAX_PB_NAME_LENGTH + 1) * ENCODING_LENGTH];
} MMI_PHB_NAME_STRUCT;

注意要点：

(1) name[xx]存储电话本中的名字。电话薄中存储名字有两种方式，一种是UCS2，一种是ASCII。其中UCS2每个字符占用2字节，可以表示汉字等。ASCII占用1字节，只可以表示英文字符(256范围)。name_length是存储电话薄本名字的长度，为字符的个数，注意不是字节数(因为UCS2是一个字符=2字节)。name_dcs说明存储的名字是什么格式的，对应有UCS2、ASCII两种：

MMI_PHB_ASCII = 0x04，

MMI_PHB_UCS2 = 0x08

(2) number[]存储电话本中的号码。其格式是用BCD来存储的，其优点是1字节可以存储2个数字，不包含"+"号。

(3) Length，是nubmer数组的内容长度。

(4) Type，格式。其中，MMI_CSMCC_INTERNATIONAL_ADDR(145)，MMI_CSMCC_DEFAULT_ADDR_TYPE(129)，145代表真正的number，实际上是"+"加上number里的内容(此时length还是number的长度，不包含+号的长度)。

比如电话本中有个号码+123456789，则对应的存储是：

Number[] = 转换到BCD格式(123456789)；

Length = 6；

Type = 145；

如果号码是123456，则此时存储如下：

Number[] = 转换到BCD格式(123456789)；

Length = 6；

Type = 129；

由于这种格式使用不是很方便，所以涉及的可能用到的函数如下：

U8 mmi_phb_convert_to_bcd(U8 * dest, U8 * source, U8 max_dest_len);

U8 mmi_phb_convert_to_digit(U8 * dest, U8 * source, U8 max_dest_len);

转换BCD的号码格式到ASCII字符。因为系统要用UCS2来显示，而处理由于要节省空间，系统中，英文字符都不是UCS2格式的，所以任何显示要保证是UCS2格式的，这时要用到如下函数：

(1) U16 AnsiiToUnicodeString(S8 * pOutBuffer, S8 * pInBuffer);

注意大小关系 strlen(pOutBuffer) > 2×strlen(pInBuffer)

(2) EncodingDecoding(mmi_chset_pair_enum Scheme, char * pOutBuffer, char * pInBuffer, kal_int32 dest_size)。

EncodingDecoding()是用于字符转换的一个函数。可以把 GB2312 格式的字符转换为 UCS2 格式的,把 UCS2 格式的字符转换为 GB2312 格式的等。

10.2 系统中电话薄的存储结构与 SIM 卡中电话薄存储结构的区别

由于 ARM 的双字节存储是小端格式,而 GSM 的要求是大端存储,因此 UCS2 的编码还要转换成大端格式来存储到 SIM 卡中。这也就是系统中的电话薄与 SIM 卡中电话薄的唯一区别。

为了在 ARM 上处理方便,我们在把电话薄中的 UCS2 大端格式读出来后,就把它转换成 AMR 所要求的小端格式了。

(1) InputboxConvertGSMToDeviceEncoding 函数:

```
S32 InputboxConvertGSMToDeviceEncoding(
U8 * inBuffer,
U8 * outBuffer,
U8 inBufferLength,
S32 outBufferSize,
S32 UCS2_count,
S32 GSM_ext_count,
U8 flag);
```

该函数把 GSM(大端格式)转换成 ARM(小端格式)。

(2) InputboxConvertDeviceEncodingToGSM()函数:

```
S32 InputboxConvertDeviceEncodingToGSM(
U8 * inBuffer,
U8 * outBuffer,
S32 outBufferSize,
S32 UCS2_count,
S32 GSM_ext_count,
U8 flag);
```

该函数把 ARM(小端格式)转换成 GSM(大端格式)。

10.3 短信、来电如何实现号码快速匹配名字

(1) 要注意 MMI_PHB_LOOKUP_NODE_STRUCT 的结构,其形式如下:

```
MMI_PHB_LOOKUP_NODE_STRUCT LookUpTable[MAX_LOOKUP_TABLE_COUNT];
typedef struct
{
U16 store_index; /* Store Index of Phonebook, Begin from 0 */
U32 number;
} MMI_PHB_LOOKUP_NODE_STRUCT;
```

此处存储的 number 的 int 值,实际上是 atol((PS8) number)转换后的值。这样不仅匹配 int 值比匹配 str 要快得多,而且节省空间,只需一个 S32 类型 4 个字节就够了。

(2) 根据号码找名字的流程如下:

① 先是把 number 转换成 int 型,然后与 LookUpTable[xx]匹配 number 值。

② 根据 store_index 到 PhoneBook[]里面找名字。

10.4 快速查找如何实现

系统在进行快速查找时,针对用户输入一个字母的情况进行了优化,即用 g_phb_qsearch_cache[]来保留每个电话条目的首个字的拼音,这样用户输入一个字母进行查找时会比较快。对一个字母的快速查找的流程如下:

1. 准备工作

系统首先通过调用 mmi_phb_quick_search_make_cache()来对 g_phb_qsearch_cache[]数组进行赋值,其中,又通过 mmi_phb_quick_search_convert_cache()来对电话薄的每个条目进行汉字到拼音的转换(如张 XX→z),并存储到 g_phb_qsearch_cache[]的相应位置,这样便完成了汉字到拼音的映射。

2. 具体查找步骤

系统中进行查找的入口函数是 mmi_phb_quick_search_find_entry(U8 * keyword),我们顺着这函数来看 MTK 是如何实现快速查找的。

(1) 一个一个地跟待查找的字符比较是否相等。

(2) 如果相等则根据记录位置设置 g_phb_qsearch_bitmask[]中的相应位。

(3) 只显示在(2)中被置位的电话薄记录的内容,显示函数为 mmi_phb_quick_search_list_get_item()。到这里,就完成了电话薄的查找过程。

10.5 拨打电话

以卡二拨号键支持下的拨打电话为例来详细剖析拨打电话的功能。

(1) 首先登记 KEY_SUBMIT 和 KEY_SUBMIT2 的处理函数。

(2) 避免系统进入 SIM 卡选择界面,直接忽略该步骤。

(3) 执行系统函数,拨出电话。
(4) 构思使用一个全局变量,该变量的每个值都对应一个按键,代码如下:

```
# ifdef __SENDKEY2_SUPPORT__
U8 makecallbysim = 0;
void mmi_phb_dial_normal_call_by_sim1(void)
{
    makecallbysim = 1;
    mmi_phb_dial_normal_call();
}
void mmi_phb_dial_normal_call_by_sim2(void)
{
    makecallbysim = 2;
    mmi_phb_dial_normal_call();
}
# endif
```

在 mmi_phb_quick_search_get_index 函数中的注册代码如下:

```
# if defined(__SENDKEY2_SUPPORT__)
    SetKeyHandler(mmi_phb_dial_normal_call_by_sim1, KEY_SUBMIT, KEY_EVENT_UP);
    SetKeyHandler(mmi_phb_dial_normal_call_by_sim2, KEY_SUBMIT2, KEY_EVENT_UP);
# else
    SetKeyHandler(mmi_phb_dial_normal_call, KEY_SUBMIT, KEY_EVENT_UP);
# endif
```

进入 mmi_ucm_call_launch 函数,在最后一个 else 里面用 switch 语句,结合前面的 make-callbysim 变量做个选择。这里需要注意的是,在之前要获取当前手机中可用 SIM 卡的信息(用 MTPNP_AD_Get_UsableSide 函数),代码如下:

```
# ifdef __SENDKEY2_SUPPORT__
    {
        extern U8 makecallbysim;
        E_MTPNP_AD_SIMCARD_USABLE_SIDE usable_side = MTPNP_AD_Get_UsableSide();
        switch(usable_side)
        {
            case MTPNP_AD_DUALSIM_USABLE:
                if(makecallbysim == 1)
                {
                    makecallbysim = 0;
                    mmi_phb_dial_by_sim1();
                }
                else if(makecallbysim == 2)
                {
                    makecallbysim = 0;
```

```
                        mmi_phb_dial_by_sim2();
                    }
                    else
                    {
                        makecallbysim = 0;
                        mmi_ucm_entry_call_type();
                    }
                    break;
                case MTPNP_AD_SIMCARD1_USABLE:
                    makecallbysim = 0;
                    mmi_phb_dial_by_sim1();
                    break;
                case MTPNP_AD_SIMCARD2_USABLE:
                    makecallbysim = 0;
                    mmi_phb_dial_by_sim2();
                    break;
                default:
                    makecallbysim = 0;
                    mmi_ucm_entry_call_type();
                    break;
            }
        }
#else
    mmi_ucm_entry_call_type();
#endif
```

在 UcmUi.c 文件中的合适位置,定义两个函数,如下:

```
#ifdef __SENDKEY2_SUPPORT__
void mmi_phb_dial_by_sim1(void)
{
    g_ucm_p->mo_info.dial_type = SRV_UCM_VOICE_CALL_TYPE;
    /* permit will be checked in call launch function */
    mmi_ucm_dial_option_make_call();
}
void mmi_phb_dial_by_sim2(void)
{
    g_ucm_p->mo_info.dial_type = SRV_UCM_VOICE_CALL_TYPE_SIM2;
    /* permit will be checked in call launch function */
    mmi_ucm_dial_option_make_call();
}
#endif /* __SENDKEY2_SUPPORT__ */
```

10.6 双卡单待移植简要步骤

双卡单待移植简要步骤如下：

（1）修改 init\src\bootarm.s 中的 INT_Initialize() 函数，在中断向量表搬移之后，在语句 "; In 6227D, Disable pull down EA0 due to in 6227D" 前添加对 rtc 寄存器（地址 0x8021005c）的判断，判断是否进行过 SIM 卡切换。如果切换了，就打开背光灯。

```
; Open black light (Begin)
    LDR    R0,= 0x8021005c
    LDR    R1,[R0]
    AND    R1,R1,# 0x01
    CMP    R1,# 0x01
    BNE    Normal_Flow

    LDR    R1,= 0x80120004              ;open backlight
    LDR    R0,= &03
    STR    R0,[R1]

    LDR    R1,= 0x801200c4
    LDR    R0,= &03
    STR    R0,[R1]
; Open black light (End)
Normal_Flow
```

（2）修改 init\src\init.c 中的 HWDInitialization() 函数，在 #ifdef MTK_SLEEP_ENABLE 前添加函数 CheckBootMode()。

（3）修改 \init\src\init.c，在 "extern int   stack_check_msgid_range(void);" 前添加如下声明：

```
extern void CheckBootMode(void);
extern void   Config_SIM_GPIO(void);
extern void   Switch_GPIO_ForDoubleSIM(kal_uint8 Select_SIM);
extern kal_uint8 GetSIMSlotNum(void);
```

在 "WDT_Enable(KAL_FALSE);" 前添加代码：

```
Config_SIM_GPIO();
Switch_GPIO_ForDoubleSIM(GetSIMSlotNum());
```

（4）修改 \custom\drv\misc_drv\ZTENC26_07B_BB\ gpio_drv.c，在 void GPIO_init(void) 函数前添加代码：

```
void  Config_SIM_GPIO(void)
{
```

第10章 双卡单待开发及MTK调试方法

```
        GPIO_ModeSetup(1,0);
        GPIO_InitIO(1, 1);
}
```

(5) 修改\custom\drv\misc_drv\ZTENC26_07B_BB\gpio_drv.c，在函数 GPIO_init 中，"GPIO_setting_init();"语句之后添加：

```
        if (boot_for_doubleSIM )
        {
                GPIO_WriteIO(1,0);
        }
```

boot_for_doubleSIM 需要在前面申明"extern kal_uint8 boot_for_doubleSIM；"。

(6) 修改\drv\src\drv_comm.c，在 void Drv_Customize_Init(void)前添加如下函数代码：

```
extern kal_uint8 boot_for_doubleSIM;
void   Switch_GPIO_ForDoubleSIM(kal_uint8 Select_SIM)
{
        if(Select_SIM)
        {
                GPIO_WriteIO(1,1) ;
        }
        else
        {
                GPIO_WriteIO(0,1) ;
        }
}

kal_bool Check_Other_card(void)
{
      return  (1 == g_other_sim); // 1:另一张卡存在
}


void CheckBootMode(void)
{
    volatile kal_uint8 nCurrentFlag= DRV_Reg(RTC_INFO2) ;
        boot_for_doubleSIM  = nCurrentFlag & 0x01;
}

kal_uint8 GetSIMSlotNum(void)
{
    if ( g_nCurrentSIMSlot >  1)
    {
        volatile kal_uint8 nCurrentFlag= DRV_Reg(RTC_INFO2) ;
        g_nCurrentSIMSlot =  nCurrentFlag & 0x02 ;
        g_nCurrentSIMSlot  = g_nCurrentSIMSlot >> 1;
        nCurrentFlag &=  ~ 0x01;
        DRV_WriteReg(RTC_INFO2,nCurrentFlag);
    }
```

```
        return g_nCurrentSIMSlot;
}

void SetSIMSlotNum(kal_uint8 nSimSlotNum)
{
        kal_uint8 nCurrentSencond= 0;
        nCurrentSencond= DRV_Reg(RTC_INFO2);
        if(nSimSlotNum== 0)
        {
            g_nCurrentSIMSlot = 0;
             nCurrentSencond &= 0xFC;
                 nCurrentSencond |= 0x01;
              DRV_WriteReg(RTC_INFO2,nCurrentSencond);
        }
        else if(nSimSlotNum== 1)
        {
            g_nCurrentSIMSlot = 1;
            nCurrentSencond &= 0xFC;
                nCurrentSencond |= 0x03;
             DRV_WriteReg(RTC_INFO2,nCurrentSencond);
        }
}

void ChangeSIMSlotNum(kal_uint8 nSimSlotNum)
{
        kal_uint8 nCurrentSencond= 0;
        nCurrentSencond= DRV_Reg(RTC_INFO2);
        if(nSimSlotNum== 0)
        {
           g_nCurrentSIMSlot = 0;
           nCurrentSencond &= 0xFC;
               DRV_WriteReg(RTC_INFO2,nCurrentSencond);
        }
        else if(nSimSlotNum== 1)
        {
           g_nCurrentSIMSlot = 1;
           nCurrentSencond &= 0xFC;
               nCurrentSencond |= 0x02;
            DRV_WriteReg(RTC_INFO2,nCurrentSencond);
        }
}
```

10.7 MTK 平台的典型调试方法及 Catcher 工具的使用

学习 MTK 开发,对程序的调试是一个非常关键的工作,接下来就介绍这方面的内容。

用仿真平台调试跟踪程序固然简单快捷,但仿真平台所能调试的模块是有限的,在仿真平

第 10 章 双卡单待开发及 MTK 调试方法

台不能跟踪调试的模块就需要用 Catcher 工具进行调试跟踪,使用方法如下:

(1) 在需要知道变量值的地方加上如下语句:

kal_prompt_trace(MOD_MMI," Total_call_time:%d", Total_call_time);

此函数有 3 个参数,第一个 MOD_MMI 模块名也是打印类型,后边两个参数和 printf 的参数用法一样。这个语句将变量 Total_call_time 以十进制的形式打印出来。

(2) 在 DOS 环境下 remake 此模块,将编译好的 bin 档重新下载至手机。

(3) 下载 bin 档完成后,打开 Catcher 工具,选择 Config→Set Database Path 命令,如图 10.1 所示。

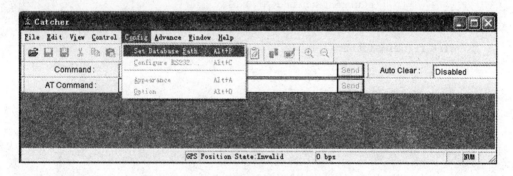

图 10.1 config 菜单中的 Set Database Path 命令

(4) 单击 图标,选择对应的 database(对应工程文件的路径\tst\database_classb),选好后单击 OK 按钮,如图 10.2 所示。

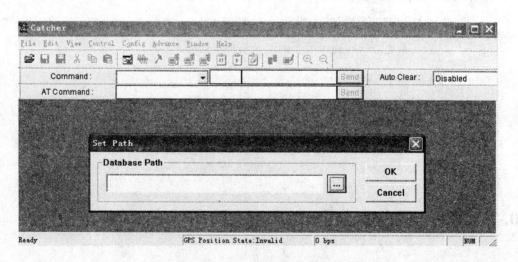

图 10.2 工程文件的路径的指定

（5）选择 Control→Mode→Logging 命令，如图 10.3 所示。

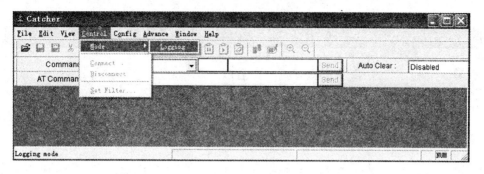

图 10.3　选择 Logging 命令

（6）选择 Config→Configure RS232 命令配置串口，如图 10.4 所示。

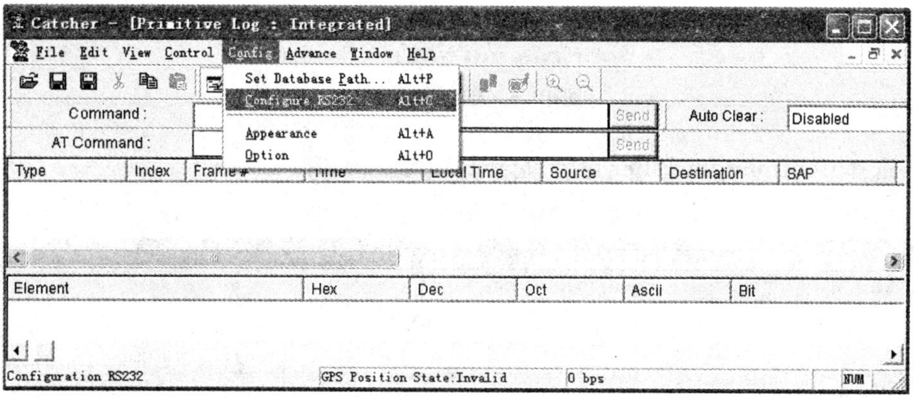

图 10.4　配置 RS232 串口

（7）选择对应的 COM3 或 COM4 口，如图 10.5 所示。

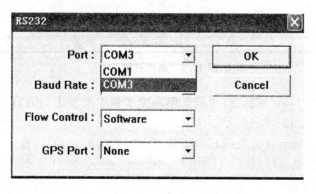

图 10.5　COM 口的选择

第 10 章 双卡单待开发及 MTK 调试方法

(8) 选择 Control→Connect 命令,连接手机和 PC,如图 10.6 所示。

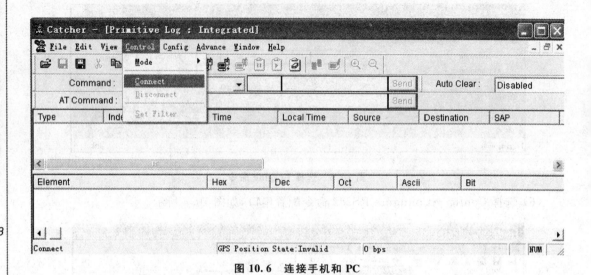

图 10.6 连接手机和 PC

(9) 选择 Control→Set Filter 命令,选择打印类型,如图 10.7 所示。

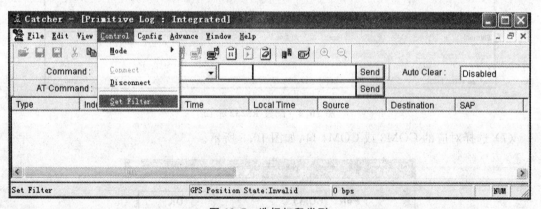

图 10.7 选择打印类型

(10) 选中 MOD_MMI 复选框,也就是第一个步骤中所加语句的第一个参数——打印类型,单击"确定"按钮,如图 10.8 所示。

(11) 工具配置完成后按开机键打开手机。手机需要配置端口,按＊＃3646633＃进入工程模式,选择"设备"→Set UART→TST Config 命令进入,将"UART 2"改为"UART 1"按"完成"键,手机配置完成。

(12) 打印结果如图 10.9 所示,从中可以查看变量 Total_call_time 的值。

第 10 章 双卡单待开发及 MTK 调试方法

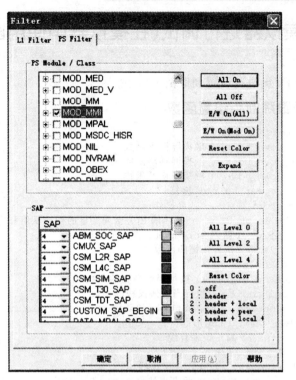

图 10.8 单击 MOD_MMI 复选框

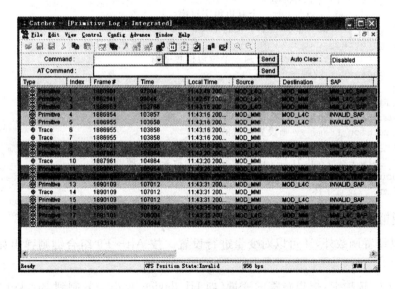

图 10.9 查看变量

10.8 VC加模拟器进行调试(在模拟器中使用断点)

断点可以通过按 F9 键进行设置和取消。

1. 模拟器中断跟踪断点设置函数

```
// 触屏相关 wgui_touch_screen.c
wgui_general_pen_down_hdlr    // 触摸屏按下函数
wgui_general_pen_move_hdlr    // 触摸屏移动函数
wgui_general_pen_down_hdlr    // 触摸屏松开函数
wgui_general_pen_repeat_hdlr  // 重复
wgui_general_pen_abort_hdlr   // 放弃操作
在 wingui.c 此函数中 setup_UI_wrappers 有相关全局变量的初始赋值和定义。
EntryNewScreen // 进入一个新的 screen 都会调用的函数
ExecuteCurrKeyHandler // 执行按键的函数
ExecuteCurrHiliteHandler
ExecuteCurrHiliteHandler_Ext // 执行当前高亮的函数
ExecuteCurrProtocolHandler //执行当前协议栈的函数
execute_softkey_function //执行 softkey 的函数
UI_fill_rectangle // 填充一个矩形框
UI_draw_vertical_line // 画一条垂直线
UI_draw_horizontal_line // 画一条水平线
UI_draw_dotted_horizontal_line //水平虚线
UI_draw_dotted_vertical_line // 垂直虚线
UI_print_text // 画一个字符串
UI_print_bordered_text // 画一个有边色字符串
UI_print_text_n // 画一个有 n 个字符的字符串
UI_print_bordered_text_n // 画一个有 n 个字符的带边框色字符串
UI_print_bordered_character //画一个带边框色字符
UI_print_character //画一个字符
gdi_image_draw //从绘图事件开始跟踪的函数
_show_image // 画一个 gif
_show_transparent_image //画有设透明色的图片
_show_animation_frame // 画设置帧数的图片
gdi_layer_blt_previous // 同一个 layer 刷新某一区域的函数
gdi_layer_blt_ext // 几个 layer 叠加显示时刷新某一区域的函数
UI_BLT_double_buffer //刷新一块区域
UI_set_font //设置字体
```

2. 在模拟器中设置变量值改变的断点

除了可以设置函数外,还可以对变量进行设置。按 Alt+F9 组合键则弹出如图 10.10 所示的对话框。

切换到 Data 选项卡,把想跟踪的变量(如 UI_device_width)复制到 Breakat 文本框中,如图 10.11 所示。单击 OK 按钮即可运行,此变量改变时就会出现断点。

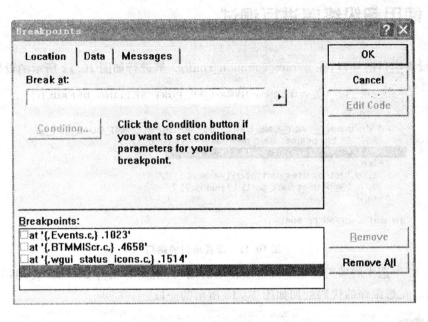

图 10.10 变量设置

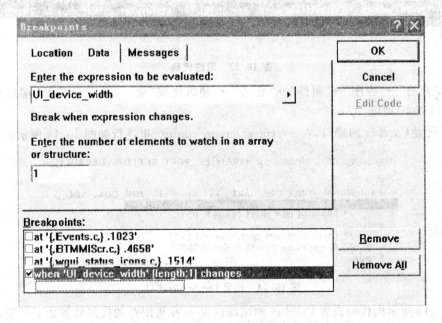

图 10.11 变量跟踪

10.9 使用超级终端进行调试

首先设置串口的端口,在 nvram_common_config. 里进行如图 10.12 所示的设置。

```
static port_setting_struct const NVRAM_EF_PORT_SETTING_DEFAULT[]=
{
    {
    #if defined(__ONLY_ONE_UART__) || defined(__MMI_DUAL_SIM__)
        99, /* tst-ps uses uart_null(value is 99 (0x63)) */
        0,  /* APP uses uart_port1 (value is 0) */
    #else
        1,  /* tst-ps uses uart_port2(value is 1) */
        0,  /* APP uses uart_port1 (value is 0) */
    #endif

    #if defined(EMPTY_MMI)
```

图 10.12 设置串口的端口

图 10.12 中选中的项为设置超级终端使用的端口,上面一项为 Catcher 使用端口,设为 0 即为 uart1。在想跟踪的代码处加如图 10.13 所示的一段:

```
char temp_buffer[255];
sprintf(temp_buffer, "I wann test here, exposure_lines =%d" exposure_lines);
rmmi_write_to_uart((kal_uint8*) temp_buffer, strlen(temp_buffer), KAL_TRUE);
}
```

图 10.13 跟踪代码

选择"开始"→"程序"→"附件"→"通讯"→"超级终端"命令,设置好 COM 端口和波特率(一般为 115200)即可。

然后设置 Catcher 的端口,在 nvram_common_config. 里进行如图 10.14 所示的设置。

```
static port_setting_struct const NVRAM_EF_PORT_SETTING_DEFAULT[]=
{
    {
    #if defined(__ONLY_ONE_UART__) || defined(__MMI_DUAL_SIM__)
        0,  /* tst-ps uses uart_null(value is 99 (0x63)) */
        1,  /* APP uses uart_port1 (value is 0) */
    #else
        1,  /* tst-ps uses uart_port2(value is 1) */
        0,  /* APP uses uart_port1 (value is 0) */
    #endif
```

图 10.14 设置 Catcher 的端口

图 10.14 所示的代码设置 Catcher 调试端口为 1,在想跟踪的代码处加如下一段:
现在,打开 Catcher 即可跟踪,此处就不写 Catcher 的使用了。

kal_prompt_trace(MOD_AUX, "I wanna test here, Sensor ID = %x", *sensor_id*);

另外，也可以输入＊♯3646633＊（MTK 默认）进入工程模式→设备→UART 设置端口。

结　语：

本章要特别注意电话簿中几个数据结构的使用，如 MMI_PHB_ENTRY_BCD_STRUCT PhoneBook[MAX_PB_ENTRIES]、MMI_PHB_LOOKUP_NODE_STRUCT LookUpTable[MAX_LOOKUP_TABLE_COUNT]等，以及双卡单待的移植要点，同时还应重点掌握 Catcher 工具的使用方法。

第 11 章

Socket

引 子：
基于 MTK 的网络应用开发在工作中应用得越来越广泛，本章就该问题进行深入的探讨。

11.1 MTK 平台 Socket 的概念

所谓 MTK 平台的 Socket，是指 MTK 为应用程序提供的一套基于标准套接字的 API，简称 SOC。

11.2 Socket 实验设置

1. 进入工程模式
在待机界面通过键盘输入"＊＃3646633＃"，进入如图 11.1 所示的界面。

2. 进行 Socket 实验
Socket Test 菜单下共有 6 个选项，使用说明如下：
DNS QUERY：域名解析，输入网址，返回 IP。举例：输入 www.baidu.com ，返回 Google 的 IP 地址 64.233.189.99。
HTTP GET：输入网址，返回网页信息。举例：输入 http://www.baidu.com。
ECHO：服务器端返回客户端发送的数据。经过测试，输入后，返回错误，可能服务器端不支持。
Date Query：获取服务器日期时间数据。经过测试，输入后返回错误，可能服务器端不支持。
TraceRt：获取路由信息表。例如：输入 www.baidu.com，返回数据经过的路由地址和时间。
Iperf：程序没有实现。

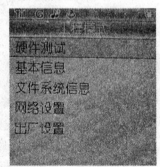

图 11.1 工程模式界面

3. 输入 URL

打开 Socket Test 菜单进入套接字测试列表。选择 HTTP Get 命令进入输入界面,用于输入 URL,比如输入 http://www.baidu.com。

11.3 Socket 编程原理

1. CMWAP 与 CMNET

CMWAP 和 CMNET 是中国移动 GPRS 网络的两个不同的 APN(Access Point Name,接入点名称)。CMNET 提供 NET 服务,手机使用该服务可以直接访问 Internet,获得完全的 Internet 访问权,与计算机接入互联网完全一样;而 CMWAN 只能访问 WAP 网站,当然也可以通过 HTTP 代理协议(80 和 8080 端口)和 WAP 网关协议(9201 端口)访问 Internet。

注意:CMWAP 通过代理路由访问 Internet 网,CMNET 直接访问 Internet 网!
P1300 同时支持 CMWAP 和 CMNET 的接入。

2. Socket 接口函数

soc_create:创建 Socket 接口,其第二个参数表示 Socket 类型。常用的 Socket 类型有两种:流式 Socket(SOCK_STREAM)和数据报式 Socket(SOCK_DGRAM)。流式 Socket 是一种面向连接的 Socket,针对于面向连接的 TCP 服务应用;数据报式 Socket 是一种无连接的 Socket,对应于无连接的 UDP 服务应用。

soc_setsockop:设置 socket option——非阻塞模式和异步 IO。

手机平台通信都是非阻塞模式,因此 soc_connect 和 soc_recv 一般不会马上返回成功,而是返回 SOC_WOULDBLOCK,意思是要等待一会儿,所以我们要调用 SetProtocolEventHandler 来设置回调函数处理。

soc_connect:连接指定的 Server,如代理服务器 10.0.0.172:80。只有面向连接(TCP)的客户程序使用 Socket 时才需要将此 Socket 与远端主机相连。无连接协议(UDP)从不建立直接连接。

soc_send:用于面向连接(TCP)的 Socket 方式下的数据传输,发送客户端请求

soc_recv:用于面向连接(TCP)的 Socket 方式下的数据传输,接收服务器返回信息

soc_sendto:用于无连接(UDP)的数据报 Socket 方式下的数据传输,发送客户端请求

soc_recvfrom:用于无连接(UDP)的数据报 Socket 方式下的数据传输,接收服务器返回信息。

soc_close:关闭 Socket 连接。

3. TCP 和 UDP 通信流程

Socket 的 UDP 方式通信流程描述如下:

(1) soc_create 第二个参数设置为 SOCK_DGRAM。
(2) soc_sendto。
(3) soc_revfrom。
(4) soc_close。

Socket 的 TCP 方式通信流程描述如下：
(1) soc_create 第二个参数设置为 SOCK_STREAM。
(2) soc_connect。
(3) soc_send。
(4) soc_rev。
(5) soc_close。

11.4 Socket 编程案例一

本节例子源代码请见源代码"第 11 章的例子"文件夹下的"11.4 Socket 编程实例一.txt"文件。

目的：通过 CMWAP 和 CMNET 采用 TCP 方式连接 www.baidu.com。

进入程序：手机上输入 *＃123456＃ 就会调用 SSCHandleMySocket。显示空白，按左键启动程序，连接过程会有打印信息提示，按右键退出。

程序说明：

(1) 使用 CMWAP 连接：

```
static kal_uint32 account_id= 14;
kal_uint8 addr[4] = {10, 0, 0, 172};
```

(2) 使用 CMNET 连接：

```
static kal_uint32 account_id= 17;
kal_uint8 addr[4] = {64, 233, 189, 99};
```

其中，"64，233，189，99"是 www.googel.com 的 IP 地址。

(3) CMWAP 和 CMNET 采用 TCP 方式连接的区别在于，CMWAP 方式 connect 移动网关，CMWAP 方式直接 connect 目标地址。

修改说明：

(1) plutommi\mmi\ssc\sscsrc\SSCStringHandle.h 添加 ＃define SSC_MYSOCKET "*＃123456＃"。

(2) \plutommi\mtkapp\EngineerMode\EngineerModeInc\EngineerModeDef.h
typedef enum {}EM_SCR_IDS 中添加 EM_MAIN_MENU_SCR。

第11章 Socket

(3) plutommi\mmi\ssc\sscsrc\SSCStringHandle.c

ssc_table1[]中添加{SSC_MYSOCKET"*#123321#",MMI_FALSE,SSCHandleMy-Socket}。

```c
#include "MainMenuDef.h"
#include "EngineerModeDef.h"
#include "soc_api.h"
#define SOCKET_PACKAGE_HEAD " GET http://www.google.cn HTTP/1.1\r\nHost: www.google.cn\r\nProxy-Connection: Keep-Alive\r\n\r\n"
static kal_int8 socket_id=-1;
//static kal_uint32 account_id=14;//CMWAP方式连接
static kal_uint32 account_id=17;//CMNET方式连接
static sockaddr_struct socket_addr;
static char rec_tmp[50];
static int print_x=0;
void mmi_Mysocket_exit(void);
static void init_socket(void);
void socket_receive(void);
void socket_send(void);
void notify_socket(void *inMsg);
extern void soc_init_win32(void);
static void SSCHandleMySocket(void)
{
EntryNewScreen(EM_MY_SOCKET_SCR,mmi_Mysocket_exit,NULL,NULL);
entry_full_screen();
clear_screen();
gui_BLT_double_buffer(0,0,UI_device_width-1,UI_device_height-1);
SetKeyHandler(GoBackHistory,KEY_RSK,KEY_EVENT_UP);
SetKeyHandler(init_socket,KEY_LSK,KEY_EVENT_UP);
}
static void print_reset()
{
print_x=0;
}
static void print_soc_info(UI_string_type info) //luofadd 09-07-21
{
gui_move_text_cursor(0,print_x);
gui_set_text_color(UI_COLOR_RED);
gui_print_text((UI_string_type)info);
gui_BLT_double_buffer(0,0,UI_device_width-1,UI_device_height-1);
print_x+=30;
}
void socket_receive(void)
{
kal_int32 result;
U16 tmp2[50];//接收的字节数自行调节
memset((void*)rec_tmp,0,50);
result=soc_recv(socket_id,(kal_uint8*)rec_tmp,50,0);
```

```
    if(result> 0)
    {
    char i;
    print_soc_info(L"-- rev OK!");
    for(i= 0;i< result;i++ )
    tmp2[i]= 0x00ff&((U16) rec_tmp[i]);
    print_soc_info(tmp2) ;
    return;
    }
    else if(result== 0)
    {
    print_soc_info(L"-- rev result== 0!");
    SetProtocolEventHandler(notify_socket, MSG_ID_APP_SOC_NOTIFY_IND);
    return;
    }
    else if(result== SOC_WOULDBLOCK)
    {
    print_soc_info(L"-- rev SOC_WOULDBLOCK!");
    SetProtocolEventHandler(notify_socket, SG_ID_APP_SOC_NOTIFY_IND);
    return;
    }
    else
    {
    print_soc_info(L"-- rev error!");
    soc_close(socket_id);
    return;
    }
    return;
    }
    void socket_send(void)
    {
    kal_int32 result;
    result= soc_send(socket_id,(kal_uint8 * )SOCKET_PACKAGE_HEAD,strlen(SOCKET_PACKAGE
_HEAD),0);
    if(result> 0)
    {
    print_soc_info(L"-- send OK!");
    socket_receive();
    return;
    }
    else
    {
    if(result== SOC_WOULDBLOCK)
    {
    print_soc_info(L"-- send SOC_WOULDBLOCK!");
    SetProtocolEventHandler(notify_socket, MSG_ID_APP_SOC_NOTIFY_IND);
    return;
    }
    else
```

```
{
if(result== SOC_ERROR)
{
print_soc_info(L"-- send error!");
soc_close(socket_id);
return;
}
else
{
print_soc_info(L"-- send other error!");
soc_close(socket_id);
return;
}
}
}
}
void notify_socket(void * inMsg)
{
app_soc_notify_ind_struct * soc_notify;
soc_notify= (app_soc_notify_ind_struct * )inMsg;
print_soc_info(L"Notify Soket!");
if(soc_notify- > socket_id!= socket_id)
{
print_soc_info(L"--- Notify NO Socket!");
return;
}
else
switch(soc_notify- > event_type)
{
case SOC_WRITE:
print_soc_info(L"--- Notify Socket Write!");
break;
case SOC_READ:
print_soc_info(L"--- Notify Socket Read!");
socket_receive();
break;
case SOC_CONNECT:
print_soc_info(L"-- Notify Soket Connect!");
socket_send();
break;
case SOC_CLOSE:
print_soc_info(L"--- Notify Soket Close!");
soc_close(socket_id);
break;
default:
print_soc_info(L"--- Noticfy Scket Error!");
soc_close(socket_id);
socket_id= - 1;
break;
```

```c
    }
}
static void init_socket(void)
{
kal_int8 ret;
kal_uint8 val= 1;
# ifndef MMI_ON_HARDWARE_P
kal_uint8 addr[4] = {192, 168, 0, 1};
# else
//kal_uint8 addr[4] = {10, 0, 0, 172}; //CMWAP方式连接
kal_uint8 addr[4] = {64, 233, 189, 99};//www.googel.com CMNET方式连接
# endif
print_reset();
# ifndef MMI_ON_HARDWARE_P
soc_init_win32(); //PC仿真使用
# endif
print_soc_info(L"Start Soket Create!");
socket_id= soc_create(PF_INET,SOCK_STREAM,0,MOD_MMI,account_id);//新建连接
if(socket_id< 0)
{
print_soc_info(L"Socket Create Error!");
return;
}
else
{
if(soc_setsockopt(socket_id,SOC_NBIO,&val,sizeof(val))< 0)//设置Socket非阻塞模式
{
print_soc_info(L"Set socket to nonblock mode error!");
return;
}
val= SOC_READ|SOC_WRITE|SOC_CLOSE|SOC_CONNECT;
if(soc_setsockopt(socket_id,SOC_ASYNC,&val,sizeof(val))< 0)//设置异步I/O
{
print_soc_info(L"Set socket to nonblock mode error!");
return;
}
}
print_soc_info(L"Start Socket Created Connect!");
socket_addr.addr_len= 4;
# ifndef MMI_ON_HARDWARE_P
  socket_addr.addr[0]= 192;
socket_addr.addr[1]= 168;
socket_addr.addr[2]= 1;
socket_addr.addr[3]= 1;
socket_addr.port= 80;
# else
memcpy(socket_addr.addr,addr, 4) ;
# endif
socket_addr.port= 80;
```

```
ret= soc_connect(socket_id,&socket_addr);
if(ret== SOC_SUCCESS)
{
print_soc_info(L"connect SOC_SUCCESS!");
socket_send();
}
else if(ret== SOC_WOULDBLOCK)
{
print_soc_info(L"connect SOC_WOULDBLOCK!");
SetProtocolEventHandler(notify_socket, MSG_ID_APP_SOC_NOTIFY_IND);
return;
}
else
{
if(ret== SOC_ERROR)
{
print_soc_info(L"connect SOC_ERROR!!");
soc_close(socket_id);
return;
}
print_soc_info(L"connect OTHER_ERROR!!");
soc_close(socket_id);
return;
}
}
static void exit_socket()
{
soc_close(socket_id);
print_soc_info(L"Start Socket Close!");
}
void mmi_Mysocket_exit(void)
{
history currHistory;
S16 nHistory = 0;
currHistory.scrnID = MAIN_MENU_SCREENID;
currHistory.entryFuncPtr = SSCHandleMySocket;
pfnUnicodeStrcpy( (S8 *)currHistory.inputBuffer, (S8 *)&nHistory);
AddHistory(currHistory);
exit_socket();
}
```

查看本机 IP 方法：选择"开始→"运行"命令，在弹出的对话框中输入 CMD 进入 DOS 界面，输入 ipconfig，显示如图 11.2 所示的界面。

11.5 Socket 编程案例二

本节例子源代码请见源代码"第 11 章的例子"文件夹下的"11.5 Socket 编程实例二

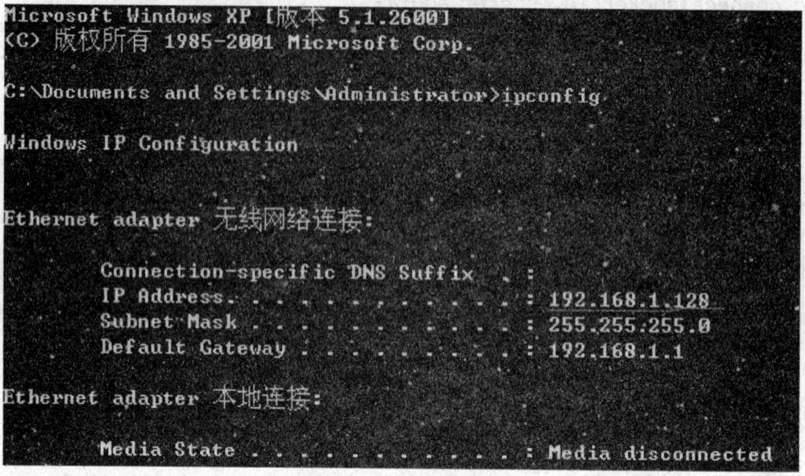

第 11 章 Socket

图 11.2 CMD 界面

".txt"文件。

连接图如图 11.3 所示。

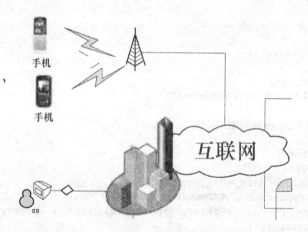

图 11.3 连接图

下面通过一个完整使用 Socket 的例子来演示编程方法,完整代码如下:

```
include "soc_api.h"
static kal_int8 soc_id;
void mydemo_socket_recieve(void);
void mydemo_socket_notify(void * msg_ptr);
sockaddr_struct mydemo_ip_addr;
# define BUF_SIZE 200
// 发送
```

```c
void mydemo_socket_send(void)
{
kal_int32 ret;
ret= soc_send(soc_id,(unsigned char * )URL,strlen(URL),0);
if(ret> 0)
{
mydemo_socket_receive();
}
else // 如果返回值是 SOC_WOULDBLOCK,就注册回调,等待事件通知
{
SetProtocolEventHandler(mydemo_socket_notify,MSG_ID_APP_SOC_NOTIFY_IND);
}
}
//接收
void mydemo_socket_receive(void)
{
kal_uint8 rbuf[BUF_SIZE];
int ret;
unsigned short wBuf[BUF_SIZE+ 1];
ret= soc_recv(soc_id,rbuf,BUF_SIZE,0);
if(ret> 0)
{
int i;
if(ret== SOC_WOULDBLOCK)
{
SetProtocolEventHandler(mydemo_socket_notify,MSG_ID_APP_SOC_NOTIFY_IND);
}
}
}
//事件通知
void mydemo_socket_notify(void * msg_ptr)
{
  app_soc_notify_ind_struct * soc_notify= (app_soc_notify_ind_struct * )msg_ptr;
  switch(soc_notify- > event_type)
  {
    case SOC_READ:
        mydemo_socket_receive();
        break;
    case SOC_WRITE:
        mydemo_socket_send();
        break;
    case SOC_CONNECT:
        mydemo_socket_send();
        break;
    case SOC_CLOSE:
        break;
    default:
    break;
 }
```

第11章 Socket

```
}
//总调函数
int mydemo_demo_socket_entry()
{
kal_uint8 val= KAL_TRUE;
kal_int8 soc_ret;
# ifndef MMI_ON_HARDWARE_P
soc_init_win32();
# endif
soc_ret= soc_create(PF_INET,SOCK_STREAM,0,MOD_MMI,14);
if(soc_ret< 0)
return 0;
if(soc_setsockopt(soc_id,SOC_NBIO,&val,sizeof(val))< 0)
{
return 0;
}
val= SOC_READ|SOC_WRITE|SOC_CLOSE|SOC_CONNET;
if(soc_setsocketopt(soc_id,SOC_ASYNC,&val,sizeof(val))< 0)
{
return 0;
}
memset(&mydemo_ip_addr,0,sizeof(sockaddr_struct));
//连接中国移动网关
mydemo_ip_addr.addr[0]= 10;
mydemo_ip_addr.addr[1]= 0;
mydemo_ip_addr.addr[0]= 0;
mydemo_ip_addr.addr[0]= 172;
mydemo_ip_addr.addr_len= 4;
mydemo_ip_addr.port= 80;
soc_ret= soc_connect(soc_id,&mydemo_ip_addr);
if(soc_ret> = 0)
{
mydemo_socket_send();
return soc_ret;
}
else if(soc_ret== SOC_WOULDBLOCK) //一般此条件会成立,也就是异步事件
{
SetProtocolEventHandler(mydemo_socket_notify,MSG_ID_APP_SOC_NOTIFY_IND);
return soc_ret;
}
return 1;
}
}
}
```

从上面的代码中可以看出对Socket的编程思路如下：

第一步：构建一个总的回调函数mydemo_demo_socket_entry()。在这个回调函数中，要注意如下连接中国移动网关的代码：

```c
mydemo_ip_addr.addr[0]= 10;
mydemo_ip_addr.addr[1]= 0;
mydemo_ip_addr.addr[0]= 0;
mydemo_ip_addr.addr[0]= 172;
mydemo_ip_addr.addr_len= 4;
mydemo_ip_addr.port= 80;
soc_ret= soc_connect(soc_id,&mydemo_ip_addr);
if(soc_ret> = 0)
{
mydemo_socket_send();
return soc_ret;
}
else if(soc_ret== SOC_WOULDBLOCK) //一般此条件会成立,也就是异步事件
{
SetProtocolEventHandler(mydemo_socket_notify,MSG_ID_APP_SOC_NOTIFY_IND);
return soc_ret;
}
return 1;
```

第二步构建发送代码,如下:

```c
// 发送
void mydemo_socket_send(void)
{
kal_int32 ret;
ret= soc_send(soc_id,(unsigned char * )URL,strlen(URL),0);
if(ret> 0)
{
mydemo_socket_receive();
}
else // 如果返回值是 SOC_WOULDBLOCK,就注册回调,等待事件通知
{
SetProtocolEventHandler(mydemo_socket_notify,MSG_ID_APP_SOC_NOTIFY_IND);
}
}
```

第三步构建接收函数,代码如下:

```c
//接收
void mydemo_socket_receive(void)
{
kal_uint8 rbuf[BUF_SIZE];
int ret;
unsigned short wBuf[BUF_SIZE+ 1];
ret= soc_recv(soc_id,rbuf,BUF_SIZE,0);
if(ret> 0)
{
int i;
```

第 11 章 Socket

```
if(ret== SOC_WOULDBLOCK)
{
SetProtocolEventHandler(mydemo_socket_notify,MSG_ID_APP_SOC_NOTIFY_IND);
}
}
}
```

第四步 构建事件通知函数，代码如下：

```
//事件通知
void mydemo_socket_notify(void * msg_ptr)
{
app_soc_notify_ind_struct * soc_notify= (app_soc_notify_ind_struct * )msg_ptr;
switch(soc_notify- > event_type)
{
    case SOC_READ:
        mydemo_socket_receive();
        break;
    case SOC_WRITE:
        mydemo_socket_send();
        break;
    case SOC_CONNECT:
        mydemo_socket_send();
        break;
    case SOC_CLOSE:
        break;
    default:
        break;
  }
}
```

11.6 Socket 编程案例三

下面介绍一个 Socket 实现 HTTP 请求的案例，读者可对这个进行改造来实现一个 Wap 浏览器。Wap 浏览器如图 11.4 所示。

11.6.1 MTK 平台 Socket 联网过程

Socket 编程接口分两套：TCP 和 UDP。TCP 和 UDP 中又有服务器端和客户端的概念，这里讲的是 TCP 的客户端编程接口。

MTK 平台中 Socke 的创建步骤：

(1) soc_create() 创建 Socket。

(2) soc_setsockopt 设置 Socket 为非阻塞模式。

(3) soc_setsockopt 设置 Socket 选项为连接，读，写，关闭，且

图 11.4 Wap 浏览器

连续设置两次。

（4）如果是 CMNET 联网并且请求中用到了英文域名,则还需要解析域名 soc_gethostbyname。除非使用 IP 作为域名,解析出来的 IP 作为我们建立连接的目标 IP。如果是 CMWAP 联网,直接跳到第(5)步,直接连接移动或联通的网关 10.0.0.172:80。

（5）soc_connect　　与服务器建立连接。

（6）soc_send　　发送请求。

（7）soc_recv　　接收服务器返回的数据。

（8）soc_close　　关闭 Socket。

（9）如果需要关闭数据账户,soc_close_nwk_account。

11.6.2　CMNET、CMWAP 方式下的 HTTP 请求内容格式

我们来看看 HTTP 请求格式,主要有两种:

1. GET 方法

MTK 模拟器中 WAP 浏览器发送的请求内容如下:

```
GET /go_13596557 HTTP/1.1
Host: kong.net
User-Agent: SQH_D480B_01/LB19504/WAP2.0 Profile
Accept:  application/vnd.wap.wmlc, */*　　//(相当长,省去后面部分)
Accept-Charset: utf-8, utf-16, iso-8859-1, iso-10646-ucs-2, GB2312, windows-1252, us-ascii
Accept-Language: zh-tw, zh-cn, en
Cookie: JSESSIONID= aAQP0FIXp3z7
Connection: Keep-Alive
```

2. POST 方法

对一些需要向服务器传入参数的请求,如按名称搜索等请求,还以空中网天气查询为例,其中的其他城市天气查询,输入其他城市名称或电话区号查询:

```
"POST /weather/search.jsp? setcity= 1 HTTP/1.1
Host: kong.net
User-Agent: SQH_D480B_01/LB19504/WAP2.0 Profilc
Accept: application/vnd.wap.wmlc, */*　　//(比较长,省去后面部分)
Accept-Charset: utf-8, utf-16, iso-8859-1, iso-10646-ucs-2, GB2312, windows-1252, us-ascii
Accept-Language: zh-tw, zh-cn, en
Content-Type: application/x-www-form-urlencoded; charset= utf-8
Cookie: KONG_ACCESS= AWYZhg== ; JSESSIONID= a91MDc6qoMYf
Connection: Keep-Alive
Content-Length: 46//GET 方法没有这一项
××××××//传给服务器 46 字节长的数据(参数)
```

第 11 章　Socket

当然如果是 CMWAP 联网方式,也要和上述的 GET 方法一样设置 Host 和 X-Online-Host 项,Host:10.0.0.172

X-Online-Host:kong.net

以上的内容,可以在调试状态下运行模拟器的 WAP 浏览器,在 soc_send 方法处插入断点观察。

11.6.3　CMNET、CMWAP 的连接差别

1. GPRS 账户

与 PC 机上的 Socket 客户端接口不同,手机客户端在 soc_create、soc_gethostbyname 接口中都多了参数 nwt_acount_id,指的是一般在"网络服务"→"数据账户"→GPRS 下的 GPRS 数据账户 ID。一般起始的一个账户 ID 是 10,往下递增 1。在建立连接的过程中,如果是 CMWAP 方式联网,soc_create、soc_gethostbyname 接口就要设置接入点为 CMWAP 的账户 ID,CMNET 就要设置接入点为 CMNET 的账户。

2. 目标服务器

还以空中网的天气服务为例,CMNET 情况下,soc_connect 需要连接 221.179.172.2 这个 IP,如果请求的 URL 为 http://kong.net/weather/home.jsp,还需要调用 soc_gethostbyname 接口去解析域名。如果是 CMWAP 方式联网,soc_connect 只需要连接移动或联动的网关 10.0.0.172:80。

3. HTTP 请求内容格式(或称报文)

见 11.6.2 小节所述。

11.6.4　SIM1 还是 SIM2 联网

SIM1 还是 SIM2 联网,MTK 平台是通过创建 Socket 时传入的 nwt_acount_id 区分的。如果是 SIM1 上网,账号指的是一般在"网络服务"→"数据账户"→"GPRS"下的对应的 GPRS 数据账户 ID;如果是 SIM2,通过在四字节的账户 ID 其他字节设置掩码来区分。

设置接口比如 07B 平台的 always_ask_encode_data_account_id,6235_08A 的 cbm_encode_data_account_id 接口。不同平台可能略有差别。

11.6.5　联通卡还是移动卡

参考其他 Socket 联网代码中有的以接入点是否为 uniwap 来判断是不是联通的代理上网,但是通过实验,即使在联通卡时连接移动的 CMWAP 账户,也是可以正常联网的。

11.6.6　HTTP1.1 与 Transfer – Encoding 为 chunked 的编码方式

发送一个请求后,如果服务器返回的消息头内容包括"Transfer – Encoding:chunked",那么其传输编码为 chunked 类型。这种传输类型的数据体内容格式是这样的:

[十六进制数字字符串 1~4 个字节 len]\r\n

[len 长的数据体]\r\n

[十六进制数字字符串 1~4 个字节 len]\r\n

[len 长的数据体]\r\n

[十六进制数字字符串 1~4 个字节 len == 0]\r\n\r\n

其中,长度 len 是十六进制的数字,表示本段数据体的长度(字节数),回车换行后,就是这一段数据真实内容,这就是一段数据体的格式,一段接一段;直到数据体长度为 0 的数据段出现,紧接着两个回车换行,标识本次请求的数据均已接收完毕。不过 Socket 可以根据 soc_recv 返回值等于 0 来判断接收数据结束。如果收到的是这个编码类型的内容,需要对接收到的数据进行处理。

11.7　Socket 编程案例四

本节例子源代码请见"第 11 章的例子"文件夹下的"11.7 Socket 编程案例四——基于服务器和客户端模式的项目案例"文件夹。

下面我提供一个基于服务器和客户端模式的项目案例供读者参考。市面上有很多手机应用软件,如手机视频聊天软件都是基于这个思路编程的,现把完整代码分享出来,读者可在项目开发过程中受到启发。

1. 项目的目录结构描述

本项目是基于 4.3 节"建立一个复杂的具有独立模块的程序"开发而成的,有 4 个头文件,分别为"HelloWorldDefs.h"、"HelloWorldGprot.h"、"HelloWorldProt.h"、"HelloWorldTypes.h",其中"HelloWorldTypes.h"为空(但必须要,这是 MTK 平台的规则)。这 4 个头文件都放在 Inc 目录下。

项目的目录结构如图 11.5 所示。

第11章的例子\HelloWorld\Inc

  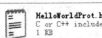

图 11.5　项目的目录结构

第11章 Socket

项目中的 Res 文件夹在这里为空,可删除。

2. 项目的头文件源代码

(1) HelloWorldDefs.h 里面的源代码如下:

```c
# ifndef __HelloWorld_DEFS_H__
# define __HelloWorld_DEFS_H__
typedef enum
{
SCR_HelloWorld_HELLO = HelloWorld_BASE + 1,
SCR_HelloWorld_HELLO_1,
SCR_HelloWorld_HELLO_2,
}SCREENID_LIST_HelloWorld;
typedef enum
{
  STR_HelloWorld_HELLO = HelloWorld_BASE + 1,
  STR_HelloWorld_MTK,
STR_HelloWorld_TIBET,
}STRINGID_LIST_HelloWorld;
typedef enum
{
IMG_HelloWorld_HELLO = HelloWorld_BASE + 1,
IMG_HelloWorld_1,
IMG_HelloWorld_2,
IMG_HelloWorld_3,
}IMAGEID_LIST_HelloWorld;
# endif
```

(2) HelloWorldGprot.h 里面的源代码如下:

```c
# ifdef __HelloWorld_GPROT_H__
# define __HelloWorld_GPROT_H__
# include "PixtelDataTypes.h"
# include "HelloWorldTypes.h"
extern void mmi_HelloWorld_entry(void);
extern void mmi_HelloWorld_init(void);
# endif
```

(3) HelloWorldProt.h 里面的源代码如下:

```c
# ifdef __HelloWorld_PROT_H__
# define __HelloWorld_PROT_H__
# include "HelloWorldGprot.h"
extern void mmi_HelloWorld_entry(void);
extern void mmi_HelloWorld_exit(void);
extern void mmi_HelloWorld_hilite(void);
# endif
```

(4) HelloWorld.c 放在项目的 Src 目录下,其完整源代码如下:

```c
#include "PixtelDataTypes.h"
#include "kal_non_specific_general_types.h"
#include "ProtocolEvents.h"
#include "custom_mmi_default_value.h"
#include "Unicodexdcl.h"    // pfnUnicodeStrcpy
#include "NvramType.h"
#include "NvramProt.h"
#include "DebugInitDef.h"
#include "OslMemory.h"
#include "Conversions.h"
#include "l4c2uem_struct.h"
#include "DateTimeGProt.h"
#include "Wgui_datetime.h"
#include "HelloWorldProt.h"
#include "HelloWorldTypes.h"
#include "HelloWorldDefs.h"
#include "Globaldefs.h"
#include "soc_api.h"
#define SOCKET_PACKAGE_HEAD " GET http://www.google.cn HTTP/1.1\r\nHost: www.google.cn\r\nProxy-Connection: Keep-Alive\r\n\r\n"
static kal_int8 socket_id=-1;
//static kal_uint32 account_id=14;// CMWAP 方式连接
static kal_uint32 account_id=17;// CMNET 方式连接
static sockaddr_struct socket_addr;
static char rec_tmp[1024];
static int print_x=0;
static int rec_print_x = 0;
typedef struct
{
  char stuName[16];
  U8   stuAge;
  char stuSex[8];
  U32  stuNumber;
  U32  stuScore;
}StudentData;
StudentData  stuData;
void SSCHandleMySocket(void);
//void mmi_HelloWorld_entry(void);
void mmi_HelloWorld_hilite(void)
{
#ifdef __MMI_HelloWorld_ENABLED__
SetLeftSoftkeyFunction(SSCHandleMySocket, KEY_EVENT_UP);
#endif
}
void mmi_HelloWorld_init(void)
{
  #ifdef __MMI_HelloWorld_ENABLED__
  SetHiliteHandler(MENU_ID_HelloWorld, mmi_HelloWorld_hilite);
  #endif
```

第11章 Socket

```c
}
void mmi_HelloWorld_exit(void)
{
  # ifdef __MMI_HelloWorld_ENABLED__
  history currHistory;
  S16 nHistory = 0;
  currHistory.scrnID = SCR_HelloWorld_HELLO;
  currHistory.entryFuncPtr = SSCHandleMySocket ;
  pfnUnicodeStrcpy( (S8*)currHistory.inputBuffer, (S8*)&nHistory);
  AddHistory(currHistory);
  # endif
}
static U8* mmi_Rfid_get_senddata(void);
void mmi_Mysocket_exit(void) ;
void mmi_Mysocket_recinfo_exit(void) ;
static void init_socket(void) ;
void socket_receive(void);
void socket_send(void);
void notify_socket(void * inMsg);
void get_soc_id(void);
extern void soc_init_win32(void);
void SSCHandleMySocket(void)
{
  EntryNewScreen(SCR_HelloWorld_HELLO_1, mmi_Mysocket_exit, NULL, NULL);
  entry_full_screen();
  clear_screen();
  # ifndef MMI_ON_HARDWARE_P
    soc_init_win32();
  # endif
  strcpy(stuData.stuName, "chenzhipeng");
  stuData.stuAge = 25;
  strcpy(stuData.stuSex, "male");
  stuData.stuNumber = 10115;
  stuData.stuScore = 568;
  gui_BLT_double_buffer(0, 0, UI_device_width - 1, UI_device_height - 1);
  SetKeyHandler(GoBackHistory, KEY_RSK, KEY_EVENT_UP);
  SetKeyHandler(init_socket, KEY_LSK, KEY_EVENT_UP);
}
static void print_reset()
{
  print_x = 0;
  rec_print_x = 200;
}
static void print_soc_info(UI_string_type info)
{
  gui_move_text_cursor(0,print_x);
  gui_set_text_color(UI_COLOR_RED);
  gui_print_text((UI_string_type)info);
  gui_BLT_double_buffer(0,0,UI_device_width- 1,UI_device_height- 1) ;
```

```c
    print_x+ = 30;
}
static void print_soc_rec_info(UI_string_type info)
{
    gui_move_text_cursor(0,rec_print_x);
    gui_set_text_color(UI_COLOR_RED);
    gui_print_text((UI_string_type)info);
    gui_BLT_double_buffer(0,0,UI_device_width- 1,UI_device_height- 1);
    rec_print_x+ = 30;
}
void my_chset_convert(U8 * src_data,U8 * dest_buff,S32 dest_bufflen)
{
    mmi_chset_convert(MMI_CHSET_GB2312,MMI_CHSET_UCS2,//转换成Unicode
        (char*)src_data, (char*)dest_buff,
        ( kal_int32) (dest_bufflen+ 1) );
}
void my_show_rec_info(U8 * recbuff,S32 infolen)
{
    U8 *    databuff;
    U8 *    guiBuffer= NULL;
    databuff =  (U8*)OslMalloc(infolen+ 1);          //系统自带的内存分配
    my_chset_convert(recbuff,databuff,infolen);
EntryNewScreen(SCR_HelloWorld_HELLO_2,NULL, NULL, NULL);
    entry_full_screen();
    clear_screen();
    guiBuffer = GetCurrGuiBuffer(SCR_HelloWorld_HELLO_2);
    ShowCategory74Screen(STR_HelloWorld_HELLO,
        IMG_HelloWorld_HELLO,
        STR_GLOBAL_OK,
        IMG_GLOBAL_OK,
        STR_GLOBAL_BACK,
        IMG_GLOBAL_BACK,
          databuff,
          infolen,
          guiBuffer);
        OslMfree(databuff);
    databuff = NULL;
    SetRightSoftkeyFunction(GoBackHistory, KEY_EVENT_UP);
    SetLeftSoftkeyFunction(get_soc_id, KEY_EVENT_UP);
    gui_BLT_double_buffer(0, 0, UI_device_width - 1, UI_device_height - 1);
}
void socket_receive(void)
{
    kal_int32 result;
    U8 data[8];
    U8 * databuff;
# if 0
    kal_int32 strcmpresult;
    U8 * senddata;
```

第11章 Socket

```c
    senddata = mmi_Rfid_get_senddata();
#endif
    databuff = (U8 *)OslMalloc(8);
    memset((void*)rec_tmp,0,2048);
    result= soc_recv(socket_id,(kal_uint8 *)rec_tmp,2048,0);
    if(result> 0)
    {
        print_soc_rec_info(L"-- rev OK!");
        my_show_rec_info((U8 *)rec_tmp,result);
#if 0
        strcmpresult = strcmp(senddata,rec_tmp); //判断发送数据是否完整
        if(! strcmpresult)
        {
            clear_screen();
            init_socket();
        }
#endif
        return;
    }
    else if(result== 0)
    {
        print_soc_rec_info(L"-- rev result== 0!");
        SetProtocolEventHandler(notify_socket, MSG_ID_APP_SOC_NOTIFY_IND);
return;
    }
    else if(result== SOC_WOULDBLOCK)
    {
        print_soc_rec_info(L"-- rev SOC_WOULDBLOCK!");
        SetProtocolEventHandler(notify_socket, MSG_ID_APP_SOC_NOTIFY_IND);
        return;
    }
    else
        {
            print_soc_rec_info(L"-- rev error!");
            result = - result;
            sprintf((char*)data,"- % 02d\0",result);
          mmi_chset_convert(MMI_CHSET_GB2312,MMI_CHSET_UCS2,
                          (char*)data,(char*)databuff,
                          (kal_int32) (8) );
                print_soc_rec_info((UI_string_type)databuff);
            OslMfree(databuff);
            databuff = NULL;
            soc_close(socket_id);
            return;
        }
}
void socket_send(void)
{
    kal_int32 result;
```

```
    U8 data[8];
    U8 * databuff;
    databuff = (U8 *)OslMalloc(8);
    /* SOCKET_PACKAGE_HEAD 请求获得一个网页
     * 如果要上传数据只需把你的数据发送到你连接的服务器
     */
    result= soc_send(socket_id,(kal_uint8 *)SOCKET_PACKAGE_HEAD,strlen(SOCKET_PACKAGE_HEAD),0);
    if(result> 0)
    {
        print_soc_info(L"-- send OK!");
        socket_receive();
        return;
    }
    else
    {
        if(result== SOC_WOULDBLOCK)
        {
            print_soc_info(L"-- send SOC_WOULDBLOCK!");
            SetProtocolEventHandler(notify_socket, MSG_ID_APP_SOC_NOTIFY_IND);
            return;
        }
        else
        {
            if(result== SOC_ERROR)
            {
                print_soc_info(L"-- send error!");
                soc_close(socket_id);
                return;
            }
            else
            {
                print_soc_info(L"-- send other error!");
                result = - result;
                sprintf((char*)data,"- %02d\0",result);
                mmi_chset_convert(MMI_CHSET_GB2312,MMI_CHSET_UCS2,
                            (char*)data,(char*)databuff,
                            (kal_int32)(8));
                    print_soc_info((UI_string_type)databuff);
                OslMfree(databuff);
                databuff = NULL;
                soc_close(socket_id);
                return;
            }
        }
    }
}
void notify_socket(void * inMsg)
{
```

```c
        app_soc_notify_ind_struct * soc_notify;
        soc_notify= (app_soc_notify_ind_struct * )inMsg;
        print_soc_info(L"Notify Socket!");
        if(soc_notify- > socket_id!= socket_id)
        {
            print_soc_info(L"--- Notify NO Socket!");
            return;
        }
        switch(soc_notify- > event_type)
        {
            case SOC_WRITE:
            print_soc_info(L"--- Notify Socket Write!");
            break;
            case SOC_READ:
            print_soc_info(L"--- Notify Socket Read!");
            socket_receive();
            break;
            case SOC_CONNECT:
            print_soc_info(L"-- Notify Socket Connect!");
            socket_send();
            break;
            case SOC_CLOSE:
            print_soc_info(L"--- Notify Socket Close!");
            soc_close(socket_id);
            break;
            default:
            print_soc_info(L"--- Noticfy Socket Error!");
            soc_close(socket_id);
            socket_id= - 1;
            break;
        }
    }
    static void init_socket(void)
    {
      kal_int8 ret;
      kal_uint8 val= 1;
      unsigned char buf[200];
      print_reset();
      print_soc_info(L"Start Socket Create!");
      socket_id= soc_create(PF_INET,SOCK_STREAM,0,M   OD_MMI,account_id);//新建连接
      if(socket_id< 0)
      {
          print_soc_info(L"Socket Create Error!");
          return;
      }
      else
      {
          if(soc_setsockopt(socket_id,SOC_NBIO,&val,sizeof(val))< 0)//设置 socket 非阻塞
//模式
```

```
    {
        print_soc_info(L"Set socket to nonblock mode error!");
        return;
    }
    val= SOC_READ|SOC_WRITE|SOC_CLOSE|SOC_CONNECT;
    if(soc_setsockopt(socket_id,SOC_ASYNC,&val,sizeof(val))< 0)//设置异步 I/O
    {
        print_soc_info(L"Set socket to nonblock mode error!");
        return;
    }
}
print_soc_info(L"Start Socket Created Connect!");
//kal_uint8 addr[4] = {10, 0, 0, 172}; //CMWAP 方式连接
//kal_uint8 addr[4] = {72, 14, 203, 104};//www.googel.com CMNET 方式连接
socket_addr.addr_len= 4;
socket_addr.port= 80;
# if 0
socket_addr.addr[0]= 10;
socket_addr.addr[1]= 0;
socket_addr.addr[2]= 0;
socket_addr.addr[3]= 172;
# endif
/* IP 地址应该是你要传数据的服务器的地址 */
# if 1
socket_addr.addr[0]= 192;
socket_addr.addr[1]= 168;
socket_addr.addr[2]= 1;
socket_addr.addr[3]= 109;
# endif
        ret= soc_connect(socket_id,&socket_addr);
    if(ret== SOC_SUCCESS)
    {
        print_soc_info(L"connect SOC_SUCCESS!");
        socket_send();
    }
    else if(ret== SOC_WOULDBLOCK)
    {
        print_soc_info(L"connect SOC_WOULDBLOCK!");
        SetProtocolEventHandler(notify_socket, MSG_ID_APP_SOC_NOTIFY_IND);
        return;
    }
    else
    {
        if(ret== SOC_ERROR)
        {
            print_soc_info(L"connect SOC_ERROR!!");
            soc_close(socket_id);
            return;
        }
```

第 11 章 Socket

```c
        print_soc_info(L"connect OTHER_ERROR!!");
        soc_close(socket_id);
        return;
    }
}
static void exit_socket()
{
    soc_close(socket_id);
    print_soc_info(L"Start Socket Close!");
}
void mmi_Mysocket_exit(void)
{
    history currHistory;
    S16 nHistory = 0;
    currHistory.scrnID = SCR_HelloWorld_HELLO_1;
    currHistory.entryFuncPtr = SSCHandleMySocket;
    pfnUnicodeStrcpy( (S8 *)currHistory.inputBuffer, (S8 *)&nHistory); AddHistory(currHistory);
    exit_socket();
}
static U8 *  mmi_Rfid_get_senddata(void)
{
  MYTIME init_time;
  U8 datetime[19];   //上传数据时系统时间
  U8 busNum[6] = "12345";   //可以是SIM卡号
  S32  collectData = 6666;   // 交易总金额/*在这里只是调试用数据*/
  U8 data[30];
  GetDateTime(&init_time);
  sprintf((char *)datetime,"% 04d- % 02d- % 02d % 02d:% 02d:% 02d\0",
init_time.nYear,init_time.nMonth,init_time.nDay,init_time.nHour,init_time.nMin,
  init_time.nSec);
  sprintf((char *)data,"% s:% s:% 04d",datetime,busNum,collectData);
  return data;
}
void mmi_get_soc_id_exit(void)
{
    history currHistory;
    S16 nHistory = 0;
    currHistory.scrnID = SCR_HelloWorld_HELLO;
    currHistory.entryFuncPtr = get_soc_id;
    pfnUnicodeStrcpy( (S8 *)currHistory.inputBuffer, (S8 *)&nHistory); AddHistory(currHistory);
    exit_socket();
}
static void get_soc_id(void)
{
  unsigned char buf[200];
  S8 addr1[8];
  S8 addr2[8];
```

```
S8 addr3[8];
S8 addr4[8];
S8 addr5[8];
EntryNewScreen(SCR_HelloWorld_HELLO, mmi_get_soc_id_exit, NULL, NULL);
entry_full_screen();
clear_screen();
# ifndef MMI_ON_HARDWARE_P
    soc_init_win32();
# endif
soc_getsockaddr(socket_id, 1, & socket_addr);
gui_move_text_cursor(50,100);
gui_itoa(socket_addr.addr[0],(UI_string_type)addr1,10);
gui_print_text(addr1);
gui_move_text_cursor(50,100);
gui_itoa(socket_addr.addr[1],(UI_string_type)addr2,10);
gui_print_text(addr2);
gui_move_text_cursor(50,100);
gui_itoa(socket_addr.addr[2],(UI_string_type)addr3,10);
gui_print_text(addr3);
gui_move_text_cursor(50,100);
gui_itoa(socket_addr.addr[3],(UI_string_type)addr4,10);
gui_print_text(addr4);
gui_move_text_cursor(50,100);
gui_itoa(socket_addr.port,(UI_string_type)addr5,10);
gui_print_text(addr5);
gui_BLT_double_buffer(0, 0, UI_device_width - 1, UI_device_height - 1);
SetRightSoftkeyFunction(GoBackHistory, KEY_EVENT_UP);
SetLeftSoftkeyFunction(GoBackHistory, KEY_EVENT_UP);
}
```

11.8 CMWAP 和 CMNET 的主要区别与适用范围

有的读者对 CMWAP 和 CMNET 的区别还是不太清楚，接下来谈谈这两者的主要区别与适用范围。CMWAP 和 CMNET 联网图示如图 11.6 所示。

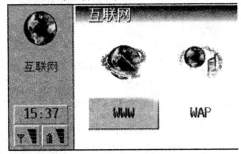

图 11.6 CMWAP 和 CMNET 联网图示

第 11 章　Socket

（1）为什么会有两个接入点？在国际上，通常只有一种 GPRS 接入方式，为什么在中国会有 CMWAP 和 CMNET 两兄弟呢？（彩信之所以单独配置接入点是因为彩信服务需要连接专用的服务器，在这里不作探讨。）

其实，CMWAP 和 CMNET 只是中国移动人为划分的两个 GPRS 接入方式。前者是为手机 WAP 上网而设立的，后者则主要是为 PC、笔记本电脑、PDA 等利用 GPRS 上网服务。它们在实现方式上并没有任何差别，但因为定位不同，所以和 CMNET 相比，CMWAP 便有了部分限制，资费上也存在差别。

（2）什么是 WAP？WAP 只是一种 GPRS 应用模式，它与 GRPS 的接入方式是无关的。WAP 应用采用的实现方式是"终端＋WAP 网关＋WAP 服务器"的模式，不同于一般 Internet 的"终端＋服务器"的工作模式。主要的目的是通过 WAP 网关完成 WAP－WEB 的协议转换以达到节省网络流量和兼容现有 WEB 应用的目的。

WAP 网关从技术的角度讲，只是一个提供代理服务的主机，它不一定由网络运营商提供。但中国移动 GPRS 网络目前只有唯一的一个 WAP 网关：10.0.0.172，由中国移动提供，用于 WAP 浏览（HTTP）服务。有一点需要注意，WAP 网关和一般意义上的局域网网关是有差别的，标准的 WAP 网关仅仅实现了 HTTP 代理的功能，并未完成路由、NAT 等局域网网关的功能。这就决定了它在应用上所受到的限制。

（3）中国移动对 CMWAP 的限制：为了从应用中区别两者的定位，中国移动对 CMWAP 作了一定的限制，主要表现在 CMWAP 接入时只能访问 GPRS 网络内的 IP（10.＊.＊.＊），而无法通过路由访问 Internet。（少数地区的移动网络可能不存在这一限制。）我们用 CM-WAP 浏览 Internet 上的网页就是通过 WAP 网关协议或它提供的 HTTP 代理服务实现的。

说到这里，笔者自然联想到公司的网络，相信不少工作的朋友都有类似的体会。公司的网络在网关上不提供路由和 NAT，仅仅提供一个可以访问外网的 HTTP 代理。这样，我们就无法直接使用 QQ、MSN 等非 HTTP 协议的应用软件了（好在它们还提供 HTTP 代理的连接方式）。CMWAP 也正是如此。

（4）适用范围：这才是大家最关心的问题。CMNET 拥有完全的 Internet 访问权，这里就不多说了，主要来看看 CMWAP。因为有了上面提到的限制，CMWAP 的适用范围就要看 WAP 网关所提供的支持了。目前，中国移动的 WAP 网关对外只提供 HTTP 代理协议（80 和 8080 端口）和 WAP 网关协议（9201 端口）。

因此，只有满足以下两个条件的应用才能在中国移动的 CMWAP 接入方式下正常工作：
① 应用程序的网络请求基于 HTTP 协议。
② 应用程序支持 HTTP 代理协议或 WAP 网关协议。

如何辨别一个应用程序的网络请求是否基于 HTTP 协议？

这个问题还真不好回答，要完全做到这一点需要通过拦截应用程序的通信数据包进行分析。这里提供几个简单的方法给广大读者：从表现上看，如果它的网络请求是网址（URL）的形式,那么通常是基于 HTTP 协议的,如 Web 浏览器;如果它连接的服务器端口是 80,那么它可能是基于 HTTP 协议的。如果确实无法准确判断,那么请直接看下一个条件。(满足第二个条件的应用一定是基于 HTTP 协议的。)

如何区别一个应用程序支持 HTTP 代理协议还是 WAP 网关协议呢?

首先看它的设置中有没有代理服务器的选项(通常在 S60 上未特别说明的代理都是特指 HTTP 代理),如果有则表示它支持 HTTP 代理协议。如果没有,则需要按照以下步骤测试:在 GPRS 接入点设置的高级设置里去掉代理服务器的设置项:Server Address 和 Server Port,如果应用程序可以正常工作,那么它基于 WAP 网关协议,如 Java 程序、S60 内置的浏览器。如果在此状态下不能正常工作,而恢复 GPRS 接入点高级设置中的代理服务器设置后能够正常工作,则应用程序支持 HTTP 代理协议(代理设置从系统中读取)。如果仍不能正常工作,那么这个应用程序一般来说是不支持 HTTP 代理协议或 WAP 网关协议的。

结　语:

本章读者应重点掌握 Socket 开发的整个流程。

第 12 章

短信编程

引　子：

　　手机短信编程是 MTK 开发中的一个重要的内容，本章将对短信的编程流程进行阐述。

　　随着信息社会的快速发展，手机的快速普及和手机功能的丰富，使得仅将其运用于生活和工作中似乎并不能充分发挥它的全部功能。比如，现阶段大部分手机都具有的拍照功能，拍照功能和短信功能完美结合可以将其应用于监控系统等工业控制领域；同样，目前手机的短信通信功能，充分发挥其廉价和方便的特性，可将其运用于智能家居领域，只需要发送一条对应的短信指令便能控制家中对应的家用电器。

　　结合手机和短信的各自特性，我们可以开发出非常复杂的应用，比如通过手机发送短信控制基于 MTK 平台的远程终端，在远程终端接上负载（比如电饭煲、摄像头），远程终端在接收到固定指令的短信后控制外接负载的开断，便可实现短信控制基于 MTK 平台的远程终端。在 MTK 系统中，只需要发送一条短信内容为 on 的指令，便可打开远程终端的外接负载，操作完成后 MTK 远程终端根据控制情况自动回复一条操作是否成功的信息；发送一条短信内容为 off 的指令便可关断远程终端的外接负载，操作完成后 MTK 远程终端根据控制情况自动回复一条操作是否成功的信息；若接收到其他指令，则不对远程终端的外接负载采取任何操作，也不回复信息给客户。

　　我们接下来的内容分两部分来介绍。第一部分的介绍思路为，先介绍 MTK 平台短信字符串和屏幕资源以及全局的定义，如短信容量等，再介绍短信的收发过程，最后介绍手机开机过程中对短信的处理。

　　第二部分的讲解思路为——由于第二部分为实战部分，我们要在平台上加入一个短信功能，所以，该部分除短信发送通道使用系统的方式通道外，其余的如短信的接收处理过程都比照系统中短信的处理过程——先介绍业务短信字符串和屏幕资源以及全局的定义，再介绍短信的接收过程，最后介绍手机开机过程中对短信的处理。

　　下面开始介绍第一部分——系统短信的处理过程。首先必须定义短信的全局变量和资源。

第 12 章　短信编程

12.1　全局变量和资源

MTK 的应用开发不可避免地涉及资源的申请，我们要先进行这一步才能接着进行下面的工作。

12.1.1　短信字串和屏幕资源

在下面的头文件中定义了短信字串和屏幕资源，请按照下面的标注，用 Source Insight 软件进行跟踪阅读。

[plutommi\mmi\Messages\MessagesInc\MessagesResourceData.h]
```
STR_INBOX_MENUENTRY          // "收件箱"
STR_OUTBOX_MENUENTRY,        // "发件箱"
SCR_ID_MSG_INBOX_LIST        // 收件箱屏幕
SCR_ID_MSG_OUTBOX_LIST,      // 发件箱屏幕
STR_SCR6028_CAPTION          // "消息选单"
```

12.1.2　短信的容量

阅读短信的容量的定义，注意仅仅手机或 SIM 卡的容量与"手机 + SIM 卡"的容量是有区别的，这个区别可以用 Source Insight 软件跟踪体会一下。

[\custom\ps\IWIT23_07A_PMJ_BB\customer_ps_inc.h]
```
#define CM_SMS_MAX_MSG_NUM   400 // 手机 + SIM 卡
```
[\custom\common\PLUTO_MMI\nvram_common_defs.h]
```
#define NVRAM_EF_SMSAL_SMS_TOTAL   200 // 手机
```

12.1.3　信箱和索引表

建立信箱和索引表，主要是为后面的调用提供方便。

```
[\custom\common\mmi_msg_context.c]
unsigned short mmi_frm_sms_inbox_list[CM_SMS_MAX_MSG_NUM];// 收件箱索引表
unsigned short mmi_frm_sms_outbox_list[CM_SMS_MAX_MSG_NUM]; // 发件箱索引表
mmi_frm_sms_msgbox_struct mmi_frm_sms_msg_box[CM_SMS_MAX_MSG_NUM];// 短信箱

[\plutommi\mmi\miscframework\miscframeworkinc\SMSApi.h]
    mmi_frm_sms_app_msgbox_enum // 短信信箱类型枚举
    MMI_FRM_SMS_APP_INBOX =  0x02,
  MMI_FRM_SMS_APP_OUTBOX = 0x04
[\plutommi\mmi\miscframework\miscframeworkinc\SMSStruct.h]
mmi_frm_sms_msgbox_enum // 短信信箱类型枚举
```

第 12 章 短信编程

```
MMI_FRM_SMS_INBOX  = 0x02,
MMI_FRM_SMS_OUTBOX = 0x04,
```

索引表 mmi_frm_sms_inbox_list 和索引表 mmi_frm_sms_outbox_list，分别对应"消息"菜单中的"收件箱"和"发件箱"。

信箱 mmi_frm_sms_msg_box 保存的只是短信副本，用于显示和其他处理，直接更改其数据对实际的短信无效，必须向 L4 层发送消息才能生效。

通过索引列表（mmi_frm_sms_xxbox_list）在短信箱菜单和短信之间建立关联：

> 菜单
> > 消息
> > > 收件箱
> > > > 短信 1→mmi_frm_sms_inbox_list[itemIndex]→smsIndex
> > > > 短信 2
> > > > [...]
> > > > 短信 n

上面介绍的内容为全局变量和资源的定义。上面的工作做好了，就可以进行下面的短信收发的处理了，先介绍系统中是怎样进行短信发送的。

12.2 发短信

此部分内容为系统中的处理过程。

12.2.1 发送过程详解

下面围绕着短信发送过程中一步步涉及的函数来进行讲解。通过这些函数，就可以掌握短信的具体发送过程了。如果想在某个过程中加入自己的功能，可对相关函数进行修改。这部分请用 Source Insight 软件逐步跟踪阅读。

1. 短信编辑完成

短信编辑完成后，按"完成"键进入发送选项菜单：

```
[SmsMoMtGuiInterface.c]
void mmi_msg_highlight_done(void)
{
    mmi_msg_highlight_generic(
        STR_GLOBAL_OK,
        IMG_GLOBAL_OK,
        STR_GLOBAL_BACK,
        IMG_GLOBAL_BACK,
        mmi_msg_entry_send_option,
```

```
        GoBackHistory);
    [...]
}
```

进入发送选项,将默认发送选项设为(仅)发送(SEND ONLY):

```
[SmsMoMtGuiInterface.c]
void mmi_msg_entry_send_option(void)
{
    [...]
if (g_msg_cntx.sendMessageCase != SEND_CASE_SEND_FROM_OTHER_APP)
{
    g_msg_cntx.sendMessageCase = SEND_CASE_SEND_ONLY;    /* reset */
}
[...]
}
```

2. 选择发送选项

以(仅)发送(SEND ONLY)为例,在高亮事件中注册 ENTRY 函数:

```
[SmsMoMtGuiInterface.c]
void mmi_msg_highlight_send_only(void)
{
#ifdef __MMI_SEND_BY_SEARCH_NAME__
    [...]
#else /* __MMI_SEND_BY_SEARCH_NAME__ */
    mmi_msg_highlight_generic(
        STR_GLOBAL_OK,
        IMG_GLOBAL_OK,
        STR_GLOBAL_BACK,
        IMG_GLOBAL_BACK,
        mmi_msg_send_msg_to_only_entry,
        GoBackHistory);
#endif /* __MMI_SEND_BY_SEARCH_NAME__ */
}
```

3. 进入"(仅)发送"选项

```
[SmsMoMtGuiInterface.c]
void mmi_msg_send_msg_to_only_entry(void)
{
    [...]
    g_msg_cntx.msg_send_info.CurrSendSmsNumbers = 0;
    g_msg_cntx.msg_send_info.TotalSendSmsNumbers = 1;
    [...]
    else if (g_msg_cntx.sendMessageCase != SEND_CASE_SEND_FROM_PHB)
    {
        memset(g_msg_cntx.smsPhoneNumber, 0, (MAX_DIGITS + 1) * ENCODING_LENGTH);
        [...]
```

    }
    mmi_msg_send_msg_req((U8 *) g_msg_cntx.smsPhoneNumber, MMI_FRM_SMS_INVALID_INDEX, 0);
}
```

### 4. 设置短信发送请求标志

[SmsPsHandler.c]
```
void mmi_msg_send_msg_req(U8 * number, U16 replyindex, U8 hidenumscreen)
{
    mmi_frm_sms_send_struct * sendData = OslMalloc(sizeof(mmi_frm_sms_send_struct));
    memset((S8 *) sendData, 0, sizeof(mmi_frm_sms_send_struct));
# ifdef __MMI_UNIFIED_MESSAGE__
    if (! (mmi_um_get_current_msg_box_type() == UM_MSG_BOX_TYPE_UNSENT && GetExitScrnID() == SCR_ID_MSG_OUTBOX_OPTION))
# else
    if (GetMessagesCurrScrnID() != SCR_ID_MSG_OUTBOX_SEND_OPTION)
# endif
    {
        sendData-> sendrequire = MMI_FRM_SMS_SAVE_AFTER_FAIL; /* ML: to control if we can release EMS or not */
    }
    [...]
    mmi_frm_sms_send_sms(mmi_msg_send_msg_rsp, MOD_MMI, sendData);
    OslMfree(sendData);
}
```

### 5. 注册短信发送回调函数

注册短信发送回调函数(callback，mmi_msg_send_msg_rsp)，调用短信发送预处理函数(action，mmi_frm_sms_pre_send_sms)。

[SMSCore.c]
```
void mmi_frm_sms_send_sms(PsFuncPtrU16 callback, module_type mod_src, mmi_frm_sms_send_struct * sendData)
{
    mmi_frm_sms_send_struct * data = OslMalloc(sizeof(mmi_frm_sms_send_struct));
    memcpy((S8 *) data, (S8 *) sendData, sizeof(mmi_frm_sms_send_struct));
    mmi_frm_sms_write_action(callback, mod_src, data, mmi_frm_sms_pre_send_sms);
}

U8 mmi_frm_sms_write_action(PsFuncPtrU16 callback, module_type mod_src, void * data, PsFuncPtr function)
{
    mmi_frm_sms_action_struct action;
    action.mod_src = mod_src;
    action.data = data;
    action.callback = callback;
```
```

```
        action.action = function;
        [...]
        mmi_frm_sms_action_num++;
        [...]
        if (mmi_frm_sms_action_curr == MMI_FRM_SMS_INVALID_NUM)
        {
            mmi_frm_sms_read_action();
        }
        return TRUE;
}
U8 mmi_frm_sms_read_action(void)
{
        PsFuncPtr currFuncPtr = mmi_frm_sms_action[mmi_frm_sms_action_head].action;
        void * currFuncData = mmi_frm_sms_action[mmi_frm_sms_action_head].data;
        [...]
        mmi_frm_sms_action_num--;
        [...]
        if (currFuncPtr != NULL)
        {
            (*currFuncPtr)(currFuncData);
        }
        [...]
        return TRUE;
}
```

6. 短信发送预处理

```
[SMSMsg.c]
void mmi_frm_sms_pre_send_sms(void * inMsg)
{
        mmi_frm_sms_send_struct * sendData = (mmi_frm_sms_send_struct *) inMsg;
        [...]
        mmi_frm_sms_free_sendsms_data();
        sendSMS = OslMalloc(sizeof(mmi_frm_sms_send_struct));
        memcpy((S8 *) sendSMS, (S8 *) sendData, sizeof(mmi_frm_sms_send_struct));
        OslMfree(sendData);
        mmi_frm_sms_send_sms_req();
}
```

7. 短信发送请求

```
void mmi_frm_sms_send_sms_req(void)
{
        [...]

        /* check SC: get SC address, inMsg keeps the flag */
        if ((sendSMS->sendcheck & MMI_FRM_SMS_SC) != MMI_FRM_SMS_SC)
        {
            [...首次进入...]
```

第 12 章　短信编程

```c
        return;
    }

    /* check DA: show input screen, inMsg keeps the number */
    if ((sendSMS-> sendcheck & MMI_FRM_SMS_DA) != MMI_FRM_SMS_DA)
    {
        [... 二次进入，弹出号码输入框...]
        else if ((strlen((S8 *) sendSMS-> number) == 0) && ((sendSMS-> sendrequire
& MMI_FRM_SMS_REPLY) == 0))
        {
            if (GetCurrScrnId() != SCR_ID_MSG_NUMBER)
            {
                mmi_frm_sms_entry_number();
            }
            return;
        }
        sendSMS-> sendcheck = MMI_FRM_SMS_DA;
    }

    /* check validity of DA */
    [...]

    /* check FDL: when FDN on */
    {
        [... 号码输入完毕，按[确认]到此...]

        [... 短信内容编码...]
        result = mmi_frm_sms_pack_sms();

            [... 绘制发送短信发送界面...]
            mmi_frm_sms_entry_send();
            [... 设置短信发送回调...]
            SetProtocolEventHandler(mmi_frm_sms_send_sms_rsp, PRT_MSG_ID_MMI_SMS_
SEND_MSG_RSP);
            SetProtocolEventHandler(mmi_frm_sms_abort_sms_ind, PRT_MSG_ID_MMI_SMS_
SEND_ABORT_START_IND);

            [... (如果是长短信,循环)发送...]
                for (i = 0; i < j; i++ )
                {
                    mmi_frm_sms_send_sms_seg();
                }
            [...]
    }
}
void mmi_frm_sms_send_sms_seg(void)
{
    MMI_FRM_SMS_SEND_MSG_REQ_STRUCT * sendSms;
    [...]
```

```
mmi_frm_sms_send_message(MOD_MMI, MOD_L4C, 0, PRT_MSG_ID_MMI_SMS_SEND_MSG_REQ,
(oslParaType *) sendSms, NULL);
        [...]
}
```

8. 短信发送回调

无论发送是否成功(或者取消)，最后返回并高亮"写短信"菜单项：HighlightWMessageHandler()。

```
[SMSMsg.c]
void mmi_frm_sms_send_sms_rsp(void * inMsg)
{
        [...]
        mmi_frm_sms_callback_action((void *)number, sendResult);
        [...]
}

[SmsPsHandler.c]
void mmi_msg_send_msg_rsp(void * number, module_type mod, U16 result)
{
    switch (result)
    {
        case MMI_FRM_SMS_OK:
            [... 设置跳转节点 ...]
            else if (IsScreenPresent(SCR_ID_MSG_WRITE))
            {
                SetMessagesScrnIdToDelHistoryNodes(SCR_ID_MSG_WRITE);
            }

            [... 删除历史屏幕，返回[写短信]...]
            if (g_msg_cntx.msg_send_info.CurrSendSmsNumbers == g_msg_cntx.msg_send_info.TotalSendSmsNumbers)
            {
                DeleteMessagesHistoryNodes();
                mmi_frm_sms_delete_screen_history();
            }
            [...]
    }
}
```

12.2.2 短信发送流程

下面以表格的形式来完整地勾勒出短信发送的整个过程。读者根据表12-1配合上面的函数详细理解，从而对短信的处理过程有个宏观的把握。因为短信处理的过程相对复杂繁琐，能宏观把握才能对函数之间的关系有透彻的理解。

第12章 短信编程

表 12-1 短信发送的过程

	SmsMoMtGuiInterface	SmsPsHandler	SMSCore	SMSMsg
1	mmi_msg_highlight_done 短信编辑完成			
	mmi_msg_entry_send_option 进入发送选项			
2	mmi_msg_highlight_send_only 高亮"(仅)发送"选项			
3	mmi_msg_send_msg_to_only_entry 进入"(仅)发送"选项			
4		mmi_msg_send_msg_req		
			mmi_frm_sms_send_sms	
			mmi_frm_sms_write_action	
			mmi_frm_sms_read_action	
5				mmi_frm_sms_pre_send_sms
6				mmi_frm_sms_send_sms_req
				mmi_frm_sms_send_sms_seg
				[……]
7				mmi_frm_sms_send_sms_rsp
	SmsMoMtGuiInterface	SmsPsHandler	SMSCore	SMSMsg
				mmi_msg_send_msg_rsp
	HighlightWMessageHandler 回到"写短信"菜单项			

12.3 接收短信

接下来介绍短信的接收过程。短信接收过程相对于短信的发送过程较为简单,如表12-2所列。在实际的开发过程中,我们往往会仿照系统对短信的处理过程做出自己的模块,所以这部分内容是开发中重点要涉及的,要特别注意一下这部分内容的讲解。

12.3.1 短信接收过程

表12-2演示了短信的接收过程,每个表格里列出的是函数名,请读者根据函数名用软件

逐个进行跟踪,以便有个宏观的理解。

表 12 - 2 短信接收过程

	l4a_callback	SMSMsg	SmsPsHandler	MessagesMiscell
1	l4c_sms_new_msg_text_lind			
	[...]			
		mmi_frm_sms_new_sms_ind		
2		mmi_frm_sms_new_sms		
		mmi_frm_sms_indicate_sms		
		mmi_frm_sms_new_msg_ind		
3			mmi_msg_handle_new_msg_ind	
4				mmi_msg_new_msg_ind
				mmi_msg_entry_new_msg_ind

下面通过对代码的详细解释,一步步介绍短信是如何进行接收的。读者在阅读这部分代码时,要特别注意其中的层次关系。

1. 收到新短信

L4 层收到短信,向 MMI_Task 递交消息。

```
[l4a_callback.c]
void l4c_sms_new_msg_text_lind(...)
{
    [...]
    ilm_ptr- > msg_id = (kal_uint16) MSG_ID_MMI_SMS_DELIVER_MSG_IND;/* Set the message id */
    // MSG_ID_MMI_SMS_DELIVER_MSG_IND 被注册到 mmi_frm_sms_new_sms_ind 函数:

        [SMSMsg.c]
        void mmi_frm_sms_set_protocol_event_handler(void)
        {
            SetProtocolEventHandler(mmi_frm_sms_new_sms_ind,
        PRT_MSG_ID_MMI_SMS_DELIVER_MSG_IND);
            [...]
        }

        [ProtocolEvents.h]
        # define   PRT_MSG_ID_MMI_SMS_DELIVER_MSG_IND
        MSG_ID_MMI_SMS_DELIVER_MSG_IND

    [...]
    SEND_ILM(MOD_L4C,MOD_MMI,MMI_L4C_SAP,ilm_ptr);
}
```

MMI 层收到新短信,更新短信计数器,转换短信数据,并压入未读短信队列。短信过滤等操作放在 CHISTIncRecvdSMS() 之前。

```
[\plutommi\mmi\MiscFramework\MiscFrameworkSrc\SMSMsg.c]
void mmi_frm_sms_new_sms_ind(void * inMsg)
{
    if( ( 1 == IsBlockAndEmergencyOnly() )
    {
        [...]
            delete_pending_sms();
        [...]
    }
    CHISTIncRecvdSMS();
    /* convert L4 data to MMI data */
    mmi_frm_sms_convert_new_sms(msgInd, data);
    /* put to awaited list last entry, from now on only process new data as awaited list last entry */
    mmi_frm_sms_add_new_sms(data, msgInd- > no_msg_data, msgInd- > msg_data);
    /* process new sms data */
    mmi_frm_sms_new_sms();

    [...]
}
```

2. 短信息分类

新短信信箱类型为 MMI_FRM_SMS_AWAITS，消息类型为 mmi_frm_sms_deliver_msg_struct，一定要转换为 mmi_frm_sms_msgbox_struct 类型，保存到全局的 msgbox，并设置其信箱类型为 MMI_FRM_SMS_UNREAD，添加其索引到 inbox。

```
(1) [\plutommi\mmi\MiscFramework\MiscFrameworkSrc\SMSCore.c]
void mmi_frm_sms_new_sms(void)
{
    [...]
        case  MMI_FRM_SMS_AWAITS:
        {
            mmi_frm_sms_indicate_sms(index);
        }
    [...]
}
(2) [\plutommi\mmi\MiscFramework\MiscFrameworkSrc\SMSCore.c]
void mmi_frm_sms_indicate_sms(U16 index)
{
    [...]
mmi_frm_sms_convert_mt_to_entry(data, entry);
(3) [\plutommi\mmi\MiscFramework\MiscFrameworkSrc\SMSUtil.c]
    void mmi_frm_sms_convert_mt_to_entry(mmi_frm_sms_deliver_msg_struct * data, mmi_frm_sms_msgbox_struct * entry)
type =  MMI_FRM_SMS_UNREAD;// 设置短信类型
```

(4) [\plutommi\mmi\MiscFramework\MiscFrameworkSrc\SMSUtil.c]
U16 mmi_frm_sms_add_sms_to_msgbox(mmi_frm_sms_msgbox_struct * entry, U16 index, U8 thisseg)
    entryindex = mmi_frm_sms_add_sms_entry(entry, index, thisseg);
        mmi_frm_sms_add_sms_to_list(entry, entryindex);
(5) [\plutommi\mmi\MiscFramework\MiscFrameworkSrc\SMSMsg.c]
void mmi_frm_sms_new_msg_ind(U16 index)
{
    [...]
        if (mmi_frm_sms_interrupt_handler[i].msgid == PRT_MSG_ID_MMI_SMS_DELIVER_MSG_IND)
        {
            mmi_frm_sms_interrupt_handler[i].callback((void *)data, MOD_MMI, MMI_FRM_SMS_OK);//callback 注册的函数为 mmi_msg_handle_new_msg_ind
            break;
        [...]
}
(6) [\plutommi\mmi\messages\messagessrc\SmsPsHandler.c]
void mmi_msg_set_protocol_event_handler(void)
{
    mmi_frm_sms_reg_interrupt_check(MOD_MMI, PRT_MSG_ID_MMI_SMS_DELIVER_MSG_IND, mmi_msg_handle_new_msg_ind);
    [...]
}

//对比 mmi_msg_set_protocol_event_handler 与 mmi_frm_sms_set_protocol_event_han
//dler，这两个函数都使用了 PRT_MSG_ID_MMI_SMS_DELIVER_MSG_IND

12.3.2 新短信提示

收到新短信后，弹出"新短信"提示。如果处在待机界面，则显示新短信来自哪里，并更改左软键为"读取"。

1. 弹出"新短信"提示代码

[\plutommi\mmi\Messages\MessagesSrc\MessagesMiscell.c]
void mmi_msg_new_msg_ind(U16 index)
{
    [...]
        #ifdef __UNIFIED_MESSAGE_SIMBOX_SUPPORT__
            mmi_msg_entry_new_sim_msg_ind();
        #else /* __UNIFIED_MESSAGE_SIMBOX_SUPPORT__ */
            mmi_msg_entry_new_msg_ind();//新短信查看入口
            [...]
mmi_frm_sms_get_list_index(&type, &list_index, g_msg_cntx.msg_ind_index);
[...]
        mmi_msg_entry_new_msg_popup(MSG_NEW_MSG_NORMAL);// 弹出新短信提示框

```
    # endif / * __UNIFIED_MESSAGE_SIMBOX_SUPPORT__ * /
    [...]
}
```

注意：

```
[\plutommi\mmi\miscframework\miscframeworksrc\SMSCore.c]
void mmi_frm_sms_get_list_index(U16 * type, U16 * index, U16 msgbox_index)
    mmi_frm_sms_get_sms_list_index(type, index, msgbox_index);
```

2. 读取"新短信"代码

```
[\plutommi\mmi\Messages\MessagesSrc\MessagesMiscell.c]
void mmi_msg_entry_new_msg_ind(void)
{
    [...]
    g_msg_cntx.msg_ind_after_call = FALSE;
    if (IsKeyPadLockState() == 0)
    {
        ShowCategory154Screen(
            0,
            0,
            STR_SCR6035_LSK,
            IMG_SMS_COMMON_NOIMAGE,
            STR_GLOBAL_BACK,
            IMG_SMS_COMMON_NOIMAGE,
            (PU8) GetString(STR_NEW_MESSAGE_FROM_ID),//在待机界面显示"消息来自："
            (PU8) mmi_msg_get_new_msg_ind_string(),
            IMG_NEW_MESSAGE_NOTIFICATION_MSG_IN_IDLE,
            NULL);
        SetRightSoftkeyFunction(mmi_msg_go_back_from_new_msg_ind, KEY_EVENT_UP);
        SetLeftSoftkeyFunction(mmi_msg_get_msg_new, KEY_EVENT_UP);// 左软键"读取"
        SetKeyHandler(mmi_msg_end_key_from_new_msg_ind, KEY_END, KEY_EVENT_DOWN);
    }
    [...]
}
```

12.3.3　读取短信

在待机屏按下"读取"键，向底层请求短信内容。阅读短信内容后，按"返回"键，则退到收件箱。

```
[\plutommi\mmi\messages\messagessrc\SmsPsHandler.c]
void mmi_msg_get_msg_new(void)
{
    [...]
    mmi_msg_get_msg_req(MMI_FRM_SMS_APP_NOBOX, g_msg_cntx.msg_ind_index);// 发送读取
//短信内容的请求，注意，这里用的是 NOBOX
```

```
        mmi_frm_sms_get_list_index(&type, &list_index, g_msg_cntx.msg_ind_index);
        [...]
        mmi_msg_exit_bizbox_list_dummy();
        [\plutommi\mmi\Messages\MessagesSrc\MessagesMiscell.c]
void mmi_msg_exit_inbox_list_dummy(void)
    currHistory.entryFuncPtr =  mmi_msg_entry_inbox_list;//设置阅读新短信之后按"返回"键跳
//转到哪里
        g_msg_cntx.toDisplayMessageList =  TO_DISPLAY_MESSAGE_LIST_INBOX;//设置显示页面
```

12.3.4 更新短信状态

读取请求发出之后，L4 层已经把新短信状态改成已读，mmi_frm_sms_msg_box 中的状态也应同步。

```
        [\plutommi\mmi\MiscFramework\MiscFrameworkSrc\SMSCore.c]
        void mmi_frm_sms_read_sms(PsFuncPtrU16 callback, module_type mod_src, U16 type,
U16 index, MMI_BOOL change_status)
            mmi_frm_sms_set_sms_status(type, index, MMI_FRM_SMS_INBOX);

        [\plutommi\mmi\MiscFramework\MiscFrameworkSrc\SMSUtil.c]
        U8 mmi_frm_sms_set_sms_status(U16 type, U16 index, U16 newtype)
        {
            [...]
            switch (type)
            {
                [...]
                case MMI_FRM_SMS_INBOX:
                case MMI_FRM_SMS_UNREAD:
                    msgindex =  mmi_frm_sms_inbox_list[index];
                    mti =  (mmi_frm_sms_msg_box[msgindex].msgtype & 0xf000);
                    mmi_frm_sms_msg_box[msgindex].msgtype =  mti | newtype;// 更改状态
                    break;
                [...]
            }
        }
```

12.4 短信箱

12.4.1 信箱初始化

开机时，系统逐条读取所有短信保存到 mmi_frm_sms_msg_box，然后根据短信类型（未读/已读/已发送）将索引添加到对应的 mmi_frm_sms_xxbox_list。开机之后，收到新短信或者发送短信时选择了"发送并保存"选项，则短信会即时添加到 mmi_frm_sms_msg_box 和各自对应的 mmi_frm_sms_xxbox_list。过程如下：

第 12 章 短信编程

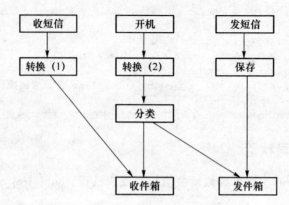

(1) void mmi_frm_sms_convert_mt_to_entry()
(2) void mmi_frm_sms_convert_startup_read_to_entry()

12.4.2 信箱入口

以收件箱为例。入口函数并不直接生成列表，而是传递回调函数 mmi_msg_inbox_list_get_item 给 Categrory。

```
mmi_msg_pre_entry_inbox_list
[\plutommi\mmi\Messages\MessagesSrc\SmsMoMtGuiInterface.c]
    void mmi_msg_entry_inbox_list(void)
    {
        [...]
        ShowCategory184Screen(
            STR_SCR6010_CAPTION,
            IMG_SMS_ENTRY_SCRN_CAPTION,
            STR_GLOBAL_OK,
            IMG_GLOBAL_OK,
            STR_GLOBAL_BACK,
            IMG_GLOBAL_BACK,
            numitem,
            mmi_msg_inbox_list_get_item,
            mmi_msg_inbox_list_get_hint,
            hiliteitem,
            guiBuffer);
        [...]
    }

[\plutommi\mmi\GUI\GUI_SRC\wgui_dynamic_menuitems.c]
void load_dynamic_item_buffer(S32 n_items)
{
    for (i = 0; i < n_items; i++ )
    {
        if (dynamic_item_buffer.load_func(i, (UI_string_type) subMenuData[i],
```

```
        &image, 3) )
                   // 调用 mmi_msg_inbox_list_get_item
         [...]
    }
```

调用 mmi_msg_inbox_list_get_item 函数,取发件方号码(或姓名)做信箱列表 item 标题,并判断短信的状态(已读/未读)。

```
[\plutommi\mmi\Messages\MessagesSrc\SmsMoMtGuiInterface.c]
    pBOOL mmi_msg_inbox_list_get_item(S32 item_index, UI_string_type str_buff, PU8
    * img_buff_p, U8 str_img_mask) mmi_msg_inbox_list_get_item
    {
        [...]
            AnsiiToUnicodeString(temp, (S8 *) mmi_frm_sms_get_address(MMI_FRM_SMS_
APP_INBOX
            , (U16) item_index)); //1 取发件方号码
            name = lookUpNumber(temp);//2 取发件方姓名(如果电话本有记录)
        [...]
                * img_buff_p = get_image(IMG_MESSAGE_UNREAD); //3 未读短信图标
        [...]
                * img_buff_p = get_image(IMG_MESSAGE_READ); //4 已读短信图标
        [...]
    }
```

12.4.3 阅读短信

以收件箱为例。阅读短信时,并不是直接从全局数组 mmi_frm_sms_msg_box 读取,而是通过发送 PRT_MSG_ID_MMI_SMS_GET_MSG_REQ 获得短信,读取之后,短信的未读状态变为已读。

```
[\plutommi\mmi\Messages\MessagesSrc\SmsMoMtGuiInterface.c]
    void mmi_msg_entry_inbox_list(void)
        SetLeftSoftkeyFunction(mmi_msg_get_msg_inbox, KEY_EVENT_UP);// 设置左软键

[\plutommi\mmi\Messages\MessagesSrc\SmsPsHandler.c]
    void mmi_msg_get_msg_inbox(void)
        g_msg_cntx.toDisplayMessageList = TO_DISPLAY_MESSAGE_LIST_INBOX;
        mmi_msg_get_msg_req(MMI_FRM_SMS_APP_INBOX, (U16) g_msg_cntx.currBoxIndex);// 请求的
//是 MMI_FRM_SMS_APP_INBOX 短信

[\plutommi\mmi\Messages\MessagesSrc\SmsPsHandler.c]
    void mmi_msg_get_msg_req(U16 type, U16 index)
        mmi_frm_sms_read_sms(mmi_msg_get_msg_rsp, MOD_MMI, type, index, MMI_TRUE);

[\plutommi\mmi\MiscFramework\MiscFrameworkSrc\SMSCore.c]
    void mmi_frm_sms_read_sms(PsFuncPtrU16 callback, module_type mod_src, U16 type,
U16 index, MMI_BOOL change_status)
    {
        mmi_frm_sms_get_sms_index((mmi_frm_sms_msgbox_enum) type, index, data);
```

```
                // 根据信箱类型,取得L4index。
                [...]
                    mmi_frm_sms_set_sms_status(type, index, MMI_FRM_SMS_INBOX);// 同步更
//改 mmi_frm_sms_msg_box 短信状态,底层短信状态在发送读取请求时更改
                [...]
                    mmi_frm_sms_write_action(callback, mod_src, data, mmi_frm_sms_read_sms_
req);// 提交读取短信请求
                }
[\plutommi\mmi\MiscFramework\MiscFrameworkSrc\SMSMsg.c]
    void mmi_frm_sms_read_sms_req(void * inMsg)
        mmi_frm_sms_read_sms_seg();

[\plutommi\mmi\MiscFramework\MiscFrameworkSrc\SMSMsg.c]
    U8 mmi_frm_sms_read_sms_seg(void)
        SetProtocolEventHandler(mmi_frm_sms_read_sms_rsp, PRT_MSG_ID_MMI_SMS_GET_
MSG_RSP);
        mmi_frm_sms_send_message(MOD_MMI, MOD_L4C, 0, PRT_MSG_ID_MMI_SMS_GET_MSG_
REQ, (oslParaType *) msgReq, NULL);
```

读取请求发送之后,在 mmi_frm_sms_read_sms_rsp 接收请求处理结果,显示短信。

```
[\plutommi\mmi\MiscFramework\MiscFrameworkSrc\SMSMsg.c]
    void mmi_frm_sms_read_sms_rsp(void * inMsg) // 短信请求应答
        mmi_frm_sms_callback_action(&type, result);

[\plutommi\mmi\MiscFramework\MiscFrameworkSrc\SMSMsg.c]
    void mmi_frm_sms_callback_action(void * data, U16 result)
        callback(data, (module_type) mod_src, result);// 调用 mmi_msg_entry_inbox
_msg

[\plutommi\mmi\messages\messagessrc\SmsMoMtGuiInterface.c]
    void mmi_msg_entry_inbox_msg(void)
        // 显示短信内容
```

12.4.4 短信"选项"菜单

(1) "选项"菜单资源:
SMS_INBOX_OPTIONS_MENUID   //菜单 ID
STR_GLOBAL_OPTIONS   //字串资源
(2) "选项"菜单入口:
[\plutommi\mmi\messages\messagessrc\SmsMoMtGuiInterface.c]
void mmi_msg_entry_option_inbox(void)
(3) 菜单子选项的初始化:

[\plutommi\customer\custresource\pluto_mmi\res_mmi\Res_Messages.c]
    void PopulateMessagesResData (void)

```
    {
        [...]
        ADD_APPLICATION_MENUITEM((SMS_INBOX_OPTIONS_MENUID,/* 1. 收件箱短信的"选项"
菜单 */
                                 0, NUM_MESSAGES_INBOXOP_MENU,        /* 2."选项"菜单项个数 */
                                 SMS_INBOX_OPT_REPLY_MENUID,          /* 3."回复"选项 */
                                 SMS_INBOX_OPT_DELETE_MENUID,         /* 4."删除"选项 */
                                 [...]
                                 STR_GLOBAL_OPTIONS, IMG_SMS_COMMON_NOIMAGE));
        [...]
    }
```

短信相关的高亮注册集中在 mmi_msg_set_highlight_handler，可以从这里快速查找到"选项"菜单各子选项：

```
[\plutommi\mmi\messages\messagessrc\SmsMoMtGuiInterface.c]
    void mmi_msg_set_highlight_handler(void)
    {
        [...]
        SetHiliteHandler(SMS_INBOX_OPT_REPLY_MENUID, mmi_msg_highlight_reply);
        SetHiliteHandler(SMS_INBOX_OPT_EDIT_MENUID, mmi_msg_highlight_edit);
        SetHiliteHandler(SMS_INBOX_OPT_FORWARD_MENUID, mmi_msg_highlight_forward);
        [...]
    }
```

12.5　商务信箱开发案例

从这部分开始进入实战部分，主要演示如何在原有的系统上加入自己的短信模块。该部分主要涉及全局资源的定义、邮箱的接收过程、短信的提示处理以及开机过程中对商务短信的处理。

商务信箱沿用原有的收/发件箱模式，但由于无法保存自定义的短信状态值，所以必须自行建一个状态映射表，用以保存商务短信。注意：黑体部分是我们添加的部分，要重点关注。

12.5.1　定义相关资源

```
[\custom\common\mmi_msg_context.c]
    unsigned short mmi_frm_sms_inbox_list[CM_SMS_MAX_MSG_NUM];
    unsigned short mmi_frm_sms_outbox_list[CM_SMS_MAX_MSG_NUM];
    unsigned short mmi_frm_sms_bizbox_list[CM_SMS_MAX_MSG_NUM];// add
    mmi_frm_sms_msgbox_struct mmi_frm_sms_msg_box[CM_SMS_MAX_MSG_NUM];
[\custom\common\mmi_msg_context.h]
    extern unsigned short mmi_frm_sms_inbox_list[CM_SMS_MAX_MSG_NUM];
    extern unsigned short mmi_frm_sms_outbox_list[CM_SMS_MAX_MSG_NUM];
    extern unsigned short mmi_frm_sms_drafts_list[CM_SMS_MAX_MSG_NUM];
    extern unsigned short mmi_frm_sms_bizbox_list[CM_SMS_MAX_MSG_NUM];// add
[\plutommi\mmi\MiscFramework\MiscFrameworkSrc\SMSUtil.c]
```

```
        static U16 mmi_frm_sms_msgbox_size = 0;
        static U16 mmi_frm_sms_inbox_size = 0;
        static U16 mmi_frm_sms_outbox_size = 0;
        static U16 mmi_frm_sms_bizbox_size = 0;// add
```
[\plutommi\mmi\miscframework\miscframeworkinc\SMSStruct.h]
```
mmi_frm_sms_msgbox_enum
    MMI_FRM_SMS_INBOX = 0x02,   //read
    MMI_FRM_SMS_OUTBOX = 0x04,
    MMI_FRM_SMS_BIZUNREAD = 0x200,// add
    MMI_FRM_SMS_BIZINBOX = 0x400,// add
```
[\plutommi\mmi\miscframework\miscframeworkinc\SMSApi.h]
```
typedef enum
{
    [...]
    MMI_FRM_SMS_APP_INBOX = 0x02,
    MMI_FRM_SMS_APP_OUTBOX = 0x04,
    MMI_FRM_SMS_APP_BIZUNREAD = 0x200,// add
    MMI_FRM_SMS_APP_BIZINBOX = 0x400,// add
    [...]
} mmi_frm_sms_app_msgbox_enum;
```
[\plutommi\mmi\messages\messagesinc\MessagesResourceData.h]
```
typedef enum
{
    [...]
    SCR_ID_MSG_BIZBOX_MSG,// add
    SCR_ID_MSG_BIZBOX_LIST,// add
    MESSAGES_SCR_ID_DEFINES_MAX
} MESSAGES_SCREEN_ENUM;
```
[\plutommi\mmi\messages\messagesinc\MessagesResourceData.h]
```
typedef enum
{
    MESSAGES_MENU_WMESSAGE,
    MESSAGES_MENU_INBOX,
    MESSAGES_MENU_OUTBOX,
    MESSAGES_MEUN_BIZBOX, //add
    [...]
    NUM_MESSAGES_MAIN_MENU
} MESSAGES_MAIN_MENU_ENUMS;
```
[\plutommi\mmi\messages\messagesinc\SmsGuiInterfaceType.h]
```
    TO_DISPLAY_MESSAGE_LIST_NONE,
    TO_DISPLAY_MESSAGE_LIST_INBOX,
    TO_DISPLAY_MESSAGE_LIST_OUTBOX,
    TO_DISPLAY_MESSAGE_LIST_BIZBOX,// add
```

12.5.2 接收商务短信

1. 新短信类型

第 12 章　短信编程

```
[\plutommi\mmi\miscframework\miscframeworksrc\SMSCore.c]
    void mmi_frm_sms_read_sms(PsFuncPtrU16 callback, module_type mod_src, U16 type,
U16 index, MMI_BOOL change_status)
    {
        [...]
            if (TRUE == IsBusinessPlatformNumber(mmi_frm_sms_msg_box[index]
.number))
            {
                mmi_frm_sms_set_sms_status(type, index, MMI_FRM_SMS_BIZINBOX);
            }
            else
            {
                mmi_frm_sms_set_sms_status(type, index,MMI_FRM_SMS_INBOX);
            }
        [...]
    }

[\plutommi\mmi\MiscFramework\MiscFrameworkSrc\SMSUtil.c]
    void mmi_frm_sms_convert_mt_to_entry(mmi_frm_sms_deliver_msg_struct * data,
    mmi_frm_sms_msgbox_struct * entry)
    {
        [...]
        if (TRUE == IsBusinessPlatformNumber((S8 *)data->addr_number.number))
/* 是否为商务短信 */
            type = MMI_FRM_SMS_BIZUNREAD;
        else
            type = MMI_FRM_SMS_UNREAD;
        [...]
    }
```

2. 添加到信箱

```
[\plutommi\mmi\miscframework\miscframeworksrc\SMSUtil.c]
    U16 mmi_frm_sms_add_sms_to_msgbox(mmi_frm_sms_msgbox_struct * entry, U16 index, U8
thisseg)
    {
        U16 entryindex;

        /* 1. add to msg entry */
        entryindex = mmi_frm_sms_add_sms_entry(entry, index, thisseg);[\plutommi\
mmi\MiscFramework\MiscFrameworkSrc\SMSUtil.c]
        U16 mmi_frm_sms_add_sms_entry(mmi_frm_sms_msgbox_struct * data, U16 L4index,
        U8 thissegment)
        {
            [...]
            # endif /* __UNIFIED_MESSAGE_SIMBOX_SUPPORT__ */
                if ((data->msgtype & MMI_FRM_SMS_BIZBOX) == MMI_FRM_SMS_BIZBOX)
                {
                    type = MMI_FRM_SMS_BIZBOX;
```

第12章 短信编程

```c
        else if ((data->msgtype & MMI_FRM_SMS_INBOX) == MMI_FRM_SMS_INBOX)
        {
            type = MMI_FRM_SMS_INBOX;
        }
        [...]
    }   /* 2. update msg list */
    if (mmi_frm_sms_list_done)
    {
        mmi_frm_sms_add_sms_to_list(entry, entryindex);
[\plutommi\mmi\miscframework\miscframeworksrc\SMSUtil.c]
void mmi_frm_sms_add_sms_to_list(mmi_frm_sms_msgbox_struct * data, U16 index)
{
    [...]
    if ((data->msgtype & MMI_FRM_SMS_UNREAD) == MMI_FRM_SMS_UNREAD)
    {
        type = MMI_FRM_SMS_UNREAD;
    }
    else if ((data->msgtype & MMI_FRM_SMS_INBOX) == MMI_FRM_SMS_INBOX)
    {
        type = MMI_FRM_SMS_INBOX;
    }
    else if ((data->msgtype & MMI_FRM_SMS_BIZUNREAD) == MMI_FRM_SMS_BIZUNREAD)
    {
        type = MMI_FRM_SMS_BIZUNREAD;
    }
    if ((data->msgtype & MMI_FRM_SMS_BIZINBOX) == MMI_FRM_SMS_BIZINBOX)
    {
        type = MMI_FRM_SMS_BIZINBOX;
    }
    [...]
    switch (type)
    {
        case MMI_FRM_SMS_BIZUNREAD:
        case MMI_FRM_SMS_BIZINBOX:
            [...]
            mmi_frm_sms_bizbox_list[i] = index;// 把索引添加到商务信箱的索
//引表
            mmi_frm_sms_bizbox_size++;
            break;
        case MMI_FRM_SMS_UNREAD:
        case MMI_FRM_SMS_INBOX:
            [...]
    }
    }
    return entryindex; /* 返回入口索引 */
}
```

// 执行 mmi_msg_get_msg_req(MMI_FRM_SMS_APP_NOBOX, g_msg_cntx.msg_ind_index);发
//送读取短信请求之后,在 void mmi_frm_sms_read_sms_rsp(void * inMsg) [\plutommi\mmi\
//MiscFramew// ork\MiscFrameworkSrc\SMSMsg.c]收到应答

```
        case SMSAL_REC_READ:
            type =  (msgRsp- > mti < < 12) |
mmi_frm_sms_msg_box[g_msg_cntx.msg_ind_index].msgtype;/* 直接使用短信本身的类型,以
区分商务信箱和普通信箱 */
```

[\plutommi\mmi\messages\messagessrc\SmsPsHandler.c]
void mmi_msg_get_msg_rsp(void * data, module_type mod, U16 result)
```
        case MMI_FRM_SMS_BIZBOX:
            mmi_msg_entry_bizbox_msg();//读取商务信箱的短信内容
```
[\plutommi\mmi\messages\messagessrc\SmsMoMtGuiInterface.c]
void mmi_msg_entry_bizbox_msg(void)
    [\plutommi\mmi\messages\messagessrc\SmsMoMtGuiInterface.c]
    U8 * mmi_msg_get_bizbox_header(void)
    void mmi_msg_go_back_from_bizbox_msg(void)// 跳转到商务信箱-》

[\plutommi\mmi\miscframework\miscframeworksrc\SMSUtil.c]
U8 * mmi_frm_sms_get_sms_address(U16 type, U16 index)
```
        case MMI_FRM_SMS_BIZBOX:
            entryindex = mmi_frm_sms_bizbox_list[index];
```

[\plutommi\mmi\miscframework\miscframeworksrc\SMSUtil.c]
U16 mmi_frm_sms_get_sms_list_size(U16 type)
```
        case MMI_FRM_SMS_BIZBOX:
            return mmi_frm_sms_bizbox_size
```

3. 新商务短信提示

[\plutommi\mmi\messages\messagessrc\MessagesMiscell.c]
```
    void mmi_msg_new_msg_ind(U16 index)
    {
        […]
    // 弹出新短信提示框
        if (MMI_FRM_SMS_APP_BIZUNREAD == mmi_frm_sms_msg_box[index].msgtype)
        {
    mmi_msg_entry_new_msg_popup(MSG_NEW_MSG_BUSINESS);// 弹出新商务短信提示框
        }
        else
        {
            mmi_msg_entry_new_msg_popup(MSG_NEW_MSG_NORMAL);
        }
          […]
                mmi_msg_entry_new_msg_ind();
          […]
    }
```

[\plutommi\mmi\Messages\MessagesSrc\MessagesMiscell.c]

```c
void mmi_msg_entry_new_msg_ind(void)
{
    [...]
    if(MMI_FRM_SMS_APP_BIZUNREAD == mmi_frm_sms_msg_box[g_msg_cntx.msg_ind_index].msgtype)
    {
        titleID = STR_NEW_BUSINESS_MESSAGE_FROM;
    }
    else
    {
        titleID = STR_NEW_MESSAGE_FROM_ID;
    }
    [...]
    // 在待机界面显示"新短信来自："
    ShowCategory154Screen(
        0,
        0,
        STR_SCR6035_LSK,
        IMG_SMS_COMMON_NOIMAGE,
        STR_GLOBAL_BACK,
        IMG_SMS_COMMON_NOIMAGE,
        (PU8) GetString(titleID),
        (PU8) mmi_msg_get_new_msg_ind_string(),
        IMG_NEW_MESSAGE_NOTIFICATION_MSG_IN_IDLE,
        NULL);
    [...]
}
```

12.5.3 阅读新短信

1. 响应"读取"键，发送"读取"请求

```c
void mmi_msg_get_msg_new(void)
{
    [...]
    g_msg_cntx.msg_ind_in_idle = FALSE;
    mmi_msg_get_msg_req(MMI_FRM_SMS_APP_NOBOX, g_msg_cntx.msg_ind_index);
    mmi_frm_sms_get_list_index(&type, &list_index, g_msg_cntx.msg_ind_index);
    [...]
    if (!pending)
    {
        if (type == MMI_FRM_SMS_BIZUNREAD || type == MMI_FRM_SMS_BIZINBOX)
        {
            mmi_msg_exit_bizbox_list_dummy();
            g_msg_cntx.toDisplayMessageList = TO_DISPLAY_MESSAGE_LIST_BIZBOX;
        }
        else
        {
```

```
        mmi_msg_exit_inbox_list_dummy();
        g_msg_cntx.toDisplayMessageList = TO_DISPLAY_MESSAGE_LIST_INBOX;
    }
  }
  [...]
}
```

2. 设置"返回"键路径

```
[\plutommi\mmi\Messages\MessagesSrc\MessagesMiscell.c]
void mmi_msg_exit_bizbox_list_dummy(void)
{
    history currHistory;
    memset(&currHistory, 0, sizeof(currHistory));
    currHistory.scrnID = SCR_ID_MSG_BIZBOX_LIST;
    SetMessagesCurrScrnID(0);
    g_msg_cntx.MessagesScrnIdToDelHistoryNodes = SCR_ID_MSG_BIZBOX_LIST;
    g_msg_cntx.MessagesScrnIdDelUptoHistoryNodes = SCR_ID_MSG_BIZBOX_LIST;
    currHistory.entryFuncPtr = mmi_msg_entry_bizbox_list;//详见 3.4 查看商务信箱
    memset((S8 *) currHistory.inputBuffer, 0, ENCODING_LENGTH);
    AddHistory(currHistory);
}
```

3. 接收"读取"请求的回复

```
[\plutommi\mmi\miscframework\miscframeworksrc\SMSMsg.c]
void mmi_frm_sms_read_sms_rsp(void * inMsg)
{
        [...]
            case SMSAL_REC_READ:
mmi_frm_sms_msg_box[g_msg_cntx.msg_ind_index].msgtype;
                type = (msgRsp->mti << 12) |
mmi_frm_sms_index_list[g_msg_cntx.msg_ind_index].prevtype;
        [...]
        mmi_frm_sms_callback_action(&type, result);
}

[\plutommi\mmi\messages\messagessrc\SmsPsHandler.c]
void mmi_msg_get_msg_rsp(void * data, module_type mod, U16 result)
{
        [...]
            case MMI_FRM_SMS_BIZBOX:
                mmi_msg_entry_bizbox_msg();
        [...]
}
```

4. 显示短信内容

`[\plutommi\mmi\messages\messagessrc\SmsMoMtGuiInterface.c]`

第12章 短信编程

```c
void mmi_msg_entry_bizbox_msg(void)
{
    U8 * guiBuffer = NULL;
    U8 * pHeader;
    EMSData * pEms;
    U16 strtitle;
    if (IsScreenPresent(SCR_ID_MSG_PROCESSING))
    {
        HistoryReplace(SCR_ID_MSG_PROCESSING, SCR_ID_MSG_BIZBOX_MSG, mmi_msg_entry_bizbox_msg);
        return;
    }
    EntryNewScreen(SCR_ID_MSG_BIZBOX_MSG, mmi_msg_exit_generic, mmi_msg_entry_bizbox_msg, NULL);
    PRINT_INFORMATION_2((MMI_TRACE_G6_SMS, "*[SmsMoMtGuiInterface.c] mmi_msg_entry_bizbox_msg *\n"));
# ifdef __UNIFIED_MESSAGE_LIST_OPTION_SUPPORT__
    if (IsScreenPresent(SCR_ID_MSG_BIZBOX_LIST_OPTION))
    {
        SetMessagesScrnIdToDelHistoryNodes(SCR_ID_MSG_BIZBOX_LIST_OPTION);
    }
    else
# endif /* __UNIFIED_MESSAGE_LIST_OPTION_SUPPORT__ */
    {
        SetMessagesScrnIdToDelHistoryNodes(SCR_ID_MSG_BIZBOX_MSG);
    }
    SetMessagesCurrScrnID(SCR_ID_MSG_BIZBOX_MSG);
    GetCurrEndKeyDownHandler();
    guiBuffer = GetCurrGuiBuffer(SCR_ID_MSG_BIZBOX_MSG);
    GetEMSDataForView(&pEms, 0);
    pHeader = mmi_msg_get_bizbox_header();
    g_msg_cntx.number_from_phb = 0;
# if defined(__MMI_MESSAGES_EMS__)
    EnableDisableAudioPlayback();
# endif
# ifdef __MMI_MESSAGES_CHAT__
    if (pEms-> listHead == NULL)
    {
        if (gChatInvitation)
        {
            SetChatInboxIndex(PendingSaveSendData.msgboxindex);
            strtitle = STR_CHAT_INVITATION;
        }
        else if (CheckForInvitationMsg(pEms-> textBuffer, (S32) pEms-> textLength, TRUE) == TRUE)
        {
            SetChatInboxIndex(PendingSaveSendData.msgboxindex);
            strtitle = STR_CHAT_INVITATION;
            if (guiBuffer == NULL)
```

```c
            {
                RemoveInvitationChar();
            }
        }
        else
        {
            strtitle = STR_SCR6024_CAPTION;
            gChatInvitation = 0;
        }
    }
    else
    {
        strtitle = STR_SCR6024_CAPTION;
        gChatInvitation = 0;
    }
# else /* __MMI_MESSAGES_CHAT__ */
    strtitle = 0; //strtitle = STR_SCR6024_CAPTION;
# endif /* __MMI_MESSAGES_CHAT__ */
    ShowCategory39Screen(
        (U16) strtitle,
        IMG_SMS_ENTRY_SCRN_CAPTION,
        STR_GLOBAL_OPTIONS,
        IMG_SMS_COMMON_NOIMAGE,
        STR_GLOBAL_BACK,
        IMG_SMS_COMMON_NOIMAGE,
        pEms,
        pHeader,
        guiBuffer);
# ifdef __MMI_MESSAGES_CHAT__
    if (strtitle == STR_CHAT_INVITATION)
    {
        SetLeftSoftkeyFunction(mmi_msg_entry_option_chat, KEY_EVENT_UP);
    }
    else
    {
        SetLeftSoftkeyFunction(mmi_msg_entry_option_bizbox, KEY_EVENT_UP);
    }
# else /* __MMI_MESSAGES_CHAT__ */
    SetLeftSoftkeyFunction(mmi_msg_entry_option_bizbox, KEY_EVENT_UP);//设置"选项"
# endif /* __MMI_MESSAGES_CHAT__ */
    SetLeftSoftkeyFunction(mmi_msg_entry_option_bizbox, KEY_EVENT_UP);  // TODO: smsnote: overwrite LSK func?? (Tony said: old bug. keep it)
    SetRightSoftkeyFunction(mmi_msg_go_back_from_bizbox_msg, KEY_EVENT_UP);
}
```

5. 更新短信状态

读取之后，短信状态发生变化。

[\plutommi\mmi\miscframework\miscframeworksrc\SMSUtil.c]

```c
U8 mmi_frm_sms_set_sms_status(U16 type, U16 index, U8 newtype)
{
    [...]
            case MMI_FRM_SMS_BIZBOX:
                [...]
}
```

12.5.4 查看商务短信箱

```c
[plutommi\mmi\messages\messagessrc\SmsMoMtGuiInterface.c]
void HighlightBizboxHandler(void)
{
    ChangeLeftSoftkey(STR_GLOBAL_OK, IMG_SMS_COMMON_NOIMAGE);
    ChangeRightSoftkey(STR_GLOBAL_BACK, IMG_SMS_COMMON_NOIMAGE);
    SetLeftSoftkeyFunction(mmi_msg_pre_entry_bizbox_list, KEY_EVENT_UP);
    SetKeyHandler(GoBackHistory, KEY_LEFT_ARROW, KEY_EVENT_DOWN);
    SetKeyHandler(mmi_msg_pre_entry_bizbox_list, KEY_RIGHT_ARROW, KEY_EVENT_DOWN);
}

[\plutommi\mmi\messages\messagesinc\SmsGuiInterfaceProt.h]
extern void HighlightBizboxHandler(void);

[\plutommi\mmi\messages\messagessrc\SmsMoMtGuiInterface.c]
void mmi_msg_set_highlight_handler(void)
{
#ifndef __MMI_UNIFIED_MESSAGE__
    SetHiliteHandler(MESSAGES_MENU_WMESSAGE_MENU_ID, HighlightWMessageHandler);
    SetHiliteHandler(MESSAGES_MENU_INBOX_MENUID, HighlightInboxHandler);
    SetHiliteHandler(MESSAGES_MENU_BUSINESS_INBOX_MENUID, HighlightBizboxHandler);

[\plutommi\mmi\messages\messagessrc\SmsMoMtGuiInterface.c]
void mmi_msg_set_msg_menu_highlight_handler(void)
{
#ifndef __MMI_UNIFIED_MESSAGE__
    SetHiliteHandler(MESSAGES_MENU_WMESSAGE_MENU_ID, HighlightWMessageHandler);
    SetHiliteHandler(MESSAGES_MENU_INBOX_MENUID, HighlightInboxHandler);
    SetHiliteHandler(MESSAGES_MENU_BUSINESS_INBOX_MENUID, HighlightBizboxHandler);

[\plutommi\mmi\messages\messagessrc\SmsMoMtGuiInterface.c]
void mmi_msg_pre_entry_inbox_list(void)
{
    if (mmi_frm_sms_get_sms_list_size(MMI_FRM_SMS_APP_BIZBOX) == 0)
    {
        DisplayPopup(
            (U8 *) GetString(STR_GLOBAL_EMPTY),
            IMG_GLOBAL_EMPTY,
            1,
```

```c
            MESSAGES_POPUP_TIME_OUT,
            (U8) EMPTY_LIST_TONE);
    }
    else if (mmi_frm_sms_get_sms_list_size(MMI_FRM_SMS_APP_BIZBOX) == MMI_FRM_SMS_INVALID_INDEX)
    {
        mmi_msg_set_processing_screen(
            STR_MESSAGE_MAIN_MENU_CAPTION,
            STR_LOADING_SMS,
            IMG_GLOBAL_PROGRESS,
            STR_LOADING_INBOX_BACK);//沿用 INBOX 字符
        mmi_msg_entry_processing_generic();
        /* SetInterruptEventHandler(mmi_msg_handle_ready_ind_inbox, NULL, PRT_MSG_ID_MMI_SMS_READY_IND); */
    }
    /* disallow re- entering SMS application when there is a pending SMS job running in the background */
    else if (mmi_frm_sms_check_action_pending())
    {
        DisplayPopup(
            (PU8) GetString(STR_SMS_MSG_NOT_READY_YET),
            IMG_GLOBAL_UNFINISHED,
            1,
            MESSAGES_POPUP_TIME_OUT,
            (U8) ERROR_TONE);
    }
    else
    {
        mmi_msg_entry_bizbox_list();
    }
}

[\plutommi\mmi\messages\messagesinc\SmsGuiInterfaceProt.h]
extern void mmi_msg_pre_entry_inbox_list(void);
extern void mmi_msg_pre_entry_bizbox_list(void);

[\plutommi\mmi\messages\messagesinc\SmsGuiInterfaceProt.h]
    extern void mmi_msg_entry_inbox_list(void);
    extern void mmi_msg_entry_bizbox_list(void);//bizboxtest

[\plutommi\mmi\messages\messagessrc\SmsMoMtGuiInterface.c]
void mmi_msg_entry_bizbox_list(void)
{
    U8 *guiBuffer = NULL;
    S32 hiliteitem = 0;
    S32 numitem = mmi_frm_sms_get_sms_list_size(MMI_FRM_SMS_APP_BIZBOX);
    if (IsScreenPresent(SCR_ID_MSG_PROCESSING))
    {
        HistoryReplace(SCR_ID_MSG_PROCESSING, SCR_ID_MSG_BIZBOX_LIST, mmi_msg_entry
```

第12章 短信编程

```
_bizbox_list);
        g_msg_cntx.MessagesScrnIdDelUptoHistoryNodes = SCR_ID_MSG_BIZBOX_LIST;
        return;
    }
    if (numitem == 0)
    {
        DisplayPopup(
            (U8 *) GetString(STR_GLOBAL_EMPTY),
            IMG_GLOBAL_EMPTY,
            1,
            MESSAGES_POPUP_TIME_OUT,
            (U8) EMPTY_LIST_TONE);
        return;
    }
    /* Most cases of entering inbox list while SMS not ready are checked in mmi_msg_pre
_entry_inbox_list.
       However, If new MT SMS comes during SMS not ready, after deleting/saving/copy-
ing/moving SMS,
       inbox list cannot be entered and user should go back to idle screen. */
    else if (numitem == MMI_FRM_SMS_INVALID_INDEX)
    {
        DeleteScreenIfPresent(SCR_ID_MSG_BIZBOX_LIST);
        GoBackHistory();
        return;
    }
    /* Update the totalinbox value in order to get the current inbox list size */
    msgbox_info.totalinbox = mmi_frm_sms_get_sms_list_size(MMI_FRM_SMS_APP_BI-
ZBOX);
    EntryNewScreen(SCR_ID_MSG_BIZBOX_LIST, mmi_msg_exit_generic, mmi_msg_entry_bi-
zbox_list, NULL);
    PRINT_INFORMATION_2((MMI_TRACE_G6_SMS, "*[SmsMoMtGuiInterface.c] mmi_msg_entry
_bizbox_list *\n"));
    g_msg_cntx.msg_ind_in_idle = FALSE;
    g_msg_cntx.msg_ind_after_call = FALSE;
    SetMessagesCurrScrnID(SCR_ID_MSG_BIZBOX_LIST);
    SetMessagesScrnIdToDelHistoryNodes(SCR_ID_MSG_BIZBOX_LIST);
    guiBuffer = GetCurrGuiBuffer(SCR_ID_MSG_BIZBOX_LIST);
    RegisterHighlightHandler(GetMsgIndex);
    if (guiBuffer != NULL)
    {
        hiliteitem = (g_msg_cntx.currBoxIndex < numitem) ? g_msg_cntx.currBoxIndex : 0;
        /* change gui buffer content */
        change_cat184_list_menu_history_highlighted_item(hiliteitem, guiBuffer);
    }
    ShowCategory184Screen(
        STR_BUSINESS_INBOX,
        IMG_SMS_ENTRY_SCRN_CAPTION,
        STR_GLOBAL_OK,
        IMG_GLOBAL_OK,
```

```c
            STR_GLOBAL_BACK,
            IMG_GLOBAL_BACK,
            numitem,
            mmi_msg_bizbox_list_get_item,
            mmi_msg_bizbox_list_get_hint,
            hiliteitem,
            guiBuffer);
        SetLeftSoftkeyFunction(mmi_msg_get_msg_bizbox, KEY_EVENT_UP);
        SetKeyHandler(mmi_msg_get_msg_bizbox, KEY_RIGHT_ARROW, KEY_EVENT_DOWN);
# if (defined(__MMI_SMART_MESSAGE_MO__) && ! defined(__MMI_MESSAGES_EMS__)) || de-
fined(__MMI_SMART_MESSAGE_MT__)
        SetRightSoftkeyFunction(mmi_msg_go_to_msg_menu, KEY_EVENT_UP);
        SetKeyHandler(mmi_msg_go_to_msg_menu, KEY_LEFT_ARROW, KEY_EVENT_DOWN);
# else /* (defined(__MMI_SMART_MESSAGE_MO__) && ! defined(__MMI_MESSAGES_EMS__)) ||
defined(__MMI_SMART_MESSAGE_MT__) */
        SetRightSoftkeyFunction(GoBackHistory, KEY_EVENT_UP);
        SetKeyHandler(GoBackHistory, KEY_LEFT_ARROW, KEY_EVENT_DOWN);
# endif /* (defined(__MMI_SMART_MESSAGE_MO__) && ! defined(__MMI_MESSAGES_EMS__)) ||
defined(__MMI_SMART_MESSAGE_MT__) */
    }

    [\plutommi\mmi\messages\messagessrc\SmsMoMtGuiInterface.c]
    pBOOL mmi_msg_bizbox_list_get_item(S32 item_index, UI_string_type str_buff, PU8 *
img_buff_p, U8 str_img_mask)
    {
        /* ................................................................. */
        /* Local Variables                                                 */
        /* ................................................................. */
        S8 temp[(MAX_DIGITS_SMS + 1) * ENCODING_LENGTH];
        S8 * name;
        /* ................................................................. */
        /* Code Body                                                       */
        /* ................................................................. */
        if (((mmi_frm_sms_get_status(MMI_FRM_SMS_APP_BIZBOX, (U16) item_index) & 0xf000)
> > 12) == SMSAL_MTI_STATUS_REPORT)
        {
            UCS2Strcpy((S8 *) str_buff, (S8 *) GetString(STR_BIZBOX_REPORT_ID));
        }
        else
        {
            memset(temp, 0, (MAX_DIGITS_SMS + 1) * ENCODING_LENGTH);
            AnsiiToUnicodeString(temp, (S8 *) mmi_frm_sms_get_address(MMI_FRM_SMS_APP_
BIZBOX, (U16) item_index));

            name = lookUpNumber(temp);
            if (UCS2Strlen(name))
            {
                UCS2Strcpy((S8 *) str_buff, name);
            }
```

```
            else
            {
                UCS2Strcpy((S8*) str_buff, temp);
            }
        }
        if ((mmi_frm_sms_get_status(MMI_FRM_SMS_APP_BIZBOX, (U16) item_index) & 0x0f) ==
MMI_FRM_SMS_APP_UNREAD)
        {
            * img_buff_p = get_image(IMG_MESSAGE_UNREAD);
        }
        else
        {
            if (mmi_frm_sms_check_complete(MMI_FRM_SMS_APP_BIZBOX, (U16) item_index) ==
TRUE)
            {
                * img_buff_p = get_image(IMG_MESSAGE_READ);
            }
            else
            {
                * img_buff_p = get_image(IMG_MESSAGE_SS_NCOMP);
            }
        }
        return TRUE;
    }

[\plutommi\mmi\messages\messagessrc\SmsMoMtGuiInterface.c]
S32 mmi_msg_bizbox_list_get_hint(S32 item_index, UI_string_type * hint_array)
{
    mmi_msg_get_msg_date_time(
        (S8*) hint_array[0],
        NULL,
        mmi_frm_sms_get_timestamp(MMI_FRM_SMS_APP_BIZBOX, (U16) item_index));
    return TRUE;
}

[\plutommi\mmi\messages\messagesinc\SmsPsHandler.h]
extern void mmi_msg_get_msg_inbox(void);
extern void mmi_msg_get_msg_bizbox(void);

[\plutommi\mmi\messages\messagessrc\SmsMoMtGuiInterface.c]
void mmi_msg_get_msg_bizbox(void)
{
    g_msg_cntx.toDisplayMessageList = TO_DISPLAY_MESSAGE_LIST_BIZBOX;
    mmi_msg_get_msg_req(MMI_FRM_SMS_APP_BIZBOX, (U16) g_msg_cntx.currBoxIndex);
}
```

12.5.5 查看商务短信内容

(1) 从 mmi_frm_sms_bizbox_list[]读取短信的 L4index：

[\plutommi\mmi\Messages\MessagesSrc\SmsPsHandler.c]
void mmi_msg_get_msg_bizbox(void)
    mmi_msg_get_msg_req(MMI_FRM_SMS_BIZBOX, (U16) g_msg_cntx.currBoxIndex);

[\plutommi\mmi\Messages\MessagesSrc\SmsPsHandler.c]
    void mmi_msg_get_msg_req(U16 type, U16 index) // 提交读取短信请求
        mmi_frm_sms_read_sms(mmi_msg_get_msg_rsp, MOD_MMI, type, index, MMI_TRUE);

[\plutommi\mmi\MiscFramework\MiscFrameworkSrc\SMSCore.c]
    void mmi_frm_sms_read_sms(PsFuncPtrU16 callback, module_type mod_src, U16 type, U16 index, MMI_BOOL change_status)
        mmi_frm_sms_get_sms_index((mmi_frm_sms_msgbox_enum) type, index, data);

[\plutommi\mmi\miscframework\miscframeworksrc\SMSUtil.c]
    void mmi_frm_sms_get_sms_index(mmi_frm_sms_msgbox_enum type, U16 index, U16 * 14_index)
        case MMI_FRM_SMS_BIZBOX:
            L4index = mmi_frm_sms_msg_box[mmi_frm_sms_bizbox_list[index]].startindex;

（2）发送读短信请求注册回调：

[\plutommi\mmi\MiscFramework\MiscFrameworkSrc\SMSCore.c]
    void mmi_frm_sms_read_sms(PsFuncPtrU16 callback, module_type mod_src, U16 type, U16 index, MMI_BOOL change_status)
        mmi_frm_sms_write_action(callback, mod_src, data, mmi_frm_sms_read_sms_req);
        // callback => mmi_msg_get_msg_rsp

（3）在应答回调中显示短信内容：

[\plutommi\mmi\MiscFramework\MiscFrameworkSrc\SMSMsg.c]
    void mmi_frm_sms_read_sms_rsp(void * inMsg) // 短信请求应答

[\plutommi\mmi\messages\messagessrc\SmsMoMtGuiInterface.c]
    void mmi_msg_entry_bizbox_msg(void) // 显示短信内容

12.5.6 开机加载短信

[\plutommi\mmi\miscframework\miscframeworksrc\SMSMsg.c]
    void mmi_frm_sms_startup_read_ind(void * inMsg)
    {
        [...]
    mmi_frm_sms_convert_startup_read_to_entry((MMI_FRM_SMS_STARTUP_READ_MSG_IND_STRUCT *) msgInd, entry);// 1. 短信数据类型转换
        mmi_frm_sms_add_sms_to_msgbox(entry, msgInd->index, thisseg);// 2. 添加到短信箱和
//索引表
        [...]

```
[\plutommi\mmi\miscframework\miscframeworksrc\SMSUtil.c]
    void mmi_frm_sms_convert_startup_read_to_entry(
        MMI_FRM_SMS_STARTUP_READ_MSG_IND_STRUCT * data,
        mmi_frm_sms_msgbox_struct * entry)
    {
    [...]
        switch (data- > status)
        {
            case SMSAL_REC_UNREAD:
                [...]
                    type = MMI_FRM_SMS_BIZINBOX;// 如果是商务短信
                [...]
                    type = MMI_FRM_SMS_INBOX;// 如果是普通短信
            case SMSAL_REC_READ:
                [...]// 处理过程与 SMSAL_REC_UNREAD 相同
    [...]
    }

[\plutommi\mmi\miscframework\miscframeworksrc\SMSUtil.c]
    U16 mmi_frm_sms_add_sms_to_msgbox(mmi_frm_sms_msgbox_struct * entry, U16 index, U8 thisseg)
        {
        [..]
        /* add to msg entry */
        entryindex = mmi_frm_sms_add_sms_entry(entry, index, thisseg);// 添加到短信箱
        /* update msg list */
        if (mmi_frm_sms_list_done)
        {
            mmi_frm_sms_add_sms_to_list(entry, entryindex);// 添加到索引表
        }
        return entryindex;
        }
```

结　语：

学习本章内容，除了要了解短信的工作流程，还要重点理解本章中商务短信的开发要点。目前在 MTK 远程监控开发应用中，MTK 短信功能起着举足轻重的作用，可以使用它来完成远端设备的控制，所以这部分内容要重点掌握。

第 13 章

怎样高仿 iPhone 手机

引　子：
本章以高仿 iPhone 手机为例，主要是介绍高仿的流程。

13.1　高仿 iPhone 手机要修改的地方

13.1.1　日历项以及音乐播放提示栏

（1）为了让日历项和音乐播放曲目的显示正确，在待机界面增加动态列表。在文件 Wgui_categories_idlescreen.c 中的函数 ShowCategory33Screen()里添加动态列表，如下：

```
create_fixed_icontext_menuitems();
    MMI_current_menu_type= LIST_MENU;
associate_fixed_icontext_list();
```

（2）设置列表中各个项的标题和图标：

```
init_dynamic_item_buffer(ItemsOfCat33,Cat33GetItemCallback,NULL,UI_dummy_function);
```

上面函数的形参解释如下：

ItemsOfCat33：动态列表中项的个数，由当前系统运行的程序决定。

Cat33GetItemCallback：该回调函数注册各个项的标题和图标。

在上述函数中，首先判断日历项的存储区是否有内容，若有，继续判断该日历项的日期是否在当日，若是，则将该字符串显示在项中。如果今日有多个项，则显示在日历项序列中最早的一个。如果日历项的日期不是今日，则显示"今天无日历项"。

（3）文件 Todolist.c 中函数 TDLDeleteAllTask()的作用是删除全部的备忘录日历项。因此，需要清空记录缓冲区的记录，防止在待机界面的日历项仍然显示。

```
memset(&g_tdl_cntx.NoteBuff,0,MAX_TODO_LIST_NOTE);
```

13.1.2 状态栏

状态栏包含信号指示、电池电量指示、运营商名字、日期时间显示和各个状态图标显示。

(1) 电池电量显示：

① 图标 ID 为 STATUS_ICON_BATTERY_STRENGTH。

② 相关文件位于 PoweronCharger.c 中。函数 BatteryStatusIndication 根据当前的电量值设置显示的帧数，需要注意的是图标要保证 5 帧。

③ 该图标在状态栏的坐标：

```
MMI_status_icons[STATUS_ICON_BATTERY_STRENGTH].y = 0;
MMI_status_icons[STATUS_ICON_BATTERY_STRENGTH].x = 220;
```

④ 信号指示图标：

该图标 ID 为 STATUS_ICON_SIGNAL_STRENGTH。

位于文件 NetWorkFunctions.c 中。

可以在函数 ChangeStatusIconLevel 中根据当前的信号值设置显示的图片帧数。

⑤ 该图标在待机界面的坐标：

位于文件 Wgui_status_icons.c 中，且可以在函数 arrange_status_icons() 中修改。

MMI_status_icons[STATUS_ICON_SIGNAL_STRENGTH].y = 0;

MMI_status_icons[STATUS_ICON_SIGNAL_STRENGTH].x = 3;

(2) 时间和日期：

① 位于文件 Wgui_datetime.c 中。

② 可在函数 show_main_LCD_date_time 中设置日期、星期、时间的显示坐标。

③ 注意的是：在函数 hide_main_LCD_date_time 中需要根据前面各个对象的坐标重新设置刷新区域的坐标，并且修改 Wgui_categories_idlescreen.c 下面的三个函数的注册函数（之前屏蔽的）。

```
set_main_LCD_dt_date_hide_function(cat33_hide_date_display);
set_main_LCD_dt_time_hide_function(cat33_hide_time_display);
set_main_LCD_day_hide_function(cat33_hide_day_string_display);
```

为了正确地显示时间格式（用户选择 12 小时制时，会增加 AM 或 PM 两个字母），在函数 show_main_LCD_date_time 时间显示的 clip 的地方增加格式判断 PhnsetGetTimeFormat()。根据所返回的时间格式，设定 clip 区域。

(3) 网络运营商：

① 位于文件 Wgui_categories_idlescreen.c 中。

可在函数 idle_screen_show_network_details() 中调整网络运营商的名字坐标。

② 状态图标：包括消息接收提示、情景模式、外部电池等。图标的排列位于文件 Wgui_

status_icons.c 中，可在函数：arrange_status_icons()中修改。

位于代码段：

```
x- = MMI_status_icons[k].width+ STATUS_ICON_X_GAP;
```

实现图标自右向左的排列。每当有新的状态产生，图标就向左移动排列。

13.1.3 快捷键

（1）设置待机界面上各个快捷方式的坐标以及响应函数。
- 位于文件 Wgui_categories_idlescreen.c 中；
- 在函数 setup_touch_idle_screen_shortcut 中设置各个快捷键图标的坐标以及各自的响应函数。
  在文件 Shortcuts.c 中修改如下函数：
- ShctExecuteUpKey 功能修改为按键上移，高亮快捷键第一个图标或者动态列表项。
- ShctExecuteDownKey 功能修改为按键下移，高亮快捷键第一个图标或者动态列表项。
- ShctExecuteLeftKey 功能修改为按键左移，高亮左边模块，如果已经是第一个，则高亮最后一个。
- ShctExecuteRightKey 功能修改为按键右移，高亮右边模块，如果已经是最后一个，则高亮第一个。
- 函数 ShctExecuteOKKey 根据高亮的快捷键，进入对应的模块。

（2）文件 MMI_features_GuiPLUTO.h 和 MMI_features_GUI.h 可以打开或关闭是否显示 shortcut 的宏：

```
__MMI_TOUCH_IDLESCREEN_SHORTCUTS__
```

为了同时显示快捷键和屏幕下方的左右按键，需要在函数 ShowCategory33Screen 中屏蔽 "dm_data.s32flags = DM_NO_SOFTKEY;"。

13.2 综合修改

13.2.1 修改每个新版本的默认日期

文件：Custom_hw_default.c

数字代表基准年份的偏移。8 代表 2008。月份和天同理。

```
const kal_uint8 DEFAULT_HARDWARE_YEAR = 8;
const kal_uint8 DEFAULT_HARDWARE_MON = 1;
const kal_uint8 DEFAULT_HARDWARE_DAY = 1;
```

第 13 章 怎样高仿 iPhone 手机

13.2.2 通话的修改

(1) 文件：CallManagementIncoming.c

当有外部来电的时候，进入函数：

EntryScrIncomingCallEvent

(2) 文件：Wgui_categories_CM.c

很多通话事件的屏幕都需要进入函数 ShowMOMTCallScreen，可以通过该函数，查找到各个通话事件的流程，也可以对已有的屏幕做界面修改。

13.2.3 拨号盘的修改

该操作位于文件 IdleApp.c 中，并通过函数 IdleDisableLongPress 来修改。

由于长按键之后，需要重新注册和清除一些按键。原函数为了达到这一效果，又重新调用了函数 IdleScreenDigitHandler。

13.3 具体修改案例一——高仿 iPhone 的日历

先对比一下的 MTK 和苹果手机的日历界面，如图 13.1 和图 13.2 所示。

图 13.1 原来 MTK 日历界面

图 13.2 仿苹果日历界面

分析：整体观察，两个界面整体的结构都差不多，主要区别是仿苹果界面上方左右两边各有一个触摸按钮，我们逐步介绍，首先把图片 show 出来。

1. 添加和修改资源

Res_Gui.c（声明 Wgui_categories_res.h）。

（1）日历背景图：

IMG_CALENDAR_JAN

（2）触摸按钮和 info 条（info 条就是下面添加日程和备注的显示的信息条）：

```
/* 触摸按钮*/
CAL_LEFT_ARROW_UP_IMAGE
CAL_LEFT_ARROW_DOWN_IMAGE
CAL_RIGHT_ARROW_UP_IMAGE
CAL_RIGHT_ARROW_DOWN_IMAGE
/* info 条*/
IMG_CALENDAR_INFO_BG
```

Res_Calendar.c（声明 CalendarResDef.h）

注：
这里先把仿 iphone 的两个左右上角的触摸按钮先添进去。
添加 Today 和＋号按钮图片：

```
IMG_ADD_UP
IMG_ADD_DOWN  IMG_TODAY_DOWN
IMG_TODAY_UP
```

2. 去掉 WeekNumber 显示

在 Calendar.c 里的函数 mmi_clndr_monthly_out_of_boundary()中注释掉以下代码：

```
/* mmi_clndr_get_week_numbers(
g_clndr_cntx- > CalTime.nYear,
g_clndr_cntx- > CalTime.nMonth,
g_clndr_cntx- > VerticalList);* /
```

3. GUI 修改

（1）gui_calendar.h

首先修改 gui_calendar_struct 结构，添加 month 按钮所需成员变量。

```
...
S32 month_select_x;
S32 month_select_y;
S32 month_select_width;
S32 month_select_height;
S32 month_string_x;
S32 month_string_y;
S32 month_string_width;
```

第13章 怎样高仿 iPhone 手机

```
S32 month_string_height;
...
```

其次在

```
# elif defined (__MMI_MAINLCD_240X320__)
# define GUI_CALENDAR_MAX_CELL_TEXT 3
...
# endif /* __MMI_UI_CALENDAR_WITH_INFO_BOX__ * /
```

之间,按日历布局,自己按需要修改和添加相关的值。

(2) gui_calendar.c

① 在 gui_calendar_create() 里给 gui_calendar_struct 结构里各个变量变量赋值,这里 MTK 是用了宏定义这些常量,大家也可以自己去定义,数值也是可以的。

② gui_calendar_redraw_select_horizontal1() 调整"年"按钮坐标。

③ gui_calendar_redraw_select_horizontal2() 调整"月"按钮坐标。

④ gui_calendar_redraw_horizontal_string() 调整"星期"坐标。星期值是循环写上去时,此处星期可做成贴图,不需修改。

⑤ gui_calendar_redraw_select_vertical() 调整"周数"坐标,此处不需要显示像 MTK 日历左边的周数,所以去掉,无须修改。

⑥ gui_calendar_redraw_normal_title() 调整"当前日期"坐标,如:2009/04/01,当阴历打开时,显示为阴历历法。

⑦ gui_calendar_redraw_cell_array() 画日历格子。

⑧ gui_calendar_redraw_cell() 画每个单元格的如 ICON 和 TEXT。

⑨ gui_calendar_redraw_popup() 画 POPUP 框。

⑩ gui_calendar_redraw_infobox() 画信息框。

⑪ gui_calendar_highlight_cell() 画高亮显示框。

4. 触摸按钮

此处添加触摸按钮,如果按 MTK 原来的这种年月的按钮的方法去改,则会出现触摸冲突,所以要换一个方法来做。步骤如下:

(1) 添加 + 号按钮,按下后跳转至"添加任务"界面

① Wgui_draw_manager.h 添加自定义控件

```
DM_CALENDAR_ADD, //add by XXX 20090330
DM_CALENDAR_TODAY, //add by XXX 20090330
```

② Wgui_touch_screen.c:

```
wgui_general_pen_down_hdlr()
{
```

```
...
        case DM_CALENDAR:
            ret = wgui_calendar_translate_pen_event(
                &MMI_calendar_control,
                MMI_PEN_EVENT_DOWN,
                point.x,
                point.y,
                &calendar_event);
        if (ret)
        {
            g_pen_to_control = DM_CALENDAR_ADD;
            return;
        }
        break;
...
}
wgui_general_pen_up_hdlr()
{
...
    else if (g_pen_to_control == DM_CALENDAR_ADD)
    {
        wgui_general_pen_calendar_hdlr(point, MMI_PEN_EVENT_UP);
    }
    else if (g_pen_to_control == DM_CIRCULAR_MENU1)
...
}
```

按键按下后,执行 mmi_tdl_entry_select_task_type()函数。

(2) 添加 Today 按钮,按下后跳转到当天,并高亮显示:

- wgui_general_pen_down_hdlr()

```
{
...
        case DM_CALENDAR:
            ret = wgui_calendar_translate_pen_event(
                &MMI_calendar_control,
                MMI_PEN_EVENT_DOWN,
                point.x,
                point.y,
                &calendar_event);
            if (ret)
            {
                g_pen_to_control = DM_CALENDAR_TODAY;
                return;
            }
            break;
...
```

```
        }
        wgui_general_pen_up_hdlr()
        {
        …
            else if (g_pen_to_control ==  DM_CALENDAR_TODAY)
            {
                wgui_general_pen_calendar_hdlr(point, MMI_PEN_EVENT_UP);
            }
            else if (g_pen_to_control ==  DM_CIRCULAR_MENU1)
            …
        }
```

到这里,触摸的效果就显示出来。

还有一个问题,苹果的日历是有一个按钮的,点一下就可以回到当前的日期,现在开始写这个函数。

```
"Today"功能函数 ClndrJumpToday()
{
MYTIME today;
GetDateTime(&today);
Gdi_lcd_freeze(TRUE);
GoBackHistory();
Gdi_lcd_freeze(FALSE);
g_clndr_cntx- > Cal.Time.nDay= today.nDay;
g_clndr_cntx- > Cal.Time.nMonth= today.nMonth;
g_clndr_cntx- > Cal.Time.nYear= today.nYear;
Entry ClndrScreen();
}
```

5. 去掉"打印"菜单

"打印"菜单打开后,会遮住最上面放置显示阳历和阴历的当前日期,所以要去掉。在 Res_Organizer.c 文件中修改背景图,不要星期,并另做了两张图片,一张是显示中文的星期,一张是英文的。

在 gui_calendar_show 的函数里将显示星期的函数用条件宏包含起来。

```
        If(c- > horizontal_string.is_updated)
        {
        # ifdef __MMI_IPHONE_CALENDAR__
            Show_Week_image();
        # else
            Gui_calendar_redraw_horizontal_string(c);
        # endif
        }
```

Show_Week_image 的函数实现:

```
Show_Week_image(void)
{
gui_lock_double_buffer();
gui_push_clip();
gui_set_clip(30,56,170,76);
if(1== IsChineseSet())
{
gui_show_image(30,56,(PUB)GetImage(IMG_CLNDR_WEEK_CN));
}
else
{
gui_show_image(30,56,(PUB)GetImage(IMG_CLNDR_WEEK_EN));
}
gui_pop_clip();
gui_unlock_double_buffer();
gui_BLT_double_buffer(30,56,170,76);
return;
}
```

13.4 具体修改案例二——高仿 iPhone 手机的旋转菜单的效果

本节例子源代码请见源代码"第 13 章的例子"文件夹下的"13.4 具体修改演示二——高仿苹果手机的旋转菜单的效果"文件夹。本实例所实现的效果果如图 13.3 所示。

13.4.1 更改主菜单入口函数

更改从 Idle 界面进入 Mainmenu 菜单的入口函数,在 EntryMainMenuFromIdleScreen()里更改进入主菜单的入口函数 goto_main_menu()为自定义的 EntryRotaryMainmenu(),用 EntryNewScreen()将当前屏幕的相关信息存入 history 里,用 ShowCategoryRotaryMainmenu()画旋转菜单,然后定义左右软键及上下按键的回调函数,这里按键进行旋转操作,定义为上下按键,对应为顺时针和逆时针。

图 13.3 高仿苹果手机的
旋转菜单的效果

```
# ifdef __MMI_U_MAINMENU_ROTARY__
void EntryRotaryMainmenu(void)
{
U8* guiBuffer;
mmi_phb_reset_scr_id();
EntryNewScreen(MAIN_MENU_SCREENID,NULL,EntryRotaryMainmenu,MMI_FULL_SCREEN);
guiBuffer = GetCurrGuiBuffer(MAIN_MENU_SCREENID);
ShowCategoryRotaryMainScreen
```

第 13 章 怎样高仿 iPhone 手机

```
(
STR_GLOBAL_OK,
IMG_GLOBAL_OK,
STR_GLOBAL_BACK,
IMG_GLOBAL_BACK,
guiBuffer
);
ClearAllKeyHandler();
SetLeftSoftkeyFunction(LeftSoftExecuteFunction,KEY_EVENT_UP);
SetKeyHandler(LeftSoftExecuteFunction,KEY_ENTER,KEY_EVENT_UP);
SetRightSoftkeyFunction(GoBackHistory,KEY_EVENT_UP);
SetKeyHandler(SetKeyUpArrowHandle,KEY_UP_ARROW,KEY_EVENT_UP);
SetKeyHandler(SetKeyDownArrowHandle,KEY_DOWN_ARROW,KEY_EVENT_UP);
}
# endif
```

13.4.2 画旋转菜单——ShowCategoryRotaryMainScreen

MTK 系统的主菜单显示函数放 ShowCategory14Screen() 在 wgui_categories_mm.c 中，所以，我们也在这里添加显示函数 ShowCategoryRotaryMainScreen，先初始化左右软键及处理函数。

```
change_left_softkey(left_softkey, left_softkey_icon);
change_right_softkey(right_softkey, right_softkey_icon);
SetupCategoryKeyHandlers();
```

然后，调用 dm_set_scr_bg_image 画背景图，设置好默认的高亮是第几项及高亮的状态。这里的结构体 rotary_mainmenu 在后面具体画 ICON 时再详细介绍。

```
if(rotary_mainmenu.current_highlight_item == -1)
{
    rotary_mainmenu.current_highlight_item = HIGHLIGHT_ITEM;
}
ClearIconsState();
rotary_mainmenu.icons_state[rotary_mainmenu.current_highlight_item] = ICON_STATE_
SELECT;
gdi_layer_unlock_frame_buffer();
```

接下来退出函数赋值，调用模板来画背景，注册画 ICON 的函数，这里我们画 ICON 是用自己封装的 GDI 的函数来画。

```
ExitCategoryFunction = ExitCategoryRotaryMainScreen;
dm_setup_category_functions(dm_redraw_category_screen, dm_get_category_history, dm
_get_category_history_size);
    dm_register_category_controlled_callback(DrawCategoryRotaryMainControlArea);
```

然后是注册触摸屏操作函数，三个动作 down/up/move。

```
# ifdef __MMI_TOUCH_SCREEN__
wgui_register_category_screen_control_area_pen_handlers(mmi_rotate_menu_pen_down_
hdlr, MMI_PEN_EVENT_DOWN);
wgui_register_category_screen_control_area_pen_handlers(mmi_rotate_menu_pen_up_
hdlr, MMI_PEN_EVENT_UP);
wgui_register_category_screen_control_area_pen_handlers(mmi_rotate_menu_pen_move_
hdlr, MMI_PEN_EVENT_MOVE);
# endif /* __MMI_TOUCH_SCREEN__ */
```

接下来就是添加 ScrID、CatID，还有读者要画的那些模板，这里不想画状态条，所以加上了一个 flag(DM_NO_STATUS_BAR)。

```
dm_data.s32ScrId =  (S32) GetActiveScreenId();
dm_data.s32CatId =  MMI_CATEGORY_ROTARY_MAINMENU_ID;
dm_data.s32flags =  DM_CLEAR_SCREEN_BACKGROUND|DM_NO_STATUS_BAR;
dm_setup_data(&dm_data);
dm_redraw_category_screen();
```

在 CustCoordinates.c 的 g_categories_controls_map[] 添加上要画的屏幕 ID、控件列表、属性列表，代码如下：

```
{MMI_CATEGORY_ROTARY_MAINMENU_ID,(U8 * ) categoryRotaryMainmenu, (S16 * ) coordinate
_setRotaryMainmenu, NULL},
```

注，Wgui_categories_enum.h 里不要忘记了添加上屏幕模板 ID(MMI_CATEGORY_ROTARY_MAINMENU_ID，这里同样是要画"状态条"、"系统按键条"、"屏幕背景"三个控件。

```
# ifdef __MMI_U_MAINMENU_ROTARY__
const U8 categoryRotaryMainmenu[] =
{
5,
DM_BASE_LAYER_START,
DM_SCR_BG,
DM_STATUS_BAR1,
DM_CATEGRORY_CONTROLLED_AREA,
DM_BUTTON_BAR1
}
const S16 coordinate_setRotaryMainmenu[] =
{
DM_FULL_SCREEN_COORDINATE_FLAG,
DM_DEFAULT_STATUS_BAR_FLAG,
0,MMI_STATUS_BAR_HEIGHT+ 1,
UI_DEVICE_WIDTH,UI_DEVICE_HEIGHT - MMI_BUTTON_BAR_HEIGHT,DM_NO_FLAGS,
DM_DEFAULT_BUTTON_BAR_FLAG,MMI_SOFTKEY_WIDTH
}
# endif
```

至此，旋转菜单的主显示函数就完成了，其中很多代码可以参看 MTK 自带的主菜单的显示函数 ShowCategory14Screen()。当然，MTK 因为要考虑几种不同模式下的显示的效果，它把几种显示效果(List、Page、Matrix、Rotary 等)的主菜单全做在一个函数里，所以看起来有点复杂，这里就需要大家细细地自己理一下。

现在看我们画 ICON 的函数 DrawCategoryRotaryMainControlArea()，这里的退出函数 ExitCategoryRotaryMainScreen 里面为空，参看了 MTK 的主菜单退出函数 ExitCategory14Screen()，最后几个全都是 return 0，这里笔者也仿照没有写。再接着看 DrawCategoryRotaryMainControlArea()：

```
void DrawCategoryRotaryMainControlArea(dm_coordinates* coordinate)
{
    ShowRotaryMainScreenIconAll();
}
```

13.4.3 画 ICON——旋转菜单设计思路

设计需求为：在菜单旋转的过程中，需要将旋转的效果显示出来，也就是在 ICON 从位置 1 旋转到位置 2 时，需要显示中间过程，即在位置 1 和位置 2 之间需要多显示几帧。这里先加一帧，如果要求效果更好看，旋转得更完善，则中间再加几帧。考虑到 MT625 平台，2.8in 的屏，240×320 的显示效果，多加的帧可能在手机上并没有多大的效果，看不出中间的帧来，有兴趣的可以多加几帧。

设计整体思路为：首先，把所有中间帧(第一帧)show 出来，然后，开始 Timer，判断，如果没有 show 到 FRAME_MAX，即没有 show 到最后一帧时，接着把前一帧的清屏，然后再 show 下一帧，直到 show 到最后一帧。此时 ICON 由上一个位置，旋转到下一个位置，这样就实现了菜单的旋转效果。简单地说，就是在一段时间(比如 50ms)内，显示了三次 ICON，ICON 从原来位置 1 到了中间位置，再到了位置 2，依次类推，这样就完成了旋转的效果。动画的原理，1 秒 24 帧，下面开始具体介绍。

（1）首先，原先设计的旋转分为三种状态，第一为正常状态 ShowRotaryMainScreenIconAll，第二种为顺时针旋转 ShowClockwiseRotaryMainScreenIconAll，第三种为逆时针旋转 ShowWithershinsRotaryMainScreenIconAll。代码显示冗余得厉害，现在，将这 3 组函数，共 6 个函数合并，用一组函数来显示，中间加两个 int 变量进行判断。

① 一个是 rotation，1 为逆时针，2 为顺时针；

② 一个是 frame_num，1 表示是第一帧，2 表示是转到的第二帧(总共只加了一帧，在 ICON1 转到 ICON2 之间，总共只加了一帧，所以 frame_num＝2 时表示菜单 ICON 已转到下一位置)。

（2）现在开始分析如何设计函数 ShowRotaryMainScreenIconAll。

① 清屏。每次 show all 之前先清屏，将图标显示的范围置为透明色。这里后期的时候，

可以将这里的范围的数字用宏定义一下,方便后期的维护。这里当时做的时候图简单,所以就直接用数字。

gdi_draw_solid_rect(30,43,216,280,GDI_COLOR_TRANSPARENT);

② Timer。用一个for循环,显示每一个ICON,包括NORMAIL和SELECT状态。这里有一个问题,如果要显示中间的帧,那么需要加一个计时器Timer,这个Timer应该加在哪里呢?

首先,第一次进入的时候 ShowRotaryMainScreenIconOne,然后是 ShowRotaryMainScreenText,这个时候就可以进行判断了。当顺/逆时针旋转时,如果 frame_num< FRAME_MAX,则 frame_num++。然后添加一个 StartTimer,回调自己 ShowRotaryMainScreenIconAll,重新在下一个位置(中间帧)画 ICON。

当 frame_num>FRAME_MAX 时,将 rotation 和 frame_num 分别归0,停掉 Timer,将 rotate_menu_is_rotating 置为 FALSE,此时旋转完成。

设计思路为:首先显示一组ICON(12个),然后判断跑没跑到FRAME_MAX(这里FRAME_MAX=2,我们只有三个位置(0,1,2),因为只加了中间一帧,所以,当位置为2时,表示旋转完成。如果中间要显示2帧,那么这里FRAME_MAX就要等于3了)那里,如果没有,则开始一个计时器,接着在下一个位置显示一组ICON(12),这样就完成了旋转效果。

③ ShowRotaryMainScreenIconOne:显示哪个ICON? 这个函数要解决的问题就是从哪个数组里(这里分中间帧坐标和位置帧坐标)取出坐标,然后显示哪个ICON。这里有两个判断,一个是显示中间帧的时候,一个是显示位置帧的时候。

注:
逆时针旋转时,从frame0旋转到frame1时,以初始的ICON1(见图13.3)从位置0(左中高亮部分)转到位置11(左下ICON)为例。

---

frame0 时,ICON1 取 rotate_mainmenu_icon_coordinate_frame0[0](这时取 index 的坐标是0);frame1 时,ICON1 转到下面,这时取 rotate_mainmenu_icon_coordinate_frame1[11](rotate_mainmenu_icon_coordinate_frame1 数组里存的都是中间帧的显示坐标,这时 index 取的值为11,中间帧的坐标);frame2 时,ICON1 转到原来 ICON11 的位置,这时取 rotate_mainmenu_icon_coordinate_frame0[11]的坐标(rotate_mainmenu_icon_coordinate_frame0 数组里存的都是 ICON 原各个位置帧的显示坐标,这时 index 取的值为11,位置帧的坐标)。

下面需要解决的一个问题就是,在旋转时如何知道ICON应该取什么坐标呢?

以ICON1(电话本)为例,在第一次开机初始化之前,它的位置应该是取 rotate_mainmenu_icon_coordinate_frame0[]的第一个,那么,当它顺时针旋转时,从frame0到frame1时,它应该取的位置坐标是 rotate_mainmenu_icon_coordinate_frame1[]的第一个;当它从frame1到

frame2 时,它这时需要取的位置坐标是 rotate_mainmenu_icon_coordinate_frame0[ ]的第二个。当下一次旋转时,电话本坐标依次类推,旋转到 fram1 时,它需要取的是 rotate_mainmenu_icon_coordinate_frame1[ ]的第二个;旋转到 frame2 时,它需要取的是 rotate_mainmenu_icon_coordinate_frame0[ ]的第三个。这里用一个 int 变量去存每个 ICON 当前的位置,当 ICON1 转到 ICON2 时,它的 counter++,反之,ICON1 转到 ICON11 时,它的 couter 就变成了 11。

这里用到的相关结构申明如下:

```
typedef struct
{
  U16 normal_icons[NUMBER_ITEMS];        //ICON 的普通状态
  U16 select_icons[NUMBER_ITEMS];        //被选中的状态
  icon_point  icons_p[NUMBER_ITEMS];     //位置
  U16 icon_strings[NUMBER_ITEMS];
  icon_point  strings_p[NUMBER_ITEMS];   //对应标题栏要选中的位置
  U16 icons_state[NUMBER_ITEMS];         //状态
  int current_highlight_item;            //当前显示的是第几项
    FuncPtr entryfn[NUMBER_ITEMS];       //入口函数
} struct_icon_ex;
typedef struct
{
  unsigned int  x1;
  unsigned int  y1;
  unsigned int  x2;
  unsigned int  y2;
  unsigned int    counter;
}icon_point;
```

counter 就是用来存当前从坐标数组的第几个元素里取坐标的,下面分别按旋转方向和帧数来分析一下 counter 的计数。

① 按 rotation(旋转方向)分析:

逆时针时,1 == rotation 时,frame 0 到 frame1 时,counter--;frame1 到 frame2 时,counter 不变。

顺时针时,2 == rotation 时,frame 0 到 frame1 时,counter 不变;frame1 到 frame2 时,counter++。

② 按 frame_num(帧数)分析:

frame0 转到 frame1 时,只有当 rotation==1 时,counter--(需要取上一个的坐标);frame1 转到 frame2 时,只有当 rotation==2 时,counter++(需要取下一个的坐标)。

因为 Timer 按帧数来判断是否继续回调 ShowRotaryMainScreenIconAll 函数,所以,按 frame_num 判断,过程如下:

```
1 == frame_num(显示中间帧);
1 == rotation(逆时针旋转);
i = -- rotary_mainmenu.icons_p[index].counter;
0 == counter 时,直接置为 11;
2 == rotation(顺时针旋转);
index = 11- index;
i = rotary_mainmenu.icons_p[index].counter;
```

注:

"index = 11 - index;"原来是一个 for 循环,从 ICON1 一直画到 ICON11,从位置 0 依次画到位置 11。这里就会出现一个问题,在拐角处的 ICON5 会遮住 ICON4,现在倒过来后,从 ICON11 一直画到 ICON1,就会有这样一个效果,ICON4 遮住 ICON5,从而达到我们需要的效果,如图 13.4 所示。

然后,将结构指针指向中间帧的结构数组:"rotate_mainmenu_icon_coordinate = rotate_mainmenu_icon_coordinate_frame1[]";2 == frame_num 时(显示位置帧),

图 13.4 效果图

只有当 rotation==2(顺时针旋转)时,counter 才需要"++ i = ++rotary_mainmenu.icons_p[index].counter",然后,将结构指针指向位置帧的结构数组"rotate_mainmenu_icon_coordinate = rotate_mainmenu_icon_coordinate_frame0;"。

这就是设计的思路,下面来看代码的实现。

13.4.4 画 ICON 的代码实现

首先需要在进入主界面时就初始化好 ICON 的对应图片 ID、坐标、文字、入口函数。这里,我们在 MMITask.c 中的 InitAllApplications()里一开机就完成初始化,调用 InitCategoryRotaryMainScreen()来完成前期准备工作。

1. ShowRotaryMainScreenIconAll

首先调用 gui_lock_double_buffer()锁屏,目的就是,最后准备好所有的元素后一次刷屏,完成显示。然后,旋转菜单的有效区域画出来,设为透明色,清屏,再设置高亮 ICON。ICON 的高亮显示除了第一次默认的高亮无须旋转外,其余需要高亮显示的 ICON 却必须先旋转才可以完成。逆时针旋转时,转到 ICON12 时再转,下一次高亮显示的就是 ICON1;同理,顺时针时,转到 ICON1 时再转,下一次高亮显示的就是 ICON12。

```c
gui_lock_double_buffer();
gdi_draw_solid_rect(30,43,216,280,GDI_COLOR_TRANSPARENT);
HandleRotateHighlight();
void HandleRotateHighlight(void)
{
    if (2 == frame_num)
    {
        if(rotary_mainmenu.current_highlight_item == - 1)
        {
            rotary_mainmenu.current_highlight_item = 0;
        }
        if (1 == rotation)
        {
            rotary_mainmenu.current_highlight_item++ ;
            if (ICON_12 < rotary_mainmenu.current_highlight_item)
                rotary_mainmenu.current_highlight_item= ICON_1;
        }
        else if (2 == rotation)
        {
            rotary_mainmenu.current_highlight_item-- ;
            if (0 > rotary_mainmenu.current_highlight_item)
                rotary_mainmenu.current_highlight_item = ICON_12;
        }
        ClearIconsState();//每次按键时都会将所有ICON的状态全部清除
        rotary_mainmenu.icons_state[rotary_mainmenu.current_highlight_item] = ICON_STATE_SELECT;
    }
}
```

下面就是用一个 for 循环显示每个 ICON 的代码。ICON 是一个一个画出来的,先取ICON1 的坐标及对应的图片 ID,画第一个 ICON,然后依次类推,直到把最后一个——这里是 ICON12 画完为止。因为需要在标题栏显示高亮的 ICON 对应的字符串,所以,用 ShowRotaryMainScreenText()来完成标题文本显示。

```c
for(index = 0;index< NUMBER_ITEMS;index++ )
{
    ShowRotaryMainScreenIconOne(index);
    /* 显示高亮 ICON  的对应字符串* /
    if(rotary_mainmenu.icons_state[index]== ICON_STATE_SELECT)
    {
        ShowRotaryMainScreenText(index);
    }
}
```

下面就是用一个 Timer 来完成中间帧的显示了。不管是逆时针 1==rotation,还是顺时针 2==rotation 时,只要没有转到 frame2,也是没有转到下一位置时,我们就用一个计时器。接着画图标,这里可以自己定义显示中间帧的时间间隔。这里定义了一个宏 anti_delay,方便后便调试效果。这有一个小的调试中间帧的技巧:定义一个 DEBUG 的宏——ROTART_MAINMENU_DEBUG,在中间帧的时候,可以用 StopTimer 停下来,看中间帧的位置,调试效果。大家可以在这里把 ROTART_MAINMENU_DEBUG 开启,把中间帧停下来,在模拟器里选中层的显示的选项,就可以看出旋转是如何完成的,代码如下:

```
if ((1 == rotation)||(2 == rotation))
{
    if(frame_num< = FRAME_MAX)
    {
        frame_num++ ;
        # ifndef ROTARY_MAINMENU_DEBUG
            rotate_menu_is_rotating = TRUE;
            StartTimer(MAINMENU_ROTARY_TIMER, anti_delay, ShowRotaryMainScreenIconAll);
        # endif
    }
    else
    {
        frame_num = 0;
        rotation = 0;
        # ifndef ROTARY_MAINMENU_DEBUG
            rotate_menu_is_rotating = FALSE;
            StopTimer(MAINMENU_ROTARY_TIMER);
        # endif
    }
}
```

最后是解锁层、刷新,就得出效果了。

下面再来看看每一个 ICON 的显示函数——ShowRotaryMainScreenIconOne。

2. ShowRotaryMainScreenIconOne 函数

(1) 初始化坐标计数器 counter

int i = rotary_mainmenu.icons_p[index].counter;

(2) 对于初始帧,即第 0 帧,不需要去考虑 counter,在第一次初始化时,已经完成 counter 的初始化,以后每一次完成旋转时的 frame2 就是下一次旋转的 frame0。

当是中间帧时,按逆时针和顺时针分别判断。

```
    if(1 == frame_num)
    {
        switch (rotation)
        {
            case 1:
            if(rotary_mainmenu.icons_p[index].counter == 0)
            {
                i = rotary_mainmenu.icons_p[index].counter = 11;
            }
            else
            {
                i = -- rotary_mainmenu.icons_p[index].counter;
            }
            break;
            case 2:
            {
                index = 11 - index;
                i = rotary_mainmenu.icons_p[index].counter;
                break;
            }
        }
        rotate_mainmenu_icon_coordinate = rotate_mainmenu_icon_coordinate_frame1;
    }
```

(3) 当是位置帧时,如果 frame_num==2 且为顺时针,同时 ICON1 已经旋转到了原来 I-CON11 的位置,那么 ICON 再转一次后的位置计数器 counter 就需要重置为 0,其余的全部都是++。读者可以拿张纸去体验一下,这就体现出循环链表和队列的好处来了,最后一个结点指向头结点,从而形成一个环,就不需要这里在多生出一个条件判断来了。

```
    else
    {
        if ((2 == frame_num)&&(2 == rotation))
        {
            if(rotary_mainmenu.icons_p[index].counter == 11)
            {
                i = rotary_mainmenu.icons_p[index].counter = 0;
            }
            else
            {
                i = ++ rotary_mainmenu.icons_p[index].counter;
            }
        }
        rotate_mainmenu_icon_coordinate = rotate_mainmenu_icon_coordinate_frame0;
    }
```

(4) 开始设置 ICON 的显示区域,这里用了层特效里的剪切效果。

```
gdi_layer_push_clip();
gdi_layer_set_clip(rotate_mainmenu_icon_coordinate[i].x1,rotate_mainmenu_icon_co-
ordinate[i].y1,rotate_mainmenu_icon_coordinate[i].x2,rotate_mainmenu_icon_coordi-
nate[i].y2);
```

当 ICON 为 NORMAL 状态时(即非高亮位置或 frame1 时,因为中间帧所有的 ICON 都不是高亮状态),处理代码如下:

```
if((rotary_mainmenu.icons_state[index]== ICON_STATE_NORMAL)||(1 == frame_num))
gdi_image_draw_id_with_transparent_color(rotate_mainmenu_icon_coordinate[i].x1,
rotate_mainmenu_icon_coordinate[i].y1,rotary_mainmenu.normal_icons[index]);
```

当 ICON 为 SELECT 状态时(即高亮状态时),处理代码如下:

```
else if(rotary_mainmenu.icons_state[index]== ICON_STATE_SELECT)
gdi_image_draw_id_with_transparent_color(rotate_mainmenu_icon_coordinate[i].x1,
rotate_mainmenu_icon_coordinate[i].y1,rotary_mainmenu.select_icons[index]);
```

最后调用 gdi_layer_pop_clip()解锁剪切的区域,而 ICON 显示区域的刷新是通过函数 ShowRotaryMainScreenIconAll 实现的。

3. 设置上/下方向键函数

向上逆时针,向下顺时针方向。

```
void SetKeyUpArrowHandle(void)
{
    if (rotate_menu_is_rotating)
    {
        return;
    }
    rotation = 1;
# if (3 == ICON_ROW && 4 == ICON_COL)
    ShowRotaryMainScreenIconAll();
# endif
}
void SetKeyDownArrowHandle(void)
{
    if (rotate_menu_is_rotating)
    {
        return;
    }
    rotation = 2;
# if (3 == ICON_ROW && 4 == ICON_COL)
    ShowRotaryMainScreenIconAll();
```

```
# endif
}
```

4. 左软键执行函数

这里就是执行高亮 ICON 对应的入口函数：

```
void LeftSoftExecuteFunction(void)
{
    if(rotary_mainmenu.entryfn[rotary_mainmenu.current_highlight_item]== NULL ||
rotary_mainmenu.current_highlight_item >= NUMBER_ITEMS || rotary_mainmenu.current
_highlight_item == - 1)
    {
        rotary_mainmenu.current_highlight_item = ICON_1;
    }
    rotary_mainmenu.entryfn[rotary_mainmenu.current_highlight_item]();
}
```

13.4.5 触摸屏处理

```
mmi_pen_register_down_handler(mmi_rotate_menu_pen_down_hdlr);
mmi_pen_register_up_handler(mmi_rotate_menu_pen_up_hdlr);
mmi_pen_register_move_handler(mmi_rotate_menu_pen_move_hdlr);
```

我们先把触摸屏的旋转菜单有效区域分为如下 5 个区域，为了便于理解，这里把每个区域在 ROTAT_REGION_TYPE 枚举里对应的值列出来，如图 13.5～13.9 所示。

rotate_mainmenu_touch_chekc_region[]数组里存的是触摸的有效区域，上下左右四条边，如下：

```
const struct_rotate_pen_region
rotate_mainmenu_touch_check_region[ROTATE_MENU_REGION_MAX]=
{
    {{30,45,171+ U_ROTARY_MAINMENU_ITEM_ICON_WIDTH,  45+ U_ROTARY_MAINMENU_ITEM_I-
CON_HEIGHT}, {{- 1, 1}, {1, 2}}},
    {{171,45,171+ U_ROTARY_MAINMENU_ITEM_ICON_WIDTH,  233+ U_ROTARY_MAINMENU_ITEM_
ICON_HEIGHT}, {{- 1, 1}, {1, 2}}},
    {{30,233,171+ U_ROTARY_MAINMENU_ITEM_ICON_WIDTH,  233+ U_ROTARY_MAINMENU_ITEM_
ICON_HEIGHT}, {{1, 1}, {- 1, 2}}},
    {{30,45,30+ U_ROTARY_MAINMENU_ITEM_ICON_WIDTH,   233+ U_ROTARY_MAINMENU_ITEM_I-
CON_HEIGHT}, {{1, 1}, {- 1, 2}}},
    {{30,111, 30+ U_ROTARY_MAINMENU_ITEM_HIGHLIGHT_ICON_WIDTH,111+ U_ROTARY_MAIN-
MENU_ITEM_HIGHLIGHT_ICON_HEIGHT},{{1,1},{1,2},}},
};
```

第13章 怎样高仿 iPhone 手机

图 13.5 顶部有效区域

图 13.7 底部有效区域

图 13.6 右边有效区域   图 13.8 左部有效区域

首先介绍触摸屏的三个响应动作 pen_down/pen_up/pen_move。在触屏按下时,首先需要判断当前触屏按下的是在哪个范围。当在上下左右的四个有效区域内,pen_move 的范围在上述四个有效区域内时,我们需要的就是旋转操作,这里要执行的就是 SetKeyUpArrowHandle 和 SetKeyDownArrowHandle 这两个操作,顺/逆时针旋转菜单。如果是在高亮的有效区域内,有 pen_up 操作时,那么应该执行 LeftSoftExecuteFunction 操作,执行当前高亮函数的入口函数,进入相关的屏幕。

图 13.9 高亮有效区域

现在逐个函数来介绍。从 pen_down 开始。

```
MMI_BOOL mmi_rotate_menu_pen_down_hdlr(mmi_pen_point_struct pos)
{
    int i = 0;
        for (i= 0;i< ROTATE_MENU_REGION_MAX;i++ )
        {
            if (mmi_rotate_menu_is_in_region(rotate_mainmenu_touch_check_region[i].region, pos))
            {
```

```
            last_region = i;
            last_pos.x = pos.x;
            last_pos.y = pos.y;
            first_pos.x = pos.x;
            first_pos.y = pos.y;
            return TRUE;
        }
    }
    last_region = ROTATE_MENU_REGION_MAX;
    anti_delay = ANTI_RATE_FAST_DALEY;
    return FALSE;
}
```

当触摸屏按下后，进行一个 for 循环来判断当前的触摸点是在上述 5 个区域的哪个区域内，然后将得到的 i 值存到 Last_region 里，将当前触摸点的坐标存到 last_pos 和 first_pos 各成员变量里。这里为什么要将同一个点的坐标存在两个不同结构的成员变量里呢？因为我们需要考虑的是最左边的两个高亮图标的上下两个图标的移动的特殊情况，如图 13.10 所示。

在图 13.10 的计算器高亮图标的上面是"音乐播放器"，下面是"短信"，这里以上面的"音乐播放器"图标为例来讲。先看一下这里在什么时候 pen_up 才需要响应。旋转菜单需要响应进入入口函数的只有一个地方，就是左方中间，所以，pen_up 只有一种情况下需要做出响应，就是当在高亮状态下没有移动且当前和上一次的触摸点在高亮的有效区域内按下时，这时直接调用 LeftSoftExecuteFunction 执行入口函数。先想清楚这一点，因为我们的旋转菜单大部分动作是旋转。现在接着看，当把音乐播放器从上面旋转到中间高亮位置时，需要旋转一次菜单。在做滑动解锁的时候，很多人做过或者看过别人做的滑动解锁，这里都有一个移动范围，我们的手指移动在多大的范围内时，比如，在屏幕上，手指从左往右移动了 40，这样就响应移动操作，不能说手指在屏幕上刷一下直接出了屏幕于是也跟着滑动解锁了，这样就属于误操作了，这也是同样的道理。在 mmi_rotate_menu_pen_move_hdlr()里也是一样，当移动的范围在 40 以内时，认为是移动操作，那么开始判断区域，然后执行旋转的函数，最后，把当前移动的点的触摸坐标再赋值给 last_pos，因为，很有可能我们按着不放，接着再移动，所以，要进行下一次的判断。

图 13.10　实现效果

```
            last_pos.x = pos.x;
            last_pos.y = pos.y;
```

在 mmi_rotate_menu_pen_up_hdlr()函数的判断条件里需要判断上一次的移动点和这一次的移动点是否在这个范围内,而当"音乐播放器"图标从上面移动到中间时,如果这时并没有放开触摸,这里会出现一个问题,上一次的 last_pos 坐标和当前触摸的坐标 pos 是一样的。其实,我们应该取的是移动前触摸点的坐标,那么这个时候就可能出现误判,只需要执行移动的操作,而 mmi_rotate_menu_pen_up_hdlr()认为条件也成立,last_pos 和 pos 一样,同时执行了 LeftSoftExecuteFunction,这时屏幕会看到入口函数(比如短信或 MP3 的入口函数)所构建的屏幕背景里有一个旋转菜单的界面,这就是属于误判了。读者可以去试一下,将 mmi_rotate_menu_pen_up_hdlr()函数里的 first_pos 换成 last_pos,看会不会出现误判。这里理解清楚了下面就比较好理解了。mmi_rotate_menu_pen_up_hdlr()就是做一个判断,判断在高亮的有效范围内没有移动的情况下,然后 pen_up 执行 LeftSoftExecuteFunction()函数。

```
MMI_BOOL mmi_rotate_menu_pen_up_hdlr(mmi_pen_point_struct pos)
{
    last_pos.x = 0;
    last_pos.y = 0;
    last_region = ROTATE_MENU_REGION_MAX;
    curr_region = ROTATE_MENU_REGION_MAX;
    anti_delay = ANTI_RATE_SLOW_DALEY;
    if (((mmi_rotate_menu_is_in_region(highlight_item_region, first_pos))
       &&(mmi_rotate_menu_is_in_region(highlight_item_region, pos))
       &&(FALSE == mmi_rotate_menu_is_move(first_pos, pos))))
    {
        LeftSoftExecuteFunction();
    }
    first_pos.x = 0;
    first_pos.y = 0;
    return TRUE;
}
```

mmi_rotate_menu_is_in_region()函数用来检测当前触摸点是否在旋转菜单有效范围内:

```
MMI_BOOL mmi_rotate_menu_is_in_region(icon_coordinate region, mmi_pen_point_struct pos)
{
    if ((pos.x > region.x1)&&(pos.x < region.x2)&&(pos.y > region.y1)&&(pos.y < region.y2))
    {
      return TRUE;
    }
    return FALSE;
}
```

下面是判断范围的结构体。

```c
typedef struct
{
  icon_coordinate region;
  struct_check_unit check_unit[REGION_CHECK_UNIT_MAX];
}struct_rotate_pen_region;
```

再来看看 pen_move，这里也就是很简单了，理解判断的条件，什么时候执行这两个旋转函数。首先就是先判断是不是在旋转菜单的 5 个有效范围内，如果不是，就不执行操作了。

```c
if (ROTATE_MENU_REGION_MAX == last_region)
return;
```

然后，在判断是在 pen_move 的情况下，开始判断当前的触摸点范围是在哪儿

```c
if (mmi_rotate_menu_is_move(last_pos, pos))
{
    for (i= 0;i< ROTATE_MENU_REGION_MAX;i++ )
    {
        if (mmi_rotate_menu_is_in_region(rotate_mainmenu_touch_check_region[i].region, pos))
        {
            curr_region = i;
            break;
        }
    }
```

用 curr_region 得到当前的触摸范围在哪个区域，然后按这个值去坐标数组 rotate_mainmenu_touch_check_region 里去取值。

```c
    for (i= 0;i< REGION_CHECK_UNIT_MAX;i++ )
    {
        if(((VALID_LEN< CHECK_MOVE_CUR_ORIENT* (pos.x - last_pos.x))&&(CHECK_CURR_IS_H))
            ||((VALID_LEN< CHECK_MOVE_CUR_ORIENT* (pos.y - last_pos.y))&&(! CHECK_CURR_IS_H)))
        {
            tmp_rotation = rotate_mainmenu_touch_check_region[curr_region].check_unit[i].rotation;
        }
        else if (((VALID_LEN< CHECK_MOVE_LAST_ORIENT* (pos.x - last_pos.x))&&(CHECK_LAST_IS_H))
            ||((VALID_LEN< CHECK_MOVE_LAST_ORIENT* (pos.y - last_pos.y))&&(! CHECK_LAST_IS_H)))
        {
            tmp_rotation = rotate_mainmenu_touch_check_region[last_region].check_unit[i].rotation;
        }
        if (0 ! = tmp_rotation)
```

```c
    {
        if (1 == tmp_rotation)
        {
            SetKeyUpArrowHandle();
        }
        else
        {
            SetKeyDownArrowHandle();
        }
        last_pos.x = pos.x;
        last_pos.y = pos.y;
        last_region = curr_region;
        curr_region = ROTATE_MENU_REGION_MAX;
        break;
    }
}
```

大家可以先看 rotate_mainmenu_touch_check_region 数组里的值。

```c
const struct_rotate_pen_region rotate_mainmenu_touch_check_region[ROTATE_MENU_RE-
GION_MAX]=
{
    {{30,45,171+ U_ROTARY_MAINMENU_ITEM_ICON_WIDTH,  45+ U_ROTARY_MAINMENU_ITEM_I-
CON_HEIGHT}, {{- 1, 1}, {1, 2}}},
    {{171,45,171+ U_ROTARY_MAINMENU_ITEM_ICON_WIDTH,  233+ U_ROTARY_MAINMENU_ITEM_
ICON_HEIGHT}, {{- 1, 1}, {1, 2}}},
    {{30,233,171+ U_ROTARY_MAINMENU_ITEM_ICON_WIDTH,  233+ U_ROTARY_MAINMENU_ITEM_
ICON_HEIGHT}, {{1, 1}, {- 1, 2}}},
    {{30,45,30+ U_ROTARY_MAINMENU_ITEM_ICON_WIDTH,  233+ U_ROTARY_MAINMENU_ITEM_I-
CON_HEIGHT}, {{1, 1}, {- 1, 2}}},
    {{30,111, 30+ U_ROTARY_MAINMENU_ITEM_HIGHLIGHT_ICON_WIDTH,111+ U_ROTARY_MAIN-
MENU_ITEM_HIGHLIGHT_ICON_HEIGHT},{{1,1},{1,2},}},
};
```

先看 rotate_mainmenu_touch_check_region 的结构声明。

```c
typedef struct
{
  icon_coordinate region;
  struct_check_unit check_unit[REGION_CHECK_UNIT_MAX];
}struct_rotate_pen_region;
typedef struct
{
  int orient;
  int rotation;
}struct_check_unit;
```

因为这里有顺时针和逆时针两个方向,所以,当在屏幕的上方的有效范围内为顺时针旋转时,即从左向右时,当前的触屏坐标比上一次的触屏的坐标就会大,这里的 orient 的值就为 1,否则为 -1。这里的 orient 的值是用来完成 pos.x - last_pos.x 判断时不会出现负值。当然,若要出现负值就逆,实际上只是一个判断的变量。我们可以顺时针,也可以逆时针,所以,最后的 check_unit 有两个元素,REGION_CHECK_UNIT_MAX=2。大家再看看上面的坐标数组里的值,应该就清楚了。

当条件成立时,我们再取出对应的数组里的 rotation 的值,判断出是顺时针还是逆时针,再执行对应的旋转函数。这样,我们就完成了触摸屏旋转菜单的操作。

```
tmp_rotation= rotate_mainmenu_touch_check_region[last_region].check_unit[i].rotation;
```

至此,我们的旋转菜单的大体就完成了,剩下的就是一些完善的操作了。比如,苹果的主菜单的日历图标上面可以将当前的日期和星期都显示出来,用户不用进入主界面就可以在图标上知道当前的日期和星期。我们就完善这么一个小小的功能,那给日历图标添加日期。

13.4.6 后期完善——给日历图标添加日期

(1) normal 状态下日历图标如图 13.11 所示所示。

首先由图 13.11 可以得到,我们需要显示日历图标有两种状态,一种是在 normal 状态下,一种是在 select 状态。这两种状态下,日历上显示的日期位置与大小不一样。那么一个一个来,先做 normal 状态下的。方法无非就是取到当前的日期,然后在对应的位置这个图标上显示出来,代码如下:

```
applib_dt_get_date_time(&time_to_show);
cale_start_x = rotate_mainmenu_icon_coordinate[index].x1;
cale_start_y = rotate_mainmenu_icon_coordinate[index].y1;
sprintf((S8* ) ts, "% 2d", time_to_show.nDay);
mmi_asc_to_ucs2((S8* ) m_str, ts);
gui_set_font(&wgui_dialer_box_f2);
gui_measure_string((UI_string_type)m_str, &w, &h);
gui_set_text_color(wday_color);
```

先调 applib_dt_get_date_time() 得到当前日期和时间,然后取到当前的坐标的位置。因为显示的坐标不是固定在一处的,是要随着日历图标变动的,所以,这里要去坐标数组 rotate_mainmenu_icon_coordinate 里按照当前转到的位置取起始坐标。然后将取到的日期的值转换一下,设置一下字体、颜色,然后显示在图标的白色范围内的正中央,后面的都是一些显示的代码,就不介绍了。这样,日历 normal 状态显示日期完成,具体的函数大家看附带的文本的 ShowCaleIconString() 函数。

(2) Select 状态下日历图标如图 13.12 所示。

图 13.11 日历图标　　　　　图 13.12 Select 状态下日历图标

这个和 normal 状态下不同的就是上面的红色区域因为范围比较大，可以显示一下星期，下面的白色范围内的数字，有两种做法，一种就是用拨号框内用的大的拨号字体，另外一种是按照对应的数字来贴图。这里，前一种简单些，不需要判断，后面一种可以自己设计一些漂亮的数字，自定义的范围更大一些，这里介绍后一种。首先，同样的是取时间和位置。

```
applib_dt_get_date_time(&time_to_show);
cale_start_x= rotate_mainmenu_icon_coordinate[index].x1;
cale_start_y= rotate_mainmenu_icon_coordinate[index].y1;
```

接下来，就是取出星期。这里当手机的语言为中文的时候，我们显示星期几；当为其他语言的时候，直接显示对应的星期的英文单词。

```
# ifdef __MMI_LANG_ENGLISH__
    if(0 == IsChineseSet())
    {
        mweek_string = get_string_lang((U16) (STR_IDLESCREEN_SUNDAY + time_to_show.DayIndex), SSC_ENGLISH);
    }
    else
# endif
    {
        mweek_string = get_string((U16) (STR_IDLESCREEN_SUNDAY + time_to_show.DayIndex));
    }
    gui_set_font(&MMI_medium_font);
    gui_measure_string((UI_string_type)mweek_string, &w, &h);
    gui_set_text_color(week_color);
```

下面显示日期。这里就有一个需要判断的地方，因为我们是贴图，所以这里 15 是两张图拼出来的，所以需要判断一下，日期大于 9 时需要重新计算显示的位置。这里判断也很简单，大家自己看一遍吧。

```
sprintf((S8* ) ts, "% 2d", time_to_show.nDay);
date = atoi((char * )ts);
gui_measure_image((PU8)GetImage(CALE_HIGHTLIGHT_NUMBER_ICON_8), &w, &h);
if(date> 9)
```

第13章 怎样高仿 iPhone 手机

```
        {
            date_tenth= date/10;//日期十分位上数字
            date_units= date% 10; //日期个分位上数字
            date_tenth_char= (U8)date_tenth;
            date_units_char= (U8)date_units;
            calc_day_tenth_x = cale_start_x + (U_ROTARY_MAINMENU_ITEM_HIGHLIGHT_ICON_
WIDTH- w* 2)/2;
            calc_day_tenth_y = cale_start_y + U_ROTARY_MAINMENU_CALE_HIGHLIGHT_ICON_
WEEK_HIGHT + ((U_ROTARY_MAINMENU_ITEM_HIGHLIGHT_ICON_HEIGHT - U_ROTARY_MAINMENU_
CALE_HIGHLIGHT_ICON_WEEK_HIGHT)- h)/2;
            calc_day_units_x = calc_day_tenth_x + w;
            calc_day_units_y = calc_day_tenth_y;
            gdi_layer_push_clip ();
            gui_set_clip(calc_day_tenth_x, calc_day_tenth_y, calc_day_tenth_x+ 2* w- 1,
calc_day_tenth_y+ h- 1);
            gui_show_image(calc_day_tenth_x, calc_day_tenth_y, CaleIconGetImage(date_
tenth_char));
            gui_show_image(calc_day_units_x, calc_day_units_y, CaleIconGetImage(date_u-
nits_char));
            gdi_layer_pop_clip();
        }
        else
        {
            date_units= date% 10; //日期个分位上数字
            date_units_char = (U8)date_units;
            calc_day_units_x = cale_start_x + (U_ROTARY_MAINMENU_ITEM_HIGHLIGHT_ICON_
WIDTH- w)/2;
            calc_day_units_y = cale_start_y + U_ROTARY_MAINMENU_CALE_HIGHLIGHT_ICON_
WEEK_HIGHT + ((U_ROTARY_MAINMENU_ITEM_HIGHLIGHT_ICON_HEIGHT - U_ROTARY_MAINMENU_
CALE_HIGHLIGHT_ICON_WEEK_HIGHT)- h)/2;
            gdi_layer_push_clip();
            gui_set_clip(calc_day_units_x, calc_day_units_y, calc_day_units_x+ w- 1,
calc_day_units_y+ h- 1);
            gui_show_image(calc_day_units_x, calc_day_units_y, CaleIconGetImage(date_u-
nits_char));
            gdi_layer_pop_clip();
        }
    }
```

最后取对应的图片,用了 CaleIconGetImage() 函数, 0 对应的是 0 的图片,依次推类。

```
PU8 CaleIconGetImage(UI_character_type current_character)
{
    U16 ImageId = 0;
    switch (current_character)
    {
        case 0:
          ImageId = CALE_HIGHTLIGHT_NUMBER_ICON_0;
          break;
        case 1:
```

```
        ImageId = CALE_HIGHTLIGHT_NUMBER_ICON_1;
        break;
```

到这里就完成了两个状态下日历的显示了。最后需要做的就是判断状态。在显示 ICON 时进行判断，当转到日历图标时，调用对应的函数，将日期显示出来。

Normal 状态：

```
if((rotary_mainmenu.icons_state[index]== ICON_STATE_NORMAL)||(1 == frame_num))
{
    /* 日历图标特殊处理 Normal   状态* /
    if(rotary_mainmenu.normal_icons[index] == MAIN_U_MENU_ROTARY_CALEDAR_ICON)
    {
gdi_image_draw_id_with_transparent_color(rotate_mainmenu_icon_coordinate[i].x1,
rotate_mainmenu_icon_coordinate[i].y1,rotary_mainmenu.normal_icons[index]);
ShowCaleIconString(i);
    }
    else
    {
gdi_image_draw_id_with_transparent_color(rotate_mainmenu_icon_coordinate[i].x1,
rotate_mainmenu_icon_coordinate[i].y1,rotary_mainmenu.normal_icons[index]);
    }
}
```

Select 状态：

```
else if(rotary_mainmenu.icons_state[index]== ICON_STATE_SELECT)
{
    /* 日历图标特殊处理 Select  状态* /
    if(rotary_mainmenu.normal_icons[index] == MAIN_U_MENU_ROTARY_CALEDAR_ICON)
    {
gdi_image_draw_id_with_transparent_color(rotate_mainmenu_icon_coordinate[i].x1,
rotate_mainmenu_icon_coordinate[i].y1,rotary_mainmenu.select_icons[index]);
        # ifdef CALE_ICON_NUMBER
            ShowCaleIconImageHightlight(i);
        # else
            ShowCaleIconStringHightlight(i);
        # endif
    }
    else
    { gdi_image_draw_id_with_transparent_color(rotate_mainmenu_icon_coordinate[i].
x1,rotate_mainmenu_icon_coordinate[i].y1,rotary_mainmenu.select_icons[index]);
    }
}
```

至此，旋转菜单就完成了。

13.4.7 旋转菜单源代码

旋转菜单源代码如下：

```c
# ifdef __MMI_U_MAINMENU_ROTARY__
struct_icon_ex rotary_mainmenu;
/****************************************************************************
 * FUNCTION
 *   ShowCategoryRotaryMainScreen
 * DESCRIPTION
 *   Redraw Rotary main screen
 * PARAMETERS
 *   left_softkey                          [IN]        Left softkey label
 *   left_softkey_icon                     [IN]        Left softkey icon
 *   right_softkey                         [IN]        Right softkey label
 *   right_softkey_icon                    [IN]        Right softkey icon
 *    history_buffer                       [IN]        History buffer
 * RETURNS
 *   void
 ****************************************************************************/
void ShowCategoryRotaryMainScreen(
  U16 left_softkey,
  U16 left_softkey_icon,
  U16 right_softkey,
  U16 right_softkey_icon,
  U8 * history_buffer)
{
    dm_data_struct dm_data;
    gdi_layer_lock_frame_buffer();
    change_left_softkey(left_softkey, left_softkey_icon);
    change_right_softkey(right_softkey, right_softkey_icon);
    SetupCategoryKeyHandlers();
    dm_set_scr_bg_image(MAIN_MENU_ROTARY_MAINMENU_BG, NULL, - 1, - 1, current_MMI_theme- > bg_opacity_full);
    if(rotary_mainmenu.current_highlight_item == - 1)
    {
        rotary_mainmenu.current_highlight_item = HIGHLIGHT_ITEM;
    }
    ClearIconsState();
    rotary_mainmenu.icons_state[rotary_mainmenu.current_highlight_item] = ICON_STATE_SELECT;
    gdi_layer_unlock_frame_buffer();
    ExitCategoryFunction = ExitCategoryRotaryMainScreen;
    dm_setup_category_functions(dm_redraw_category_screen, dm_get_category_history, dm_get_category_history_size);         dm_register_category_controlled_callback
(DrawCategoryRotaryMainControlArea);
# ifdef __MMI_TOUCH_SCREEN__
```

```c
    wgui_register_category_screen_control_area_pen_handlers(mmi_rotate_menu_pen_down_
    hdlr, MMI_PEN_EVENT_DOWN);
    gui_register_category_screen_control_area_pen_handlers(mmi_rotate_menu_pen_up_
    hdlr, MMI_PEN_EVENT_UP);
    wgui_register_category_screen_control_area_pen_handlers(mmi_rotate_menu_pen_move_
    hdlr, MMI_PEN_EVENT_MOVE);
# endif /* __MMI_TOUCH_SCREEN__ */

    dm_data.s32ScrId  = (S32) GetActiveScreenId();
    dm_data.s32CatId  = MMI_CATEGORY_ROTARY_MAINMENU_ID;
    dm_data.s32flags  = DM_CLEAR_SCREEN_BACKGROUND|DM_NO_STATUS_BAR;
    dm_setup_data(&dm_data);
    dm_redraw_category_screen();
}
void ExitCategoryRotaryMainScreen(void)
{
    ;
}
void DrawCategoryRotaryMainControlArea(dm_coordinates* coordinate)
{
    ShowRotaryMainScreenIconAll();
}
/*****************************************************************************
 * FUNCTION
 *   HandleRotateHighlight
 * DESCRIPTION
 *   设置高亮项
 * PARAMETERS
 *   void
 * RETURNS
 *   void
 *****************************************************************************/
void HandleRotateHighlight(void)
{
    if (2 == frame_num)
    {
        if(rotary_mainmenu.current_highlight_item == -1)
        {
            rotary_mainmenu.current_highlight_item = 0;
        }
        if (1 == rotation)
        {
            rotary_mainmenu.current_highlight_item++;
            if (ICON_12 < rotary_mainmenu.current_highlight_item)
```

```c
                rotary_mainmenu.current_highlight_item= ICON_1;
            }
            else if (2 == rotation)
            {
                rotary_mainmenu.current_highlight_item-- ;
                if (0 > rotary_mainmenu.current_highlight_item)
                    rotary_mainmenu.current_highlight_item = ICON_12;
            }
            ClearIconsState();//每次按键时都会将所有ICON的状态全部清除
            rotary_mainmenu.icons_state[rotary_mainmenu.current_highlight_item] = ICON
_STATE_SELECT;
    }
}
//# define ROTARY_MAINMENU_DEBUG
/******************************************************************************
* FUNCTION
*   ShowRotaryMainScreenIconAll  ,   ShowRotaryMainScreenIconOne
* DESCRIPTION
*   显示ICON
* PARAMETERS
*   void
* RETURNS
*   void
******************************************************************************/
void ShowRotaryMainScreenIconAll(void)
{
    int index;
    gui_lock_double_buffer();
    gdi_draw_solid_rect(30,43,216,280,GDI_COLOR_TRANSPARENT);
    HandleRotateHighlight();
    for(index = 0;index< NUMBER_ITEMS;index++ )
    {
        ShowRotaryMainScreenIconOne(index);
        /* 显示高亮ICON 的对应字符串*/
        if(rotary_mainmenu.icons_state[index]== ICON_STATE_SELECT)
        {
            ShowRotaryMainScreenText(index);
        }
    }
    if ((1 == rotation)||(2 == rotation))
    {
        if(frame_num< = FRAME_MAX)
        {
            frame_num++ ;
```

```c
            # ifndef ROTARY_MAINMENU_DEBUG
                rotate_menu_is_rotating = TRUE;
                StartTimer(MAINMENU_ROTARY_TIMER,anti_delay,ShowRotaryMainScreenIconAll);
            # endif
        }
        else
        {
            frame_num = 0;
            rotation = 0;
            # ifndef ROTARY_MAINMENU_DEBUG
                rotate_menu_is_rotating = FALSE;
                StopTimer(MAINMENU_ROTARY_TIMER);
            # endif
        }
    }
    gui_unlock_double_buffer();
    gui_BLT_double_buffer(0, 0, UI_device_width - 1, UI_device_height - 1);
}
void ShowRotaryMainScreenIconOne(int index)
{
    int i = rotary_mainmenu.icons_p[index].counter;

    if(1 == frame_num)
    {
        switch (rotation)
        {
            case 1:
            if(rotary_mainmenu.icons_p[index].counter == 0)
            {
                i = rotary_mainmenu.icons_p[index].counter = 11;
            }
            else
            {
                i = -- rotary_mainmenu.icons_p[index].counter;
            }
            break;
            case 2:
            {
                index = 11 - index;
                i = rotary_mainmenu.icons_p[index].counter;
                break;
            }
        }
        rotate_mainmenu_icon_coordinate = rotate_mainmenu_icon_coordinate_frame1;
```

```
        }
        else
        {
            if ((2 == frame_num)&&(2 == rotation))
            {
                if(rotary_mainmenu.icons_p[index].counter == 11)
                {
                    i = rotary_mainmenu.icons_p[index].counter = 0;
                }
                else
                {
                    i = ++ rotary_mainmenu.icons_p[index].counter;
                }
                rotate_mainmenu_icon_coordinate = rotate_mainmenu_icon_coordinate_frame0;
            }
    gdi_layer_push_clip(); gdi_layer_set_clip(rotate_mainmenu_icon_coordinate[i].
x1,rotate_mainmenu_icon_coordinate[i].y1,rotate_mainmenu_icon_coordinate[i].x2,
rotate_mainmenu_icon_coordinate[i].y2);
        if((rotary_mainmenu.icons_state[index]== ICON_STATE_NORMAL)||(1 == frame_
num))
        {
            /*日历图标特殊处理 Normal 状态*/
            if(rotary_mainmenu.normal_icons[index] == MAIN_U_MENU_ROTARY_CALEDAR_ICON)
            {       gdi_image_draw_id_with_transparent_color(rotate_mainmenu_icon_co-
ordinate[i].x1,rotate_mainmenu_icon_coordinate[i].y1,rotary_mainmenu.normal_icons
[index]);
                ShowCaleIconString(i);
            }
            else    {   gdi_image_draw_id_with_transparent_color(rotate_mainmenu_
icon_coordinate[i].x1,rotate_mainmenu_icon_coordinate[i].y1,rotary_mainmenu.nor-
mal_icons[index]);
            }
        }
        else if(rotary_mainmenu.icons_state[index]== ICON_STATE_SELECT)
        {
            /*日历图标特殊处理 Select 状态*/
            if(rotary_mainmenu.normal_icons[index] == MAIN_U_MENU_ROTARY_CALEDAR_ICON)
            {
gdi_image_draw_id_with_transparent_color(rotate_mainmenu_icon_coordinate[i].x1,
rotate_mainmenu_icon_coordinate[i].y1,rotary_mainmenu.select_icons[index]);
                #ifdef CALE_ICON_NUMBER
                ShowCaleIconImageHightlight(i);
                #else
```

```
                ShowCaleIconStringHightlight(i);
            # endif
            }
        else      {    gdi_image_draw_id_with_transparent_color(rotate_mainmenu_icon
_coordinate[i].x1,rotate_mainmenu_icon_coordinate[i].y1,rotary_mainmenu.select_i-
cons[index]);
            }
    }
    gdi_layer_pop_clip();
}
/***************************************************************************
*  FUNCTION
*     ShowRotaryMainScreenText
*  DESCRIPTION
*     显示高亮菜单的字符串
*  PARAMETERS
*     index   [IN]
*  RETURNS
*     void
*************************************************************************** /
void   ShowRotaryMainScreenText(int index)
{
    int w,h,title_x,title_y;
    color text_color = gui_color(255, 255, 0);
    gui_set_font(&MMI_medium_font);
    gui_set_text_color(text_color);
    gui_measure_string((UI_string_type)GetString(rotary_mainmenu.icon_strings[in-
dex]), &w, &h);
    gdi_draw_solid_rect(MAINTEXT_X1,MAINTEXT_Y1,MAINTEXT_X2,MAINTEXT_Y2, GDI_COLOR
_TRANSPARENT);
    title_x= (UI_device_width- w)/2;
    title_y= (TITLE_HEIGHT - h)/2;
    gui_move_text_cursor(title_x, title_y);
    gui_print_text((UI_string_type)GetString(rotary_mainmenu.icon_strings[in-
dex]));      }
MMI_BOOL mmi_rotate_menu_is_in_region(icon_coordinate region, mmi_pen_point_struct
pos)
{
    if ((pos.x > region.x1)&&(pos.x < region.x2)&&(pos.y > region.y1)&&(pos.y <
region.y2))
        {
        return TRUE;
        }
    return FALSE;
```

```c
    }

MMI_BOOL mmi_rotate_menu_pen_down_hdlr(mmi_pen_point_struct pos)
{
    int i = 0;

    for (i= 0;i< ROTATE_MENU_REGION_MAX;i++ )
    {
        if (mmi_rotate_menu_is_in_region(rotate_mainmenu_touch_check_region[i].region, pos))
        {
            last_region = i;
            last_pos.x = pos.x;
            last_pos.y = pos.y;
            first_pos.x = pos.x;
            first_pos.y = pos.y;
            return TRUE;
        }
    }
    last_region = ROTATE_MENU_REGION_MAX;
    anti_delay = ANTI_RATE_FAST_DALEY;
    return FALSE;
}
MMI_BOOL mmi_rotate_menu_is_move(mmi_pen_point_struct pos_base, mmi_pen_point_struct pos)
{
    if ((VALID_LEN < = pos_base.x - pos.x)||(VALID_LEN < = pos_base.y - pos.y)
      ||(VALID_LEN < = pos.x - pos_base.x)||(VALID_LEN < = pos.y - pos_base.y))
    {
        return TRUE;
    }
    return FALSE;
}
MMI_BOOL mmi_rotate_menu_pen_up_hdlr(mmi_pen_point_struct pos)
{
    last_pos.x = 0;
    last_pos.y = 0;
    last_region = ROTATE_MENU_REGION_MAX;
    curr_region = ROTATE_MENU_REGION_MAX;
    anti_delay = ANTI_RATE_SLOW_DALEY;
    if (((mmi_rotate_menu_is_in_region(highlight_item_region, first_pos))
      &&(mmi_rotate_menu_is_in_region(highlight_item_region, pos))
      &&(FALSE == mmi_rotate_menu_is_move(first_pos, pos))))
    {
```

```
        LeftSoftExecuteFunction();
    }
    first_pos.x = 0;
    first_pos.y = 0;
    return TRUE;
}
MMI_BOOL mmi_rotate_menu_pen_move_hdlr(mmi_pen_point_struct pos)
{
    int i = 0;
    int invalid_region;
    int tmp_rotation = 0;

    if (ROTATE_MENU_REGION_MAX == last_region)
        return;

    if (mmi_rotate_menu_is_move(last_pos, pos))
    {
        for (i= 0;i< ROTATE_MENU_REGION_MAX;i++ )
        {
            if (mmi_rotate_menu_is_in_region(rotate_mainmenu_touch_check_region[i].region, pos))
            {
                curr_region = i;
                break;
            }
        }
        for (i= 0;i< REGION_CHECK_UNIT_MAX;i++ )
        {
            if (((VALID_LEN < CHECK_MOVE_CUR_ORIENT* (pos.x - last_pos.x))&&(CHECK_CURR_IS_H))
                ||((VALID_LEN < CHECK_MOVE_CUR_ORIENT* (pos.y - last_pos.y))&&(!CHECK_CURR_IS_H)))
            {
                tmp_rotation = rotate_mainmenu_touch_check_region[curr_region].check_unit[i].rotation;
            }
            else if (((VALID_LEN < CHECK_MOVE_LAST_ORIENT* (pos.x - last_pos.x))&&(CHECK_LAST_IS_H))
                ||((VALID_LEN < CHECK_MOVE_LAST_ORIENT* (pos.y - last_pos.y))&&(!CHECK_LAST_IS_H)))
            {
                tmp_rotation = rotate_mainmenu_touch_check_region[last_region].check_unit[i].rotation;
            }
```

```c
                if (0 != tmp_rotation)
                {
                    if (1 == tmp_rotation)
                    {
                        SetKeyUpArrowHandle();
                    }
                    else
                    {
                        SetKeyDownArrowHandle();
                    }
                    last_pos.x = pos.x;
                    last_pos.y = pos.y;
                    last_region = curr_region;
                    curr_region = ROTATE_MENU_REGION_MAX;
                    break;
                }
            }
        }
        return TRUE;
}
/****************************************************************************
 * FUNCTION
 *   InitCategoryRotaryMainScreen
 * DESCRIPTION
 *   初始化屏幕图标和入口函数
 * PARAMETERS
 *   void
 * RETURNS
 *   void
 ****************************************************************************/
void InitCategoryRotaryMainScreen(void)
{
    int i;
    memset(&rotary_mainmenu,0,sizeof(rotary_mainmenu));
    rotary_mainmenu.normal_icons[ICON_1] = MAIN_U_MENU_ROTARY_PHONEBOOK_ICON;
    rotary_mainmenu.normal_icons[ICON_2] = MAIN_U_MENU_ROTARY_MESSAGES_ICON;
    rotary_mainmenu.normal_icons[ICON_3] = MAIN_U_MENU_ROTARY_SETTINGS_ICON;
    rotary_mainmenu.normal_icons[ICON_4] = MAIN_U_MENU_ROTARY_FUNANDGAMES_ICON;
    rotary_mainmenu.normal_icons[ICON_5] = MAIN_U_MENU_ROTARY_AUDIOPLAYER_ICON;
    rotary_mainmenu.normal_icons[ICON_6] = MAIN_U_MENU_ROTARY_CALEDAR_ICON;
    rotary_mainmenu.normal_icons[ICON_7] = MAIN_U_MENU_ROTARY_CALCULATOR_ICON;
    rotary_mainmenu.normal_icons[ICON_8] = MAIN_U_MENU_ROTARY_ALARM_ICON;
    rotary_mainmenu.normal_icons[ICON_9] = MAIN_U_MENU_ROTARY_TODOLIST_ICON;
    rotary_mainmenu.normal_icons[ICON_10] = MAIN_U_MENU_ROTARY_WORLDTIME_ICON;
```

```
        rotary_mainmenu.normal_icons[ICON_11] = MAIN_U_MENU_ROTARY_MULTIMEDIA_ICON;
        rotary_mainmenu.normal_icons[ICON_12] = MAIN_U_MENU_ROTARY_DIAL_ICON;
     rotary_mainmenu.select_icons[ICON_1] = MAIN_U_MENU_ROTARY_PHONEBOOK_HIGHTLIGHT_
ICON;
        rotary_mainmenu.select_icons[ICON_2] = MAIN_U_MENU_ROTARY_MESSAGES_HIGHTLIGHT_
ICON;
        rotary_mainmenu.select_icons[ICON_3] = MAIN_U_MENU_ROTARY_SETTINGS_HIGHTLIGHT_
ICON;
        rotary_mainmenu.select_icons[ICON_4] = MAIN_U_MENU_ROTARY_FUNANDGAMES_HIGHT-
LIGHT_ICON;
        rotary_mainmenu.select_icons[ICON_5] = MAIN_U_MENU_ROTARY_AUDIOPLAYER_HIGHT-
LIGHT_ICON;
        rotary_mainmenu.select_icons[ICON_6] = MAIN_U_MENU_ROTARY_CALEDAR_HIGHTLIGHT_
ICON;
        rotary_mainmenu.select_icons[ICON_7] = MAIN_U_MENU_ROTARY_CALCULATOR_HIGHT-
LIGHT_ICON;
        rotary_mainmenu.select_icons[ICON_8] = MAIN_U_MENU_ROTARY_ALARM_HIGHTLIGHT_I-
CON;
        rotary_mainmenu.select_icons[ICON_9] = MAIN_U_MENU_ROTARY_TODOLIST_HIGHTLIGHT_
ICON;
        rotary_mainmenu.select_icons[ICON_10] = MAIN_U_MENU_ROTARY_WORLDTIME_HIGHT-
LIGHT_ICON;
        rotary_mainmenu.select_icons[ICON_11] = MAIN_U_MENU_ROTARY_MULTIMEDIA_HIGHT-
LIGHT_ICON;
        rotary_mainmenu.select_icons[ICON_12] = MAIN_U_MENU_ROTARY_DIAL_HIGHTLIGHT_I-
CON;
        rotary_mainmenu.icon_strings[ICON_1] = MAIN_MENU_PHONEBOOK_TEXT;
        rotary_mainmenu.icon_strings[ICON_2] = MAIN_MENU_MESSAGES_TEXT;;
        rotary_mainmenu.icon_strings[ICON_3] = MAIN_MENU_SETTINGS_TEXT;
        rotary_mainmenu.icon_strings[ICON_4] = MAIN_MENU_FUNANDGAMES_TEXT;
        rotary_mainmenu.icon_strings[ICON_5] = STR_ID_AUDPLY_TITLE;
        rotary_mainmenu.icon_strings[ICON_6] = ORGANIZER_MENU_CALENDER_STRINGID;
        rotary_mainmenu.icon_strings[ICON_7] = STR_ID_CALC_MENU;
        rotary_mainmenu.icon_strings[ICON_8] = ORGANIZER_MENU_ALARMS_STRINGID;
        rotary_mainmenu.icon_strings[ICON_9] = ORGANIZER_MENU_TODOLIST_STRINGID;
        rotary_mainmenu.icon_strings[ICON_10] = ORGANIZER_MENU_WORLDCLOCK_STRINGID;
        rotary_mainmenu.icon_strings[ICON_11] = MAIN_MENU_MMEDIA_TEXT;
        rotary_mainmenu.icon_strings[ICON_12] = MAIN_MENU_FILE_MNGR_TEXT;
        rotary_mainmenu.entryfn[ICON_1] = mmi_phb_entry_main_menu;
        rotary_mainmenu.entryfn[ICON_2] = EntryScrMessagesMenuList;
        rotary_mainmenu.entryfn[ICON_3] = EntryScrSettingMenu;
        rotary_mainmenu.entryfn[ICON_4] = EntryMainMultimedia;
        rotary_mainmenu.entryfn[ICON_5] = mmi_fng_entry_screen;
        rotary_mainmenu.entryfn[ICON_6] = ClndrPreEntryApp;
```

```
    rotary_mainmenu.entryfn[ICON_7] = CalcPreEntryApp;
    rotary_mainmenu.entryfn[ICON_8] = EntryAlmMenu;
    rotary_mainmenu.entryfn[ICON_9] = TDLShowAllList;
    rotary_mainmenu.entryfn[ICON_10] = EntryWcBrowseCity;
    rotary_mainmenu.entryfn[ICON_11] = mmi_ucm_entry_call_center;
    rotary_mainmenu.entryfn[ICON_12] = entry_fmgr_main;
    /* 初始化时将所有 ICON 的状态全置为 NORMAL* /
    for(i= 0;i< NUMBER_ITEMS;i++ )
    {
        rotary_mainmenu.icons_state[i] = ICON_STATE_NORMAL;
    }
    SetIconPoints();
    rotary_mainmenu.current_highlight_item = - 1;
}
/**************************************************************************
*  FUNCTION
*    SetKeyUpArrowHandle
*  DESCRIPTION
*     设置方向键的按键事件
*  Down   withershins       顺时针
*  Up     clockwise         逆时针
*  PARAMETERS
*    void
*  RETURNS
*    void
**************************************************************************/
void SetKeyUpArrowHandle(void)
{
    if (rotate_menu_is_rotating)
    {
        return;
    }
    rotation = 1;
# if (3 == ICON_ROW && 4 == ICON_COL)
    ShowRotaryMainScreenIconAll();
# endif
}
void SetKeyDownArrowHandle(void)
{
    if (rotate_menu_is_rotating)
    {
        return;
    }
    rotation = 2;
```

```c
# if (3 == ICON_ROW && 4 == ICON_COL)
    ShowRotaryMainScreenIconAll();
# endif
}
/***************************************************************************
*   FUNCTION
*       LeftSoftExecuteFunction
*   DESCRIPTION
*       左软键执行函数
*   PARAMETERS
*       void
*   RETURNS
*       void
***************************************************************************/
void LeftSoftExecuteFunction(void)
{
    if(rotary_mainmenu.entryfn[rotary_mainmenu.current_highlight_item]== NULL ||
rotary_mainmenu.current_highlight_item >= NUMBER_ITEMS || rotary_mainmenu.current
_highlight_item == - 1)
    {
        rotary_mainmenu.current_highlight_item = ICON_1;
    }
    rotary_mainmenu.entryfn[rotary_mainmenu.current_highlight_item]();
}
/***************************************************************************
*   FUNCTION
*       ShowCaleIconString
*   DESCRIPTION
*       日历图标上显示当前日期(Normal)
*   PARAMETERS
*       index       [IN]    日历ICON的索引
*   RETURNS
*       void
***************************************************************************/
void ShowCaleIconString(int index)
{
    int cale_start_x,cale_start_y;
    int w,h,calc_day_x,calc_day_y,calc_week_x,calc_week_y;
    applib_time_struct time_to_show;
    color wday_color = {0,0,0,100};
    S8 ts[32] = {0};
    U8 m_str[16] = {0};
    applib_dt_get_date_time(&time_to_show);
```

```c
        cale_start_x = rotate_mainmenu_icon_coordinate[index].x1;
        cale_start_y = rotate_mainmenu_icon_coordinate[index].y1;
        sprintf((S8*) ts, "%2d", time_to_show.nDay);
        mmi_asc_to_ucs2((S8*) m_str, ts);
        gui_set_font(&wgui_dialer_box_f2);
        gui_measure_string((UI_string_type)m_str, &w, &h);
        gui_set_text_color(wday_color);
        if(w> U_ROTARY_MAINMENU_ITEM_ICON_WIDTH)
        {
            w = U_ROTARY_MAINMENU_ITEM_ICON_WIDTH;
        }
        if(h> (U_ROTARY_MAINMENU_ITEM_ICON_HEIGHT- U_ROTARY_MAINMENU_CALE_ICON_WEEK_HEIGHT))
        {
            h = (U_ROTARY_MAINMENU_ITEM_ICON_HEIGHT - U_ROTARY_MAINMENU_CALE_ICON_WEEK_HEIGHT);
        }
        calc_day_x = cale_start_x + (U_ROTARY_MAINMENU_ITEM_ICON_HEIGHT- w)/2;
        calc_day_y = cale_start_y + U_ROTARY_MAINMENU_CALE_ICON_WEEK_HEIGHT + ((U_ROTARY_MAINMENU_ITEM_ICON_HEIGHT - U_ROTARY_MAINMENU_CALE_ICON_WEEK_HEIGHT)- h)/2;
        gdi_layer_push_clip();
        gui_set_clip(calc_day_x, calc_day_y, calc_day_x+ w- 1, calc_day_y+ h- 1);
        gui_move_text_cursor(calc_day_x, calc_day_y);
        gui_print_text((UI_string_type)m_str);
        gdi_layer_pop_clip();
        gui_set_font(&MMI_small_font);
}
/*****************************************************************************
 * FUNCTION
 *  ShowCaleIconImageHightlight
 * DESCRIPTION
 *  日历图标上显示当前日期图片(Hightlight)
 * PARAMETERS
 *  index          [IN] 日历 ICON 的序号
 * RETURNS
 *  void
*****************************************************************************/
void ShowCaleIconImageHightlight(int index)
{
    int cale_start_x,cale_start_y;
    int w,h,calc_day_x,calc_day_y,calc_week_x,calc_week_y;
    int calc_day_tenth_x,calc_day_tenth_y,calc_day_units_x,calc_day_units_y;  //十个分位图片显示起始位置
    S32 date,date_units,date_tenth;
```

```c
    U8 date_units_char,date_tenth_char;
    S32 character_width,character_height;
    applib_time_struct time_to_show;
    U16 * mweek_string = NULL;
    color wday_color = {0,0,0,100};
    color week_color= {195,195,195,100};
    S8 ts[32] = {0};
    U8 m_str[16] = {0};

    applib_dt_get_date_time(&time_to_show);
    cale_start_x= rotate_mainmenu_icon_coordinate[index].x1;
    cale_start_y= rotate_mainmenu_icon_coordinate[index].y1;
# ifdef __MMI_LANG_ENGLISH__
    if(0 == IsChineseSet())
    {
        mweek_string = get_string_lang((U16) (STR_IDLESCREEN_SUNDAY + time_to_show.DayIndex), SSC_ENGLISH);
    }
    else
# endif
    {
        mweek_string = get_string((U16) (STR_IDLESCREEN_SUNDAY + time_to_show.DayIndex));
    }
    gui_set_font(&MMI_medium_font);
    gui_measure_string((UI_string_type)mweek_string, &w, &h);
    gui_set_text_color(week_color);

    if(w> U_ROTARY_MAINMENU_ITEM_HIGHLIGHT_ICON_WIDTH)
    {
        w = U_ROTARY_MAINMENU_ITEM_HIGHLIGHT_ICON_WIDTH;
    }
    if(h> U_ROTARY_MAINMENU_CALE_HIGHLIGHT_ICON_WEEK_HIGHT)
    {
        h = U_ROTARY_MAINMENU_CALE_HIGHLIGHT_ICON_WEEK_HIGHT;
    }
    calc_week_x = cale_start_x + (U_ROTARY_MAINMENU_ITEM_HIGHLIGHT_ICON_WIDTH- w)/2;
    calc_week_y= cale_start_y+ (U_ROTARY_MAINMENU_CALE_HIGHLIGHT_ICON_WEEK_HIGHT - h)/2;
    gdi_layer_push_clip();
    gui_set_clip(calc_week_x, calc_week_y, calc_week_x+ w- 1, calc_week_y+ h- 1);
    gui_move_text_cursor(calc_week_x, calc_week_y);
    gui_print_text((UI_string_type)mweek_string);
```

```c
        gdi_layer_pop_clip();
        sprintf((S8* ) ts, "% 2d", time_to_show.nDay);
        date = atoi((char * )ts);
        gui_measure_image((PU8)GetImage(CALE_HIGHTLIGHT_NUMBER_ICON_8), &w, &h);
        if(date> 9)
        {
            date_tenth= date/10;//日期十分位上数字
            date_units= date% 10; //日期个分位上数字
            date_tenth_char= (U8)date_tenth;
            date_units_char= (U8)date_units;
            calc_day_tenth_x = cale_start_x + (U_ROTARY_MAINMENU_ITEM_HIGHLIGHT_ICON_
WIDTH- w* 2)/2;
            calc_day_tenth_y = cale_start_y + U_ROTARY_MAINMENU_CALE_HIGHLIGHT_ICON_
WEEK_HIGHT + ((U_ROTARY_MAINMENU_ITEM_HIGHLIGHT_ICON_HEIGHT - U_ROTARY_MAINMENU_
CALE_HIGHLIGHT_ICON_WEEK_HIGHT)- h)/2;
            calc_day_units_x = calc_day_tenth_x + w;
            calc_day_units_y = calc_day_tenth_y;
    gdi_layer_push_clip ();
            gui_set_clip(calc_day_tenth_x, calc_day_tenth_y, calc_day_tenth_x+ 2* w- 1,
calc_day_tenth_y+ h- 1);
            gui_show_image(calc_day_tenth_x, calc_day_tenth_y, CaleIconGetImage(date_
tenth_char));
            gui_show_image(calc_day_units_x, calc_day_units_y, CaleIconGetImage(date_u-
nits_char));
            gdi_layer_pop_clip();
        }
        else
        {
            date_units= date% 10; //日期个分位上数字
            date_units_char =  (U8)date_units;
            calc_day_units_x = cale_start_x + (U_ROTARY_MAINMENU_ITEM_HIGHLIGHT_ICON_
WIDTH- w)/2;
            calc_day_units_y = cale_start_y + U_ROTARY_MAINMENU_CALE_HIGHLIGHT_ICON_
WEEK_HIGHT + ((U_ROTARY_MAINMENU_ITEM_HIGHLIGHT_ICON_HEIGHT - U_ROTARY_MAINMENU_
CALE_HIGHLIGHT_ICON_WEEK_HIGHT)- h)/2;
            gdi_layer_push_clip();
            gui_set_clip(calc_day_units_x, calc_day_units_y, calc_day_units_x+ w- 1,
calc_day_units_y+ h- 1);
            gui_show_image(calc_day_units_x, calc_day_units_y, CaleIconGetImage(date_u-
nits_char));
            gdi_layer_pop_clip();
        }
    }
    /*****************************************************************
```

```
*   FUNCTION
*     ShowCaleIconStringHightlight
*   DESCRIPTION
*     日历图标上显示当前日期(Hightlight)
*   PARAMETERS
*     index         [IN]    日历 ICON 的序号
*   RETURNS
*     void
******************************************************************************/
void ShowCaleIconStringHightlight(int index)
{
    int cale_start_x,cale_start_y;
    int w,h,calc_day_x,calc_day_y,calc_week_x,calc_week_y;
    int date,date_units,date_tenth;
      S32 character_width,character_height;
    applib_time_struct time_to_show;
    U16 * mweek_string = NULL;
    color wday_color= {0,0,0,100};
    color week_color= {195,195,195,100};
    S8 ts[32]= {0};
    U8 m_str[16]= {0};
    applib_dt_get_date_time(&time_to_show);
    cale_start_x= rotate_mainmenu_icon_coordinate[index].x1;
    cale_start_y= rotate_mainmenu_icon_coordinate[index].y1;
# ifdef __MMI_LANG_ENGLISH__
    if(0 == IsChineseSet())
    {
    mweek_string = get_string_lang((U16) (STR_IDLESCREEN_SUNDAY + time_to_show.Day-Index), SSC_ENGLISH);
    }
    else
# endif
    {
    mweek_string = get_string((U16) (STR_IDLESCREEN_SUNDAY + time_to_show.DayIndex));
    }
    gui_set_font(&MMI_medium_font);
    gui_measure_string((UI_string_type)mweek_string, &w, &h);
    gui_set_text_color(week_color);

    if(w> U_ROTARY_MAINMENU_ITEM_HIGHLIGHT_ICON_WIDTH)
    {
    w = U_ROTARY_MAINMENU_ITEM_HIGHLIGHT_ICON_WIDTH;
    }
```

```
    if(h> U_ROTARY_MAINMENU_CALE_HIGHLIGHT_ICON_WEEK_HIGHT)
    {
    h = U_ROTARY_MAINMENU_CALE_HIGHLIGHT_ICON_WEEK_HIGHT;
    }
    calc_week_x = cale_start_x + (U_ROTARY_MAINMENU_ITEM_HIGHLIGHT_ICON_WIDTH- w)/2;
    calc_week_y= cale_start_y+ (U_ROTARY_MAINMENU_CALE_HIGHLIGHT_ICON_WEEK_HIGHT- h)/2;
    gdi_layer_push_clip();
    gui_set_clip(calc_week_x, calc_week_y, calc_week_x+ w- 1, calc_week_y+ h- 1);
    gui_move_text_cursor(calc_week_x, calc_week_y);
    gui_print_text((UI_string_type)mweek_string);
    gdi_layer_pop_clip();
    sprintf((S8* ) ts, "% 2d", time_to_show.nDay);
    mmi_asc_to_ucs2((S8* ) m_str, ts);
    gui_set_font(&wgui_dialer_box_f2);
    gui_measure_string((UI_string_type)m_str, &w, &h);
    gui_set_text_color(wday_color);
    if(w> U_ROTARY_MAINMENU_ITEM_HIGHLIGHT_ICON_WIDTH)
    {
         w = U_ROTARY_MAINMENU_ITEM_HIGHLIGHT_ICON_WIDTH;
    }
    if(h> (U_ROTARY_MAINMENU_ITEM_HIGHLIGHT_ICON_HEIGHT- U_ROTARY_MAINMENU_CALE_
HIGHLIGHT_ICON_WEEK_HIGHT))
    {
    h = (U_ROTARY_MAINMENU_ITEM_HIGHLIGHT_ICON_HEIGHT - U_ROTARY_MAINMENU_CALE_
HIGHLIGHT_ICON_WEEK_HIGHT);
    }
    calc_day_x = cale_start_x + (U_ROTARY_MAINMENU_ITEM_HIGHLIGHT_ICON_WIDTH- w)/2;
    calc_day_y = cale_start_y + U_ROTARY_MAINMENU_CALE_HIGHLIGHT_ICON_WEEK_HIGHT +
((U_ROTARY_MAINMENU_ITEM_HIGHLIGHT_ICON_HEIGHT - U_ROTARY_MAINMENU_CALE_HIGHLIGHT
_ICON_WEEK_HIGHT)- h)/2;
    gdi_layer_push_clip();
    gui_set_clip(calc_day_x, calc_day_y, calc_day_x+ w- 1, calc_day_y+ h- 1);
    gui_move_text_cursor(calc_day_x, calc_day_y);
    gui_print_text((UI_string_type)m_str);
    gdi_layer_pop_clip();
    gui_set_font(&MMI_small_font);
}
/*****************************************************************************
 *  FUNCTION
 *    SetIconPoints
 *  DESCRIPTION
 *    设置图标坐标
 *  PARAMETERS
 *    void
```

```
*   RETURNS
*     void
******************************************************************************/
void SetIconPoints(void)
{
    int i,num;
    i = 0;

    for(num= 0;num< NUMBER_ITEMS;num++ )
    {
        rotary_mainmenu.icons_p[i].x1 =  rotate_mainmenu_icon_coordinate_frame1[i].x1;
        rotary_mainmenu.icons_p[i].y1 =  rotate_mainmenu_icon_coordinate_frame1[i].y1;
        rotary_mainmenu.icons_p[i].x2 =  rotate_mainmenu_icon_coordinate_frame1[i].x2;
        rotary_mainmenu.icons_p[i].y2 =  rotate_mainmenu_icon_coordinate_frame1[i].y2;
        rotary_mainmenu.icons_p[i].counter= i;
        i++ ;
    }
}
/******************************************************************************
*   FUNCTION
*     ClearIconsState
*   DESCRIPTION
*     Clear Icons
*   PARAMETERS
*     void
*   RETURNS
*     void
******************************************************************************/
void ClearIconsState(void)
{
    int i;
        for(i= 0;i< NUMBER_ITEMS;i++ )
    {
        rotary_mainmenu.icons_state[i] =  ICON_STATE_NORMAL;
    }
}
/******************************************************************************
*   FUNCTION
*     CaleIconGetImage
*   DESCRIPTION
```

```
 *   按对应的字符,返回相应的图片 ID
 *  PARAMETERS
 *   current_character
 *  RETURNS
 *   PU8
 ****************************************************************************/
PU8 CaleIconGetImage(UI_character_type current_character)
{
    U16 ImageId = 0;
    switch (current_character)
    {
        case 0:
            ImageId = CALE_HIGHTLIGHT_NUMBER_ICON_0;
            break;
        case 1:
            ImageId = CALE_HIGHTLIGHT_NUMBER_ICON_1;
            break;
        case 2:
            ImageId = CALE_HIGHTLIGHT_NUMBER_ICON_2;
            break;
        case 3:
            ImageId = CALE_HIGHTLIGHT_NUMBER_ICON_3;
            break;
        case 4:
            ImageId = CALE_HIGHTLIGHT_NUMBER_ICON_4;
            break;
        case 5:
            ImageId = CALE_HIGHTLIGHT_NUMBER_ICON_5;
            break;
        case 6:
            ImageId = CALE_HIGHTLIGHT_NUMBER_ICON_6;
            break;
        case 7:
            ImageId = CALE_HIGHTLIGHT_NUMBER_ICON_7;
            break;
        case 8:
            ImageId = CALE_HIGHTLIGHT_NUMBER_ICON_8;
            break;
        case 9:
            ImageId = CALE_HIGHTLIGHT_NUMBER_ICON_9;
            break;
    }
    if (! ImageId)
        return NULL;
```

```
        else
            return (PU8)GetImage(ImageId);
    }
#endif /* __MMI_U_MAINMENU_ROTARY__ */
```

13.4.8 旋转菜单入口函数头文件、结构及相关宏定义源代码

旋转菜单入口函数头文件和结构及相关宏定义源代码如下：

```
#ifdef __MMI_U_MAINMENU_ROTARY__
#include "AllAppGprot.h"
#include "MessagesExDcl.h"
#include "SettingProt.h"
#include "MainMenuProt.h"
#include "FunAndGamesProts.h"
#include "Profiles_prot.h"
#include "OrganizerGProt.h"
#include "MainMenuProt.h"
#include "ExtraResDef.h"
#include "FileMgr.h"
#include "app_datetime.h"
#include "wgui_clock.h"
#include "SSCStringHandle.h"
#include "CalendarResDef.h"
#include "CalculatorResDef.h"
#include "ToDoListResDef.h"
#include "AlarmResDef.h"
#include "WorldclockResDef.h"
#include "AudioPlayerResDef.h"
#include "TimerEvents.h"
#endif /* __MMI_U_MAINMENU_ROTARY__ */
#ifdef __MMI_U_MAINMENU_ROTARY__
#define HIGHLIGHT_ITEM      0
#define ICON_ROW            3
#define ICON_COL            4
#define NUMBER_ITEMS        ICON_ROW* ICON_COL
#define MAINTEXT_X1         30
#define MAINTEXT_Y1         1
#define MAINTEXT_X2         200
#define MAINTEXT_Y2         40
#define TITLE_HEIGHT        40
#define FRAME_MAX           2
#define U_ROTARY_MAINMENU_ITEM_ICON_WIDTH    42
#define U_ROTARY_MAINMENU_ITEM_ICON_HEIGHT   42
#define U_ROTARY_MAINMENU_CALE_ICON_WEEK_HEIGHT 13
#define U_ROTARY_MAINMENU_ITEM_HIGHLIGHT_ICON_WIDTH   104
#define U_ROTARY_MAINMENU_ITEM_HIGHLIGHT_ICON_HEIGHT  104
#define U_ROTARY_MAINMENU_CALE_HIGHLIGHT_ICON_WEEK_HIGHT 30
```

第 13 章 怎样高仿 iPhone 手机

```c
# define ANTI_RATE_FAST_DALEY   40
# define ANTI_RATE_SLOW_DALEY 100
# define REGION_CHECK_UNIT_MAX 2
# define VALID_LEN 40
# define CHECK_MOVE_LAST_ORIENT (rotate_mainmenu_touch_check_region[last_region].check_unit[i].orient)
# define CHECK_MOVE_CUR_ORIENT (rotate_mainmenu_touch_check_region[curr_region].check_unit[i].orient)
# define CHECK_LAST_IS_H (0 == (last_region% 2))
# define CHECK_CURR_IS_H (0 == (curr_region% 2))
static int rotation = 0;  //add by xxx 20090816 for defined the direction of the rotary mainmenu
static int frame_num = 0; //add by xxx 20090815 for rotary mainmenu Frame counter
static int anti_delay = ANTI_RATE_FAST_DALEY;
MMI_BOOL rotate_menu_is_rotating = FALSE;
    /* Typedef * /
typedef struct
{
  unsigned int  x1;
  unsigned int  y1;
  unsigned int  x2;
  unsigned int  y2;
}icon_coordinate;
typedef struct
{
  unsigned int  x1;
  unsigned int  y1;
  unsigned int  x2;
  unsigned int  y2;
  unsigned int    counter;
}icon_point;
typedef struct
{
  U16 normal_icons[NUMBER_ITEMS];
  U16 select_icons[NUMBER_ITEMS];
  icon_point  icons_p[NUMBER_ITEMS];
  U16 icon_strings[NUMBER_ITEMS];
  icon_point  strings_p[NUMBER_ITEMS];
  U16 icons_state[NUMBER_ITEMS];
  int current_highlight_item;
    FuncPtr entryfn[NUMBER_ITEMS];
} struct_icon_ex;
typedef struct
{
  int orient;
  int rotation;
}struct_check_unit;
typedef struct
{
```

```c
  icon_coordinate region;
  struct_check_unit check_unit[REGION_CHECK_UNIT_MAX];
}struct_rotate_pen_region;
enum
{
  ICON_STATE_NORMAL = 0,
  ICON_STATE_SELECT,

  ICON_STATE_END
};
enum
{
  ICON_1 = 0,
  ICON_2,
  ICON_3,
  ICON_4,
  ICON_5,
  ICON_6,
  ICON_7,
  ICON_8,
  ICON_9,
  ICON_10,
  ICON_11,
  ICON_12,

  ICON_END
};
typedef enum
{
  ROTAT_REGION_HORIZON_TOP,
  ROTAT_REGION_VERTICAL_RIGHT,
  ROTAT_REGION_HORIZON_BOTTOM,
  ROTAT_REGION_VERTICAL_LEFT,
  ROTAL_REGION_FOCUS_PART,
  ROTATE_MENU_REGION_MAX
}ROTAT_REGION_TYPE;
int last_x;
int last_y;
mmi_pen_point_struct first_pos;
mmi_pen_point_struct last_pos;
ROTAT_REGION_TYPE last_region = ROTATE_MENU_REGION_MAX;
ROTAT_REGION_TYPE curr_region = ROTATE_MENU_REGION_MAX;
const icon_coordinate * rotate_mainmenu_icon_coordinate;
const icon_coordinate rotate_mainmenu_icon_coordinate_frame0[]=
{
  {30,111,30+ U_ROTARY_MAINMENU_ITEM_HIGHLIGHT_ICON_WIDTH,111+ U_ROTARY_MAINMENU_ITEM_HIGHLIGHT_ICON_HEIGHT},
  {30,45,30+ U_ROTARY_MAINMENU_ITEM_ICON_WIDTH,45+ U_ROTARY_MAINMENU_ITEM_ICON_HEIGHT},
```

第 13 章　怎样高仿 iPhone 手机

```
    {77,45,77+ U_ROTARY_MAINMENU_ITEM_ICON_WIDTH,45+ U_ROTARY_MAINMENU_ITEM_ICON_
HEIGHT},
    {124,45,124+ U_ROTARY_MAINMENU_ITEM_ICON_WIDTH,45+ U_ROTARY_MAINMENU_ITEM_ICON_
HEIGHT},
    {171,45,171+ U_ROTARY_MAINMENU_ITEM_ICON_WIDTH,45+ U_ROTARY_MAINMENU_ITEM_ICON_
HEIGHT},
    {171,92,171+ U_ROTARY_MAINMENU_ITEM_ICON_WIDTH,92+ U_ROTARY_MAINMENU_ITEM_ICON_
HEIGHT},
    {171,139,171+ U_ROTARY_MAINMENU_ITEM_ICON_WIDTH,138+ U_ROTARY_MAINMENU_ITEM_ICON
_HEIGHT},
    {171,186,171+ U_ROTARY_MAINMENU_ITEM_ICON_WIDTH,186+ U_ROTARY_MAINMENU_ITEM_ICON
_HEIGHT},
    {171,233,171+ U_ROTARY_MAINMENU_ITEM_ICON_WIDTH,233+ U_ROTARY_MAINMENU_ITEM_ICON
_HEIGHT},
    {124,233,124+ U_ROTARY_MAINMENU_ITEM_ICON_WIDTH,233+ U_ROTARY_MAINMENU_ITEM_ICON
_HEIGHT},
    {77,233,77+ U_ROTARY_MAINMENU_ITEM_ICON_WIDTH,233+ U_ROTARY_MAINMENU_ITEM_ICON_
HEIGHT},
    {30,233,30+ U_ROTARY_MAINMENU_ITEM_ICON_WIDTH,233+ U_ROTARY_MAINMENU_ITEM_ICON_
HEIGHT},
};
/* 包含中间帧坐标的坐标数组*/
const icon_coordinate rotate_mainmenu_icon_coordinate_frame1[]=
{
{30,75,30+ U_ROTARY_MAINMENU_ITEM_ICON_WIDTH,75+ U_ROTARY_MAINMENU_ITEM_ICON_
HEIGHT},//{15,30,119,134},
    {51,45,93,87},
    {98,45,140,87},
    {145,45,187,87},
    {171,66,213,108},
    {171,113,213,155},
    {171,160,213,202},
    {171,207,213,249},
    {150,233,192,275},
    {98,233,140,275},
    {51,233,93,275},
    {30,210,30+ U_ROTARY_MAINMENU_ITEM_ICON_WIDTH,210+ U_ROTARY_MAINMENU_ITEM_ICON
_HEIGHT}
};
const struct_rotate_pen_region rotate_mainmenu_touch_check_region[ROTATE_MENU_RE-
GION_MAX]=
{
    {{30, 45, 171+ U_ROTARY_MAINMENU_ITEM_ICON_WIDTH,  45+ U_ROTARY_MAINMENU_ITEM_
ICON_HEIGHT}, {{- 1, 1}, {1, 2}}},
    {{171, 45, 171+ U_ROTARY_MAINMENU_ITEM_ICON_WIDTH,  233+ U_ROTARY_MAINMENU_ITEM
_ICON_HEIGHT}, {{- 1, 1}, {1, 2}}},
    {{30, 233, 171+ U_ROTARY_MAINMENU_ITEM_ICON_WIDTH,  233+ U_ROTARY_MAINMENU_ITEM
_ICON_HEIGHT}, {{1, 1}, {- 1, 2}}},
    {{30, 45, 30+ U_ROTARY_MAINMENU_ITEM_ICON_WIDTH,  233+ U_ROTARY_MAINMENU_ITEM_
```

```
ICON_HEIGHT},{{1, 1},{- 1, 2}}},
    {{30, 111, 30+ U_ROTARY_MAINMENU_ITEM_HIGHLIGHT_ICON_WIDTH,111+ U_ROTARY_MAIN-
MENU_ITEM_HIGHLIGHT_ICON_HEIGHT},{{1,1},{1,2},}},
};
const icon_coordinate highlight_item_region = {30, 111, 30 + U_ROTARY_MAINMENU_ITEM
_HIGHLIGHT_ICON_WIDTH, 111 + U_ROTARY_MAINMENU_ITEM_HIGHLIGHT_ICON_HEIGHT};
# endif    /* __MMI_U_MAINMENU_ROTARY__ * /
```

结 语：

本章学习的重点是了解高仿应该修改哪些地方，至于修改的具体方式，应重点参考本章最后介绍的高仿 iPhone 手机日历和旋转菜单效果的例子。

第 14 章

MTK 驱动开发

引 子：

本章详细介绍了几个完整的驱动开发案例，从而使读者能对驱动的开发流程有个宏观、完整的认识。

关于驱动开发，我们主要关注的目录为/custom/drv，因为在进行驱动开发时主要配置的文件都位于该目录，详细可参考源代码库的第 14 章驱动源代码文件夹。在进行驱动开发前先介绍一下 MTK 平台的硬件概况。

14.1 MTK 平台硬件概况

14.1.1 概　述

MTK 平台硬件架构如图 14.1 所示。

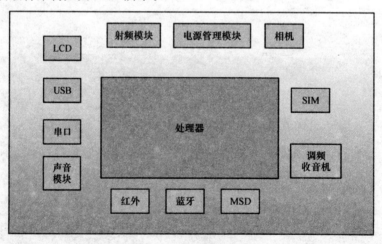

图 14.1　MTK 平台硬件架构

MTK 平台硬件架构主要有：

(1) 基于 32 bit 的 ARM7EJ－S Risc 处理器。
(2) GPRS Class12 Modem。
(3) 功能扩展接口：3 个 port 外部内存接口，3 个 8/16 bit 并行接口。
(4) NAND Flash。
(5) 红外 USB。
(6) MMC/SD/MS/MS Pro。

14.1.2 硬件启动流程

硬件启动流程如图 14.2 所示。

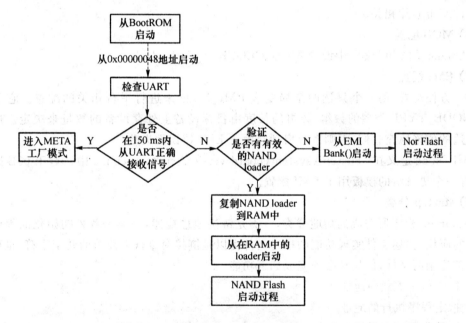

图 14.2 硬件启动流程

硬件启动过程主要经过下面的步骤：

(1) UART 口在 26 MHz 环境下 150ms 内，若没收到 start 命令，则自动从 Flash 的 0x0 地址去执行。

(2) 否则，Meta 模式的触发（trigger）命令是一个目标寄存器的写命令。

(3) 寄存器：0x80120000＝0x01(MT6217/ MT6218/ MT6219/ MT6226/ MT6227/)。

(4) 离开 BooTROM 后，发生在 Flash 上的第一个动作是关闭 IRQ 和 FIQ，并且确保系统进入监视模式。

(5) Remapping，即地址 0x00 被切换到 SRAM 上面。

(6) 检测非正常 reset，从 Flash 上复制读/写数据，随后栈指针(sp)初始化。

(7) 最后,MCU 的启动序列在应用程序进入点终止。

以下几点要特别注意:

(1) Remapping

为了 Remapping 成功,如下修改是必须的:

① SRAM 开始的 320 字节内存要保留,用于异常处理,异常处理代码在 reset 后从 Flash 复制。

② EMI 默认读延迟为 7,它为 CS0 和 CS1 都设为 2。

③ 代码的起始地址由 0x00 变为 0x80000000。

其中,①和②是在\init\src\bootarm.s 中完成的,受全局编译选项 Remapping 保护。它和具体的基带芯片相关。

(2) MCU 配置

在\make\的 .bld 文件中设置 MCU_CLOCK 和 EXT_clock。

(3) EMI 配置

为了方便配置,用一个只读的全局变量 EMI_Node 来进行平台相关的配置。它是一个 EMI_NODE_TYPE 类型的数组,数组的长度由目标设备上外存设备的数量来决定。用户应该用合适的值来填充它们,否则系统启动会由于 EMI 错误而失败。

EMI_Node 定义在\ custom\system\board version\custom_emi.c 中。对于 05B 以后的版本,有一个更灵活的模板用于 EMI 配置。

(4) startup 分类

将 startup 程序所完成的功能分类,一类是链接地址描述,一类是各种初始化的程序。根据不同的应用,描述文件实现功能的描述文件可以是链接命令行上简单的几个字符,也可以是一个非常复杂的文件,但是它必须完成如下功能:

① 指定程序下载的地址。

② 指定程序执行的地址。

③ 初始化程序实现的功能。

初始化程序根据不同的应用,其结构和复杂度也不同,但是必须完成如下基本功能:

④ 异常向量初始化。

⑤ 内存环境初始化。

⑥ 其他硬件环境初始化。

14.1.3 操作系统启动流程

操作系统启动流程如图 14.3 所示。

MCU 初始化以后,OS 接管系统,负责创建全局内存和缓冲池、中断服务的注册、驱动的初始化和任务创建。最后,触发切换到最高优先级的 task 去运行。全局内存被用于动态分配,为了获得运行时的全速性能,没有提供全局内存的垃圾收集机制,因此,应用会长期占用内存池。全局内存覆盖了系统内存和 debug 内存。任务、队列和缓冲都是在初始化时从系统内存中分配,系统相关的 debug 信息(比如资源跟踪)被收集保存于 debug 内存。

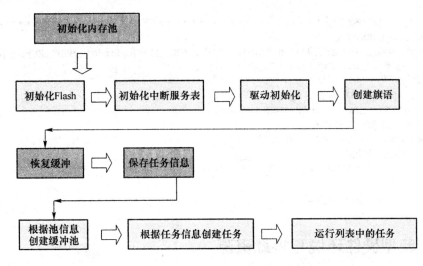

图 14.3 操作系统启动流程

外部系统内存是指连接在外部 SRAM 的系统内存,而内部系统内存是定位于内部 SRAM。一般来说,内部 SRAM 被用于时间关键性任务或 HISR 高级别中断服务,比如 UART HISR 和 L1 栈。外部系统内存和 debug 内存可以配置。

14.1.4 Single-Bin 二进制文件和 Multi-bin 二进制文件

在\custom\system\board version\目录下有 scatter 文件。一个二进制文件由三部分组成:代码段、只读数据段和初始化数据的初始化值。Single-Bin 文件和 Multi-bin 文件的创建依赖于 scatter 文件提供了几个 load region。一个 load region 就是装载地址空间的一片区域,例如,一般来说,我们平台的非易失性内存设备是 NOR-flash,那么 NOR-flash 的地址空间将看作装载地址空间,代码、只读数据和初始化数据的值将由这个地址空间装载。在一个 load region 内部,它可能由一些可执行 region 来组成,它们是程序索引的实际地址。

14.1.5 驱动初始化

下面是驱动初始化代码,从这段代码可以看出驱动初始化的整个过程。

```
void custom_drv_init(void)
{
GPIO_init(); /* configure GPIO for debugging */
spi_ini(); /* For LCD module */
```

```
LCD_FunConfig();
Alter_init();
# ifndef __L1_STANDALONE__
PWM_initialize();
# endif
/*************************usb*****************************/
# ifdef __USB_ENABLE__
# if ( (defined(__MSDC_MS__))||(defined(__MSDC_MSPRO__))||(defined(__MSDC_SD_MMC__)))
USB_Ms_Register_DiskDriver(&USB_MSDC_drv);
# endif
# ifdef __USB_RAMDISK__
USB_Ms_Register_DiskDriver(&USB_RAM_drv);
# endif /* __USB_RAMDISK__* /
//USB_Ms_Register_DiskDriver(&USB_NOR_drv);
# ifdef NAND_SUPPORT
USB_Ms_Register_DiskDriver(&USB_NAND_drv);
# endif
# endif /* __USB_ENABLE__* /
}
```

14.1.6 典型硬件环境和板载资源

接下来以 MT6225 平台为例介绍 MTK 平台的典型硬件环境。

1. 典型硬件参数

以下是典型的硬件参数：

① 104 MHz 32 bit ARM7EJ－S；

② 128 Mbit Nor Flash & 64 Mbit RAM；

③ 128 MB NAND Flsh；

④ 支持 4 GB TF 卡；

⑤ 支持 USB 传输，U 盘；

⑥ 支持 30/130 万像素的 Camera、MP3、MP4；

⑦ 支持最大的 320×240 点阵触摸 LCM；

⑧ 支持立体声双喇叭输出；

⑨ 支持 Java 编程、C 语言编程、客户可定制程序；

⑩ 支持电源管理、低功耗；

⑪ 支持便携式。

2. 典型功能接口

常用功能接口如下：

① 充电脚；

② 电池脚；
③ 内部数字接口电压；
④ 内部模拟电压；
⑤ 内部数字核心电压；
⑥ 三路 ADC；
⑦ 16bit 数据总线，5 根地址线；
⑧ 独立 16bit LCD 接口；
⑨ 音频接口；
⑩ TF 卡接口；
⑪ SIM 卡接口；
⑫ USB 接口；
⑬ 两路串口；
⑭ Camera 接口；
⑮ 三路中断接口。

3. 典型核心模块电路

典型核心模块电路参数如下：

(1) 基带芯片：MT6225

MT6225 内部集成一颗 104 MHz 32 bit ARM7EJ-S、一颗 DSP 以及一些外部接口。MT6225 是一颗高集成的手机基带芯片，不仅仅是一颗高性能 GPRS Modem，还集成了更多的多媒体应用，比如显示引擎、64 和弦音频、硬件 Java 引擎、MMS 等。此外，MT6225 还提供了扩展接口，比如 Memory 接口、8/16 bit 并口、串口、NAND Flash、IrDA、USB、MMC/SD/MS/MSPro、Camera 按键等。

MT6225 内部集成有 bootloader，所以不需要 JTAG 烧入 bootloader，烧入工具为 Flash-Tools，通过串口 1 下载，最高下载速度为 921 600。

(2) 电源芯片：MT6318

这是一颗专为 MT6225 设计的高性能 PMIC，为 MT6225 提供各种电压，并且给整机提供充电电路、开机电路、音频功放电路、SIM 接口转换电路。需要了解的是 MT6225 工作需要三个电压：

① VDD：MT6225 数字接口电压，2.8 V，对应 MT6318 的文档为 VIO。
② AVDD：MT6225 模拟参考电压，2.8 V，对应 MT6318 的文档为 VA。
③ VCORE：MT6225 数字核心电压，1.8 V/1.5 V，对应 MT6318 的文档为 VDVCORE，工作的电压为 1.8 V，IDLE 状态下为 1.5 V，是根据状态变化的，节省电。

第 14 章　MTK 驱动开发

VMEM 为 Flash、RAM、2.8 V/1.8 V，默认培训为.8 V。
VSIM：2.8 V/1.8 V，根据 SIM 卡自动识别，不支持 5 V 的老 SIM 卡。
VUSB：3.3 V。
LED_KP：LCD 屏并联背光驱动电源脚。
CS_KP：LCD 屏并联背光电源反馈脚。

(3) 射频芯片：MT6139

一颗直接变频的高性能四频带射频芯片，因为采用直接变频，省去了中频电路，所以外部电路更简洁，减低了射频设计应用难度。

除了以上三颗主要的芯片外，还需要 Flash、RAM 二合一的 MCP，一颗射频功放 PA，天线开关，还有一颗 MT6601 的蓝牙芯片，以上这些芯片组成了手机开发模块。

14.2　驱动开发案例

下面介绍了 MTK 驱动开发典型实例，读者若能真正掌握其开发思想，那么 MTK 驱动的常见功能开发就能完成了。

14.2.1　摄像头移植案例

1. 注意要点

（1）不同平台支持的 Sensor 最高像素和格式不同。MT6226 支持最大 0.3M 像素，支持 YUV 和 Bayer RGB 格式；而 MT6219 支持最大 1.3M 像素，只支持 RGB 格式。

（2）摄像头的硬件结构如图 14.4 所示。

（3）摄像头的软件结构如图 14.5 所示。

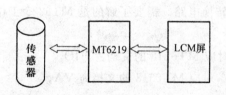

图 14.4　摄像头的硬件结构

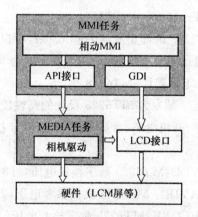

图 14.5　摄像头的软件结构

2. 根据 RGB 或 YUV 格式修改的代码

(1) 支持 RGB 格式的文件：

camera_para.c,usbvideo_attr.c,image_sensor.h,image_sensor.c

(2) 支持 YUV 格式的文件：

camera_yuv_para.c,usbvideo_attr.c,image_sensor.h,image_sensor.c

3. makefile(如 MTK25_GEMINI_GPRS.mak)中要做的修改：

```
CMOS_SENSOR       = OV7670  # OV9640, PAS105, PAS302, NONE, MT9D011, MT9M111, OV9650 (摄像头型号)
YUV_SENSOR_SUPPORT    = TRUE    # TRUE, FALSE （YUV 支持）
WEBCAM_SUPPORT        = TRUE    # TRUE, FALSE for WEB CAMERA support（网络相机）
HORIZONTAL_CAMERA =  FALSE # 避免垂直显示摄像头的景物
```

4. 驱动代码移植

(1) RGB 格式

① 建立\custom\drv\image_sensor；

② 将 image_sensor.h,image_sensor.c 放在目录下；

③ 将 camera_para.c,usbvideo_attr.c 放在 custom\drv\camera 下，覆盖原有的文件。

(2) YUV 格式

① 在 custom\drv\下创建 yuv_sensor 文件夹；

② 将 image_sensor.h,image_sensor.c 放在目录下；

③ 将 camera_yuv_para.c 放在 custom\drv\camera 下。

5. 摄像头的开启/关闭设置

文件 camera_hw.c 中：

```
void cis_module_power_on(kal_bool on)
{
  if(on== KAL_TRUE)
  {
    # ifdef __CUST_NEW__
    GPIO_InitIO(1, MODULE_POWER_PIN);
    GPIO_ModeSetup(MODULE_POWER_PIN, 0);
    # endif /* __CUST_NEW__ */
    GPIO_WriteIO(1, MODULE_POWER_PIN);
    kal_sleep_task(2);
    sccb_setDelay(0);
    sccb_config(SCCB_SW_8BIT, WRITE_ID, READ_ID, NULL);   // Default 300 kHz   //DAMON_ADD_SENSOR_ALL_071031
  }
```

```
    else
    {
# ifdef __CUST_NEW__
    // Sensor Module Power
    GPIO_InitIO(1, MODULE_POWER_PIN);
    GPIO_ModeSetup(MODULE_POWER_PIN, 0);
# endif /* __CUST_NEW__ */
    GPIO_WriteIO(0, MODULE_POWER_PIN);
    // Sensor Power, CMOS Sensor Power Down Signal Output
    GPIO_InitIO(1, MODULE_CMPDN_PIN);
    GPIO_InitIO(1, MODULE_RESET_PIN);
    GPIO_ModeSetup(MODULE_CMPDN_PIN, 0);
    GPIO_ModeSetup(MODULE_RESET_PIN, 0);
    GPIO_WriteIO(0, MODULE_CMPDN_PIN);
    GPIO_WriteIO(0, MODULE_RESET_PIN);
        // SCCB Low
    GPIO_ModeSetup(SCCB_SERIAL_CLK_PIN,0);
    GPIO_ModeSetup(SCCB_SERIAL_DATA_PIN,0);
    GPIO_WriteIO(0, SCCB_SERIAL_CLK_PIN);
    GPIO_WriteIO(0, SCCB_SERIAL_DATA_PIN);
    GPIO_InitIO(0, SCCB_SERIAL_CLK_PIN);
    GPIO_InitIO(0, SCCB_SERIAL_DATA_PIN);
    }
}
```

注意

电源针脚写低电平，SSB 总线的时钟和数据线拉低。

14.2.2 LCD 移植案例

1. 要　点

LCD 的连接如图 14.6 所示。

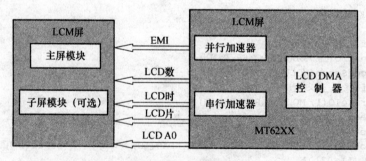

图 14.6　LCD 的连接

注意

(1) LCM 内部有加速器：并行加速器和串行加速器。
(2) LCD DMA：用于 LCD 数据的传输。

2. 移植的步骤

(1) 修改 makefile(MTK25_GEMINI_GPRS.mak)——定义 LCD 大小：

```
MAIN_LCD_SIZE = 240X320              # To distinguish the main lcd size.
```

(2) 根据 makefile 定义的大小来定义 LCD 的长和宽：

```
lcd_sw_inc.h
# elif (defined(__MMI_MAINLCD_240X320__))
# define LCD_WIDTH    240
# define LCD_HEIGHT   320
# endif
```

(3) 定义 LCD 模块名，修改 makefile(MTK25_GEMINI_GPRS.mak)：

```
LCD_MODULE       =   MTK25_GEMINI_LCM   # Based on the LCM solutions (even multiple
LCM modules for this project)
```

(4) 定义 LCD 面板类型，修改 makefile(MTK25_GEMINI_GPRS.mak)：

```
COM_DEFS_FOR_MTK25_GEMINI_LCM     = MTK25_GEMINI_LCM TFT_MAINLCD
```

(5) 定义 LCD 的输出格式：

修改 custom\interface\hwdrv\Lcd_if.h 文件如下：

```
/* definition of LCM data output format */
# define LCM_8BIT_8_BPP_RGB332_1       0x00    /* RRRGGBB */
# define LCM_8BIT_8_BPP_RGB332_2       0x01    /* BBGGGRR */
# define LCM_8BIT_12_BPP_RGB444_1      0x08    /* RRRRGGGG, BBBBRRRR, GGGGBBBB */
# define LCM_8BIT_12_BPP_RGB444_2      0x0B    /* GGGGRRRR, RRRRBBBB, BBBBGGGG */
# define LCM_8BIT_16_BPP_RGB565_1      0x10    /* RRRRRGGG, GGGBBBBB */
# define LCM_8BIT_16_BPP_RGB565_2      0x12    /* GGCBBBBB, RRRRRGGG */
# define LCM_8BIT_16_BPP_BGR565_1      0x11    /* BBBBBGGG, GGGRRRRR */
# define LCM_8BIT_16_BPP_BGR565_2      0x13    /* GGGRRRRR, BBBBBGGG */
# define LCM_8BIT_18_BPP_RGB666_1      0x18    /* RRRRRRXX, GGGGGGXX, BBBBBBXX */
# define LCM_8BIT_18_BPP_RGB666_2      0x1C    /* XXRRRRRR, XXGGGGGG, XXBBBBBB */
# define LCM_8BIT_24_BPP_RGB888_1      0x20    /* RRRRRRRR, GGGGGGGG, BBBBBBBB */
# define LCM_16BIT_8_BPP_RGB332_1      0x40    /* RRRGGBBRRRGGGBB, MSB first*/
# define LCM_16BIT_8_BPP_RGB332_2      0x42    /* RRRGGBBRRRGGGBB, LSB first*/
# define LCM_16BIT_8_BPP_RGB332_3      0x41    /* BBGGGRRBBGGGRRR, MSB first */
# define LCM_16BIT_8_BPP_RGB332_4      0x43    /* BBGGGRRBBGGGRRR, LSB first */
# define LCM_16BIT_12_BPP_RGB444_1     0x4C    /* XXXXRRRRGGGGBBBB */
```

第14章 MTK 驱动开发

```
# define LCM_16BIT_12_BPP_RGB444_2      0x4D  /* XXXXBBBBGGGGRRRR */
# define LCM_16BIT_12_BPP_RGB444_3      0x48  /* RRRRGGGGBBBBXXXX */
# define LCM_16BIT_12_BPP_RGB444_4      0x49  /* BBBBGGGGRRRRXXXX */
# define LCM_16BIT_16_BPP_RGB565_1      0x50  /* RRRRRGGGGGGBBBBB */
# define LCM_16BIT_16_BPP_RGB565_2      0x52  /* GGGBBBBBRRRRRGGG */
# define LCM_16BIT_16_BPP_BGR565_1      0x51  /* BBBBBGGGGGGRRRRR */
# define LCM_16BIT_16_BPP_BGR565_2      0x53  /* GGGRRRRRBBBBBGGG */
# define LCM _ 16BIT _ 18 _ BPP _ RGB666 _ 1    0x5C  /* XXXXRRRRRGGGGGG, XXXX-
BBBBBBRRRRRR, XXXXGGGGGGBBBBBB */
# define LCM _ 16BIT _ 18 _ BPP _ RGB666 _ 2    0x5F  /* XXXXGGGGGGRRRRRR, XXXXR-
RRRRRBBBBBB, XXXXBBBBBBGGGGGG */
# define LCM _ 16BIT _ 18 _ BPP _ RGB666 _ 3    0x58  /* RRRRRRGGGGGGXXXX,
BBBBBBRRRRRRXXXX, GGGGGGBBBBBBXXXX */
# define LCM _ 16BIT _ 18 _ BPP _ RGB666 _ 4    0x5B  /* GGGGGGRRRRRRXXXX,
RRRRRRBBBBBBXXXX, BBBBBBGGGGGGXXXX */
# define LCM _ 16BIT _ 24 _ BPP _ RGB888 _ 1    0x60  /* RRRRRRRRGGGGGGGG,
BBBBBBBBRRRRRRRR, GGGGGGGGBBBBBBBB */
# define LCM _ 16BIT _ 24 _ BPP _ RGB888 _ 2    0x63  /* GGGGGGGGRRRRRRRR,
RRRRRRRRBBBBBBBB, BBBBBBBBGGGGGGGG */
```

注意

```
# define LCM_8BIT_16_BPP_RGB565_1       0x10RRRRRGGG, GGGBBBBB */
```

表示总线的位数是 8 位，每个像素 16 位，RGB 的顺序为 RRRRRGGGGGGBBBBB。

(6) lcd_sw.h 如下：

① # define LCD_CMD_DMA_MODE //使用 DMA 访问方式

② 主屏的命令地址和数据地址：

```
# define MAIN_LCD_CMD_ADDR           LCD_HX8306A_CTRL_ADDR
    # define MAIN_LCD_DATA_ADDR       LCD_HX8306A_DATA_ADDR
```

③ 次屏的命令和数据地址：

```
# define LCD_HX8306A_CTRL_ADDR        LCD_PARALLEL0_A0_LOW_ADDR
# define LCD_HX8306A_DATA_ADDR        LCD_PARALLEL0_A0_HIGH_ADDR
# if (defined(MT6217) || defined(MT6218B) || defined(MT6219) || defined(MT6225) || de-
fined(MT6226) || defined(MT6226M) || defined(MT6227))
    # define LCD_CMD_DMA_MODE
# if ! defined (A10D_KQ)
    # define LCD_16BIT_MODE
# else
    # define LCD_8BIT_MODE
# endif
    # define LCD_DUMMYADDR   (0x90000000)
    # define LCD_HX8306A_CTRL_ADDR    LCD_PARALLEL0_A0_LOW_ADDR
```

```
    # define LCD_HX8306A_DATA_ADDR      LCD_PARALLEL0_A0_HIGH_ADDR
    # define MAIN_LCD_CMD_ADDR          LCD_HX8306A_CTRL_ADDR
    # define MAIN_LCD_DATA_ADDR         LCD_HX8306A_DATA_ADDR
    # ifdef LCD_16BIT_MODE
      # define MAIN_LCD_OUTPUT_FORMAT LCM_16BIT_16_BPP_RGB565_1
    # else
      # define MAIN_LCD_OUTPUT_FORMAT LCM_8BIT_16_BPP_RGB565_1
    # endif
# endif
```

④ 实现命令/数据的写入函数：

```
LCD_CtrlWrite_ XXX(_data)       //命令写入函数
LCD_DataWrite_ XXX(_data)       //数据写入函数
LCD_RAMlWrite_ XXX(_data)       //RAM 写入函数
```

实现过程：

例子：8 bit 总线接口，DMA 模式，传输 16 bit/pixel 的数据。

➤ 一条命令或数据分 2 或 3 次传输。
➤ 命令/数据为 16 位，存在寄存器中。第一次传输命令/数据先取高 8 位，寄存器右移 8 位再传入总线中。第 2 次传输命令/数据后 8 位，再传入总线中。
➤ SET_LCD_CMD_PARAMETER(0，LCD_DATA，_data)：第一个参数表示在本次 DMA 传输中的序号，第二个参数表示传输命令还是数据，第三个参数表示传输的参数值。
➤ LCD_SEND_DMA_CMD(1)：括弧里数据表传了多少次。

```
    # ifdef LCD_16BIT_MODE
  # define LCD_CtrlWrite_HX8306A(_data) \
  {\
      SET_LCD_CMD_PARAMETER(0, LCD_CMD, _data);\
      LCD_SEND_DMA_CMD(1);\
  }
  # define LCD_DataWrite_HX8306A(_data) \
  {\
      SET_LCD_CMD_PARAMETER(0, LCD_DATA, _data);\
      LCD_SEND_DMA_CMD(1);\
  }
  # define LCD_delay_HX8306A()
  # define LCD_CtrlWrite_HX8306A_ESD(_data)  \
  {\
      * (volatile kal_uint32 * ) LCD_HX8306A_CTRL_ADDR =  _data;\
      LCD_delay_HX8306A();\
  }
  # define LCD_DataWrite_HX8306A_ESD(_data) \
  {\
      * (volatile kal_uint32 * ) LCD_HX8306A_DATA_ADDR =  _data;\
```

第14章 MTK 驱动开发

```
            LCD_delay_HX8306A();\
    }
# elif (defined(LCD_8BIT_MODE))
    # define myLCD_delay_HX8306A() \
    {\
        volatile kal_uint16 iI; \
        for (iI = 0; iI < 0x20; iI++ );\
    }
```

(7) 定义主/次 LCD 函数变量:

```
Lcd_if.h
typedef struct
{
    void (* Init)(kal_uint32 background, void * * buf_addr);
    void (* TurnOnPower)(kal_bool on);
    void (* SetBrightLevel)(kal_uint8 level);
    void (* TurnOnScreen)(kal_bool on);
    void (* BlockWrite)(kal_uint16 startx, kal_uint16 starty, kal_uint16 endx, kal_uint16 endy);
    void (* GetSize)(kal_uint16 * out_LCD_width,kal_uint16 * out_LCD_height);
    void (* EnterSleepMode)(void);
    void (* ExitSleepMode)(void);
    void (* TurnOnPartialDisplay) (kal_uint16 start_page,kal_uint16 end_page);
    void (* TurnOffPartialDisplay) (void);
    kal_uint8 (* GetPartialDisplayAlignment) (void);
    /* Engineering mode* /
    kal_uint8 (* GetEngineeringModeParamNumber)(lcd_func_type type);
    void (* SetBias)(kal_uint8 * bias);
    void (* SetContrast)(kal_uint8 * contrast);
    void (* SetLineRate)(kal_uint8 * linerate);
    void (* SetTemperatureCompensate)(kal_uint8 * compensate);
# ifdef __LCD_ESD_RECOVERY__
    kal_bool (* CheckESD)(void);
# endif
# ifdef LCM_ROTATE_SUPPORT
    void (* SetRotation)(kal_uint8 rotate_value);
# endif
}LCD_Funcs;
```

注意

① 上面的函数定义后,上层就可调用 LCD 驱动的相关函数了。

② Lcd.c 中的代码:

```
LCD_Funcs LCD_func_HX8306A =
{
  LCD_Init_HX8306A,
  LCD_PWRON_HX8306A,
```

```
    LCD_SetContrast_HX8306A,
    LCD_ON_HX8306A,
    LCD_BlockWrite_HX8306A,
    LCD_Size_HX8306A,
    LCD_EnterSleep_HX8306A,
    LCD_ExitSleep_HX8306A,
    LCD_Partial_On_HX8306A,
    LCD_Partial_Off_HX8306A,
    LCD_Partial_line_HX8306A,
    /* Engineering mode* /
    LCD_GetParm_HX8306A,
    LCD_SetBias_HX8306A,
    LCD_Contrast_HX8306A,
    LCD_LineRate_HX8306A,
    LCD_Temp_Compensate_HX8306A
# ifdef __LCD_ESD_RECOVERY__
    ,LCD_ESD_check_HX8306A
# endif
# ifdef LCM_ROTATE_SUPPORT
    ,LCD_rotate_HX8306A
# endif
};
```

(8) 配置LCD函数变量：

```
LCD.c
void LCD_FunConfig(void)
{
    MainLCD = &LCD_func_HX8306A;
}
```

(9) 设置LCD总线类型：

① 该值要与上面的总线的位数一致。

② 总线位数与芯片类型有关：MT6219总线8位，6217总线可设8位/16位，6226以上版本可设8/9/16/18位。

```
void init_lcd_interface(void)
{
    kal_uint32 i;
    SET_LCD_CTRL_RESET_PIN;
    LCD_Delay(2);
    REG_LCD_ROI_CTRL = 0;
    CLEAR_LCD_CTRL_RESET_PIN;
    LCD_Delay(2);
# if (defined(MT6219) || defined(MT6225) || defined(MT6226) || defined(MT6226M) || defined(MT6227))
    # if (MTK_LCD_TYPE == LCD_MT315TLLWJ_D220)
        # if 1
```

第14章 MTK驱动开发

```
        SET_LCD_PARALLEL_CE2WR_SETUP_TIME((kal_uint32)2);
        SET_LCD_PARALLEL_CE2WR_HOLD_TIME(2);
        SET_LCD_PARALLEL_CE2RD_SETUP_TIME(3);
        SET_LCD_PARALLEL_WRITE_WAIT_STATE(4);
        SET_LCD_PARALLEL_READ_LATENCY_TIME(31);
        SET_LCD_ROI_CTRL_CMD_LATENCY(2);
    # else
        SET_LCD_PARALLEL_CE2WR_SETUP_TIME((kal_uint32)1);
        SET_LCD_PARALLEL_CE2WR_HOLD_TIME(1);
        SET_LCD_PARALLEL_CE2RD_SETUP_TIME(1);
        SET_LCD_PARALLEL_WRITE_WAIT_STATE(2);
        SET_LCD_PARALLEL_READ_LATENCY_TIME(2);
        SET_LCD_ROI_CTRL_CMD_LATENCY(2);
    # endif
# elif (MTK_LCD_TYPE == LCD_GG1N2098UT_D220)
    # if 0
......
}
```

14.2.3 触摸屏开发案例

1. 要 点

（1）触摸事件可以看作硬件中断，表现为事件（Event，Event group）等概念。

（2）一个周期的操作过程：点触→采样→校准→解析数据→MMI对应事件触发→复位完成。

2. 需要关注的文件

（1）task的创建：

① $(PROJECT)\custom\common\syscomp_tasks_create_func.c文件实现了很多tasks。使用custom_tp_task_create来创建触摸屏task，其中，调用了tp_task_create，具体实现方法在$(PROJECT)\drv\src\touch_panel_main.c和$(PROJECT)\drv\src\touch_panel.c文件中。

② 下面的结构体管理着task的创建：

```
typedef struct {
    kal_task_func_ptr    comp_entry_func;    /* task entry function */
    task_init_func_ptr   comp_init_func;     /* task initialization function */
    task_cfg_func_ptr    comp_cfg_func;      /* task configuration function */
    task_reset_func_ptr  comp_reset_func;    /* task reset handler */
    task_end_func_ptr    comp_end_func;      /* task termination handler */
} comptask_handler_struct;
```

（2）函数tp_task_main如下：

作用：首先初始化数据，进入while循环，不断从系统获取触摸事件，然后判断是否被按下和释放，并做出事件触发处理。

(3) 读 ADC 数据并主要通过 SPI 传输。从触摸屏获取的数据并放到一个 buffer，供 MMI 使用。touch_panel_buff.h 定义了所使用的 buffer。

(4) touch_panel_spi.h 设置屏与原理图对应的管脚。

(5) 在 MTK 中，中断分两种，即 Low Level 中断(Lisr)和 High Level 中断(Hisr)，触摸屏中断是后者。在 eint_def.c 里是这样设置的：

```
# if defined(TOUCH_PANEL_SUPPORT) || defined(HAND_WRITING)
const kal_uint8 TOUCH_PANEL_EINT_NO = 2;
# endif /*  TOUCH_PANEL_SUPPORT || HAND_WRITING * /
```

优先级比较靠前。

(6) 坐标校准在在文件 touch_pannel_custom.c 中完成：

```
TouchPanel_custom_data_struct   tp_custom_data_def =
{
  /* ADC* /
  TOUCH_PANEL_ADC_X_START,
  TOUCH_PANEL_ADC_X_END,
  TOUCH_PANEL_ADC_Y_START,
  TOUCH_PANEL_ADC_Y_END,
  /* Coord.* /
  TOUCH_PANEL_COORD_X_START,
  TOUCH_PANEL_COORD_X_END,
  TOUCH_PANEL_COORD_Y_START,
  TOUCH_PANEL_COORD_Y_END,
  /* eint level* /
  TOUCH_PANEL_EINT_DOWN_LEVEL
};
```

14.2.4 声音的驱动开发实例

(1) 要关注的头文件：

mcu\interface\l1audio\L1audio.h

该文件定义了耳机的语言数据、麦克风数据、声道信息。

(2) audcoeff.c:设置音乐通道。

普通听筒模式:L1SP_SPEAKER1。

耳机模式:L1SP_BUFFER_ST。

普通麦克风通道:L1SP_MICROPHONE1。

耳机麦克风通道:L1SP_MICROPHONE2。

(3) 在文件 afe.c 中可以初始化音量放大器。

要使音量放大器正常工作，必须先设置好音乐放大器的 GPIO 和相关寄存器。

```
void AFE_SwitchExtAmplifier( char sw_on )
```

第14章 MTK 驱动开发

```
{
# ifdef __CUST_NEW__
//   # if defined(MT6318)
//   if( sw_on )
//       pmic_speaker_enable(KAL_TRUE);
//   else
//       pmic_speaker_enable(KAL_FALSE);
//   # else/* MT6305* /
    extern const char gpio_afe_amplifier_pin;
    if( sw_on )
        GPIO_WriteIO( 1, gpio_afe_amplifier_pin);
    else
# ifdef WMD_USERCUSTOM_NESGAME
    if( xnes_is_sound_playing());
    else
        GPIO_WriteIO( 0, gpio_afe_amplifier_pin);
# else
        GPIO_WriteIO( 0, gpio_afe_amplifier_pin);
# endif
//   # endif
# else /* __CUST_NEW__ * /
//   # if defined(MT6318)
//   if( sw_on )
//       pmic_speaker_enable(KAL_TRUE);
//   else
//       pmic_speaker_enable(KAL_FALSE);
//   # else/* MT6305* /
    if( sw_on )
        GPIO_WriteIO( 1, 5 );
    else
        GPIO_WriteIO( 0, 5 );
//   # endif
# endif /* __CUST_NEW__ * /
}
```

(4) 音量设置在 nvram_default_audio.c 中。比如：

```
# else
# define MICROPHONE_VOLUME    188
# define SIDE_TONE_VOLUME     80
# endif
# define GAIN_NOR_MED_VOL_MAX 156
# define GAIN_HED_MED_VOL_MAX 208    /* Headset* /
# define GAIN_HND_MED_VOL_MAX 176    /* Handfree* /
# define GAIN_TVO_VOL_MAX     176
```

(5) 设置音量的相关 API，主要包括：

```
Tone_SetOutputVolume
    KT_SetOutputVolume
```

L1SP_setMicophoneVolume

14.2.5 Flash 配置案例

下面以 MemoCom 公司的 KS03208AB,32 MB(NOR Flash)+8 MB 为例,讲解 Flash 的配置方法。

1. custom\system\ProjectName\custom_MemoryDevice.h

(1) 设置 Flash 型号:

Flash 型号可设置为:NOR_RAM_MCP,LPSDRAM(KS03208AB 属于 NOR_RAM_MCP)。

```
# define MEMORY_DEVICE_TYPE    NOR_RAM_MCP
```

(2) Flash Part_num 设置:

打开 tools\MemoryDeviceList\MemoryDeviceList_Since07AW0736.xls 文件,该文件包含有厂商名、总大小、页大小、片选、指令系列(AMD 或 Inter)、分区信息、时序等信息,主要进行下面的设定:

```
# define CS0_PART_NUMBER    KI03208AB    //NOR Flash
# define CS1_PART_NUMBER    KS03208AB    //SRAM
```

设置和 Flash 型号一致的 part_num。

(3) Flash 的访问类型:

```
# define FLASH_ACCESS_TYPE    ASYNC_ACCESS
# define RAM_ACCESS_TYPE      ASYNC_ACCESS
```

(4) 用户分区信息:

```
# define PARTITION_SECTORS    0
```

如果 Flash 空间不足或没特殊要求,则可设置用户分区为 0,降低成本。

(5) NVRAM 分区的设置:

手机的一些配置参数存储必须掉电不消失,可以通过 Flash、EEPROM 进行存储。对 NOR Flash NVRAM 分区可通过 tools\MemoryDeviceList\MemoryDeviceList_Since07AW0736.xls 配置,Last Bank 列中的 Region 为:{0x10000,10},其中,0x10000 表示每个扇区的大小为 64 KB,10 为扇区数,总大小为 64 KB×10=640 KB,给 NVRAM 预留 640 KB。

(6) 对 Flash 的操作:

在文件 custom/system/ProjectName/Custom_nor_large_disk.c 中,进行如下配置:

```
/***********
```

```
* Step 1. *
*********** /
# define FLASH_BASE_ADDRESS x        //定义 Flash 的基址
/**********
* Step 2. *
*********** /
# define ALLOCATED_FAT_SPACE x       //定义文件系统空间
/**********
* Step 3. *
*********** /
# define NOR_BLOCK_SIZE x            //指定块的大小
/**********
* Step 4. *
*********** /
static NORBankInfo BankInfo[] =      //空间信息
{
   {x,x},
   EndBankInfo /* Don't modify this line * /
};
/**********
* Step 5. *
*********** /
# define NOR_TOTAL_LSMT x            //总块数
/**********
* Step 6. *
*********** /
# define NOR_SYSDRV_SECTORS x        //驱动所在片段
```

2. custom /system /ProjectName /scatMTK25_GEMINI. txt

```
ROM 0x00000000 0x00e00000 //Flash 的基址的指定
{
    ROM 0x00000000 0x00400000
    {
        bootarm.obj (CMYMMYMcode,+ First)
        * .obj (LEADING_PART,+ First)
        * plutommi.lib (+ RO- CODE)
        * lcmmi.lib (+ RO- CODE)
        * l4_classb.lib (+ RO- CODE)
        * mtkapp.lib (+ RO- CODE)
        * l1_classb.lib (+ RO- CODE)
        * email.lib (+ RO- CODE)
        * l4misc.lib (+ RO- CODE)
    }
    ROM2 + 0x0 0x00400000
```

14.2.6 PWM 配置案例

PWM(脉宽调制)主要用于对屏幕背光灯、按键背光灯、闪关灯亮度的调节。

第14章 MTK驱动开发

1. 基本要点和概念

PWM可以周期性输出信号,通过这个持续时间对亮度进行调整,同时了解下面的概念:

(1) PWM 周期:周期性输出所需时间。
(2) 占空比:接通时间与PWM周期的比。
(3) 调制频率:PWM周期的倒数。
(4) 调制频率公式:

CLK/(CLOCK_DIV* (PWM_COUNT+ 1))

> **注意**
> CLK——定时器的频率,CLOCK_DIV——分频比例系数。

(5) 占空比:
PWM_THRES/(PWM_COUNT+1)

其中,PWM_THRES为输出门槛标识,当计数器大于或等于PWM_THRES时,PWM输出1,反之输出0。

2. PWM 的初始化 PWMdrv.c

```
void PWM_initialize(void)
{
PWM_Init(pwmclk_32k,pwmclk_8MHZ); //设置 PWM 时钟
}
```

3. 调整屏幕背光灯配置文件——custom\app\Project\nvram_user_config.c

```
kal_uint32 const NVRAM_EF_CUST_HW_LEVEL_TBL_DEFAULT[] = {
                200, 20,   /* PWM 1 Level 1 */   第一个值 200,对应 PWM_COUNT,第二个值
20,是 PWM_THRES(阈值)
                200, 40,   /* PWM 1 Level 2*/
                200, 60,   /* PWM 1 Level 3*/
                200, 80,   /* PWM 1 Level 4*/
                200, 100,  /* PWM 1 Level 5 */
      5, 4,    /* PWM 2 Level 1 */
      5, 5,    /* PWM 2 Level 2*/
      5, 6,    /* PWM 2 Level 3*/
      5, 7,    /* PWM 2 Level 4*/
          5, 8,   /* PWM 2 Level 5*/
                200, 20,   /* PWM 3 Level 1 */
                200, 40,   /* PWM 3 Level 2*/
                200, 60,   /* PWM 3 Level 3*/
```

第14章 MTK 驱动开发

```
                    200, 80,   /* PWM 3  Level 4* /
                    200, 100,  /* PWM 3 Level 5 * /
# if (defined MTKLCM)
            34, 35, 36, 37, 38, 39, 40, 41, 42, 43,
            44, 45, 46, 47, 48,
# elif (defined MTKLCM_COLOR)
                    /* Main LCD contrast level 1~ 15 * /
                    148, 149, 150, 151, 152, 153, 154, 155, 156, 158,
                    160, 162, 164, 166, 168,
# else
                     /* Main LCD contrast level 1~ 15 * /
                    120, 122, 124, 126, 128, 130, 132, 134, 136, 138,
                    140, 142, 144, 146, 148,
# endif
                     /* Main LCD Bias Param (Reserved) * /
                    0, 0, 0, 0, 0,
                     /* Main LCD Linerate Param (Reserved) * /
                    0, 0, 0, 0, 0,
                     /* Main LCD Temperature Param (Reserved) * /
                    0, 0, 0, 0, 0,
                     /* Sub LCD contrast level 1~ 15 * /
                    20, 22, 24, 26, 28, 30, 32, 34, 36, 38,
                    40, 42, 44, 46, 48,
                     /* Sub LCD Bias Param (Reserved) * /
                    0, 0, 0, 0, 0,
                     /* Sub LCD Linerate Param (Reserved) * /
                    0, 0, 0, 0, 0,
                     /* Sub LCD Temperature Param (Reserved) * /
                    0, 0, 0, 0, 0,
                     /* Battery voltage Level * /
                    3350000, /* Low Battery Power off * /
                    3500000, /* Low Battery * /
                     /* battery level 1~ 8 * /
# ifdef D221_DTT
                    3550000, 3640000, 3740000, 3870000,
                    9999999, 9999999, 9999999, 9999999,
# elif defined(A10D_KQ)
                    3550000, 3640000, 3740000, 3870000,
                    9999999, 9999999, 9999999, 9999999,
# elif defined(D10_MTK)
         3550000, 3590000, 3640000, 3720000,
         3800000, 3900000, 4000000, 9999999,
# else
                    3550000, 3600000, 3650000, 3700000,
```

```
                3750000, 3800000, 3900000, 4000000,
# endif
                200, 20,    /* PMIC6318 PWM Level 1 */
                200, 40,    /* PMIC6318 PWM Level 2*/
                200, 60,    /* PMIC6318 PWM Level 3*/
                200, 80,    /* PMIC6318 PWM Level 4*/
                200, 100 /*  PMIC6318 PWM Level 5 */
};
```

14.2.7 键盘配置案例

主要配置文件 mcu\custom\drv\misc_drv\board version\keypad_def.c：

```
const keypad_struct  keypad_custom_def = {
    /* keypad mapping* /
    {
# ifndef __CUST_NEW__
        /* row 0 */
        DEVICE_KEY_NONE,
        DEVICE_KEY_NONE,
        DEVICE_KEY_NONE,
        DEVICE_KEY_3,
        DEVICE_KEY_2,
        DEVICE_KEY_1,
        DEVICE_KEY_POWER,//DEVICE_KEY_POWER, //电源键
        /* row 1 */
        DEVICE_KEY_NONE,
        DEVICE_KEY_NONE,
        DEVICE_KEY_NONE,
        DEVICE_KEY_6,
        DEVICE_KEY_5,
        DEVICE_KEY_4,
        DEVICE_KEY_POWER,//DEVICE_KEY_POWER,
        /* row 2 */
        DEVICE_KEY_NONE,
        DEVICE_KEY_NONE,
        DEVICE_KEY_NONE,//DEVICE_KEY_MP3, //播放 mp3 的键
        DEVICE_KEY_9,
        DEVICE_KEY_8,
        DEVICE_KEY_7,
        DEVICE_KEY_POWER,//DEVICE_KEY_POWER,
        /* row 3 */
        DEVICE_KEY_VOL_UP,
        DEVICE_KEY_VOL_DOWN,
        DEVICE_KEY_NONE,
        DEVICE_KEY_HASH,
        DEVICE_KEY_0,
        DEVICE_KEY_STAR,
```

第14章　MTK 驱动开发

```
                DEVICE_KEY_POWER,//DEVICE_KEY_POWER,
                /* row 4 */
                DEVICE_KEY_NONE,
                DEVICE_KEY_NONE,
                DEVICE_KEY_NONE,
                DEVICE_KEY_NONE,
                DEVICE_KEY_NONE,
                DEVICE_KEY_NONE,
                DEVICE_KEY_POWER,//DEVICE_KEY_POWER,
                /* row 5 */
                DEVICE_KEY_NONE,
                DEVICE_KEY_NONE,
                DEVICE_KEY_NONE,
                DEVICE_KEY_NONE,
                DEVICE_KEY_NONE,
                DEVICE_KEY_NONE,
                DEVICE_KEY_POWER,//DEVICE_KEY_POWER,
    # else /*  __CUST_NEW__ */
                KEYPAD_MAPPING
    # endif /*  __CUST_NEW__ */
        },
        /* power on period*/
        Custom_Keypress_Period,
        /* powerkey position*/
    # ifndef __CUST_NEW__
        /* powerkey position*/
        DEVICE_KEY_POWER
    # else /*  __CUST_NEW__ */
        POWERKEY_POSITION
    # endif /*  __CUST_NEW__ */
    };
```

14.2.8　外部中断配置案例

外部中断（External Interrupt, EINT）定义在文件 custom\drv\misc_drv\[PRJ]\eint_def.c 中。

第一个要点：

```
/* Unit: 10ms*/
kal_uint8 custom_eint_sw_debounce_time_delay[EINT_MAX_CHANNEL] =    //设置防反跳延时
//可以稳定地获取 EINT
{
    EINT0_DEBOUNCE_TIME_DELAY,    //分别设置中断的延时
    EINT1_DEBOUNCE_TIME_DELAY,
    EINT2_DEBOUNCE_TIME_DELAY,
    EINT3_DEBOUNCE_TIME_DELAY
};
# else /*  __CUST_NEW__ */
```

```c
/* Unit: 10ms* /
kal_uint8 custom_eint_sw_debounce_time_delay[EINT_MAX_CHANNEL] =
{
    50,    /* EINT 0,500ms* /
    0,     /* EINT 1,500ms* /
    50,    /* EINT 2,500ms* /
    50
};
# endif /* __CUST_NEW__ * /

kal_uint8 * custom_config_eint_sw_debounce_time_delay()
{
    return custom_eint_sw_debounce_time_delay;
}
kal_uint8 custom_eint_get_channel(eint_channel_type type)
{
    switch(type)
    {
        case aux_eint_chann:
            return ((kal_uint8)AUX_EINT_NO);
        case chrdet_eint_chann:     //充电中断信号
            return ((kal_uint8)CHRDET_EINT_NO);
# if defined(__PHONE_CLAMSHELL__) || defined(__PHONE_SLIDE__)
        case clamdet_eint_chann:  //箱通检测中断
            return ((kal_uint8)CLAMDET_EINT_NO);
# endif   /* __PHONE_CLAMSHELL__ || __PHONE_SLIDE__ * /
        case usb_eint_chann:   //USB 中断
            return ((kal_uint8)USB_EINT_NO);
# ifdef __BT_SUPPORT__
        case bt_eint_chann:
            return ((kal_uint8)BT_EINT_NO);
# endif    /* __BT_SUPPORT__ * /
# if defined(__CHARGER_USB_DETECT_WIHT_ONE_EINT__)
        case chr_usb_eint_chann:
            return ((kal_uint8)CHR_USB_EINT_NO);
# endif
# if defined (__VBAT_SM__)
        case m_battery_eint_chann:    //电池
            return ((kal_uint8)M_BATTERY_EINT_NO);
        case s_battery_eint_chann:
            return ((kal_uint8)S_BATTERY_EINT_NO);
# endif //end
# ifdef __SWDBG_SUPPORT__
        case swdbg_eint_chann:
            return SWDBG_EINT_NO;
# endif    /* __SWDBG_SUPPORT__ * /
# if defined(MOTION_SENSOR_SUPPORT)
        case motion_senosr_eint_chann:    //传感器中断
            return ((kal_uint8)MOTION_SENSOR_EINT_NO);
```

第 14 章　MTK 驱动开发

```
# endif   /* MOTION_SENSOR_SUPPORT */
# if defined(TOUCH_PANEL_SUPPORT) || defined(HAND_WRITING)
      case touch_panel_eint_chann:      //触摸屏中断
          return TOUCH_PANEL_EINT_NO;
# endif   /* TOUCH_PANEL_SUPPORT || HAND_WRITING */
# ifdef __WIFI_SUPPORT__
      case wifi_eint_chann:     //WIFI 中断
          return WIFI_EINT_NO;
# endif   /* __SWDBG_SUPPORT__ */
# ifdef __EXTRA_A_B_KEY_SUPPORT__
      case extra_a_key_eint_chann:   //外部按键中断
          return EXTRA_A_KEY_EINT_NO;
      case extra_b_key_eint_chann:
          return EXTRA_B_KEY_EINT_NO;
# endif
      default:
          ASSERT(0);
    }
    return 100;
}
```

第二个要点：中断号的设置：

```
# ifdef __CUST_NEW__
# include "eint_drv.h"
extern const kal_uint8 AUX_EINT_NO;
extern const kal_uint8 CHRDET_EINT_NO;
# if defined(__PHONE_CLAMSHELL__) || defined(__PHONE_SLIDE__)
extern const kal_uint8 CLAMDET_EINT_NO;
# endif   /* __PHONE_CLAMSHELL__ || __PHONE_SLIDE__ */
# ifdef __USB_ENABLE__
extern const kal_uint8 USB_EINT_NO;
# else /*   __USB_ENABLE__ */
extern const kal_uint8 USB_EINT_NO;
# endif   /* __USB_ENABLE__ */
# ifdef __BT_SUPPORT__
extern const kal_uint8 BT_EINT_NO;
# endif   /* __BT_SUPPORT__ */
# if defined(__CHARGER_USB_DETECT_WIHT_ONE_EINT__)
extern const kal_uint8 CHR_USB_EINT_NO;
# endif   /* __CHARGER_USB_DETECT_WIHT_ONE_EINT__ */
# if defined (__VBAT_SM__)
extern const kal_uint8 M_BATTERY_EINT_NO;
extern const kal_uint8 S_BATTERY_EINT_NO;
# endif
# ifdef __SWDBG_SUPPORT__
extern const kal_uint8 SWDBG_EINT_NO;
# endif   /* __SWDBG_SUPPORT__ */
```

```c
# if defined(MOTION_SENSOR_SUPPORT)
extern const kal_uint8 MOTION_SENSOR_EINT_NO;
# endif    /* MOTION_SENSOR_SUPPORT */
# if defined(TOUCH_PANEL_SUPPORT) || defined(HAND_WRITING)
extern const kal_uint8 TOUCH_PANEL_EINT_NO;
# endif    /* TOUCH_PANEL_SUPPORT || HAND_WRITING */
# ifdef __WIFI_SUPPORT__
extern const kal_uint8 WIFI_EINT_NO;
# endif    /* __WIFI_SUPPORT__ */
# ifdef __EXTRA_A_B_KEY_SUPPORT__
extern const kal_uint8 EXTRA_A_KEY_EINT_NO;
extern const kal_uint8 EXTRA_B_KEY_EINT_NO;
# endif
# else /* __CUST_NEW__ */
const kal_uint8 AUX_EINT_NO = 0;
const kal_uint8 CHRDET_EINT_NO = EINT_CHANNEL_NOT_EXIST;
# if defined(__PHONE_CLAMSHELL__) || defined(__PHONE_SLIDE__)
const kal_uint8 CLAMDET_EINT_NO = 1;
# endif    /* __PHONE_CLAMSHELL__ || __PHONE_SLIDE__ */
# ifdef __USB_ENABLE__
const kal_uint8 USB_EINT_NO = 2;
# else /* __USB_ENABLE__ */
const kal_uint8 USB_EINT_NO = EINT_CHANNEL_NOT_EXIST;
# endif    /* __USB_ENABLE__ */
# ifdef __BT_SUPPORT__
const kal_uint8 BT_EINT_NO = 4;
# endif    /* __BT_SUPPORT__ */
# if defined(__CHARGER_USB_DETECT_WIHT_ONE_EINT__)
const kal_uint8 CHR_USB_EINT_NO = 2;
# endif    /* __CHARGER_USB_DETECT_WIHT_ONE_EINT__ */
# ifdef __SWDBG_SUPPORT__
const kal_uint8 SWDBG_EINT_NO = EINT_CHANNEL_NOT_EXIST;
# endif    /* __SWDBG_SUPPORT__ */
# if defined(MOTION_SENSOR_SUPPORT)
const kal_uint8 MOTION_SENSOR_EINT_NO = EINT_CHANNEL_NOT_EXIST;
# endif    /* MOTION_SENSOR_SUPPORT */
# if defined(TOUCH_PANEL_SUPPORT) || defined(HAND_WRITING)
const kal_uint8 TOUCH_PANEL_EINT_NO = 2;
# endif    /* TOUCH_PANEL_SUPPORT || HAND_WRITING */
# ifdef __WIFI_SUPPORT__
const kal_uint8 WIFI_EINT_NO = 7;
# endif    /* __WIFI_SUPPORT__ */
# endif /* __CUST_NEW__ */
# ifdef __CUST_NEW__
```

14.2.9　AUX TASK 驱动开发案例

(1) 插入检测流程,如图 14.7 所示。

第 14 章 MTK 驱动开发

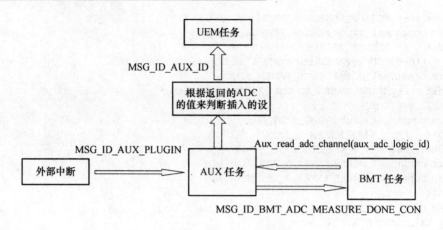

图 14.7 插入检测流程

（2）拔出检测流程，如图 14.8 所示。

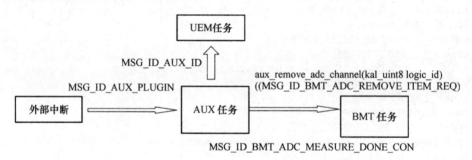

图 14.8 拔出检测流程

（3）auxmain.c(custom\drv\misc_drv\[PRJ]\auxmain.c)中：

```
# define UART_ADC                    9999999           //UART ADC 值的指定,9.9V
# define NORMAL_EARPHONE_ADC_HIGH    2800000           //耳机,0.5~ 3V
# define NORMAL_EARPHONE_ADC_LOW     500000/* 0.5~ 2.8* /
# define SINGLE_EARPHONE_ADC_HIGH    2800000
# define SINGLE_EARPHONE_ADC_LOW     500000/* 0.5~ 2.8* /
# define SENDKEY_ADC                 300000            //send key 0.3V
# define POLLING_INTERVAL            50 /* polling interval* /
# define TURN_ON_BIAS_INTERVAL       10 /* measure ADC interval* /
# define PLUGIN_DEBOUNCE_TIME        100 /* unit= 10ms* /
# define PLUGOUT_DEBOUNCE_TIME       100
# define VOLTAGE_MEASURE_TIME        450               //电压测量的时间
/* 注意:箝通的状态* /
        if (clam_state ==  LEVEL_LOW)
        {
            aux_id_data =  (aux_id_struct* )
    construct_local_para(sizeof(aux_id_struct), TD_CTRL);
```

```
            aux_id_data-> aux_id = AUX_ID_CLAM_CLOSE;
            DRV_BuildPrimitive(clam_ilm,
                            MOD_EINT_HISR,
                            MOD_UEM,
                            MSG_ID_AUX_ID,
                            aux_id_data);
        }
        else
        {
            aux_id_data = (aux_id_struct*)
       construct_local_para(sizeof(aux_id_struct), TD_CTRL);
            aux_id_data-> aux_id = AUX_ID_CLAM_OPEN;
            DRV_BuildPrimitive(clam_ilm,
                            MOD_EINT_HISR,
                            MOD_UEM,
                            MSG_ID_AUX_ID,
                            aux_id_data);
        }
        msg_send_ext_queue(clam_ilm);
              clam_state = ! clam_state;
        EINT_Set_Polarity(CLAMDET_EINT_NO,clam_state);
}
# endif
```

14.2.10 ADC 开发案例

主要是对文件\custom\drv\misc_drv\[PRJ]\adc_channel.c 的配置：

```
# ifndef __CUST_NEW__
const kal_uint8 ADC_VBAT = 0;        //电池
const kal_uint8 ADC_VISENSE = 1;     //传感器
const kal_uint8 ADC_VBATTMP = 2;     //电池温度
const kal_uint8 ADC_VCHARGER = 3;
const kal_uint8 ADC_ACCESSORYID = 5; //配件,tmp solution, maybe SA will add this
const kal_uint8 ADC_PCBTMP = 4;      //PCB 板的温度
# if defined(__CHARGER_USB_DETECT_WIHT_ONE_EINT__)
const kal_uint8 ADC_CHR_USB = 6;     // USB设备 adc to distinguish between charger with usb
# endif
# endif /* __CUST_NEW__ */
kal_uint8 custom_adc_get_channel(adc_channel_type type)
{
   switch(type)
   {
      case vbat_adc_channel:
         return ((kal_uint8)ADC_VBAT);
      case visense_adc_channel:
         return ((kal_uint8)ADC_VISENSE);
      case vbattmp_adc_channel:
         return ((kal_uint8)ADC_VBATTMP);
```

```
        case aux_adc_channel:
            return ((kal_uint8)ADC_ACCESSORYID);
        case vcharger_adc_channel:
            return ((kal_uint8)ADC_VCHARGER);
        case pcbtmp_adc_channel:
            return ((kal_uint8)ADC_PCBTMP);
# if defined(__CHARGER_USB_DETECT_WIHT_ONE_EINT__)
        case chr_usb_adc_channel:
            return ((kal_uint8)ADC_CHR_USB);
# endif
        default:
            ASSERT(0);
    }
}
```

14.2.11 USB 配置案例

(1) USB 工作原理,如图 14.9 所示。

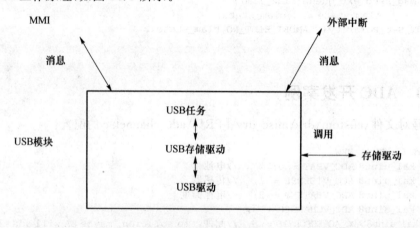

图 14.9 USB 工作原理

(2) Usb_custom.c 文件注意下面的代码:

```
static const kal_uint16 USB_MANUFACTURER_STRING[] = //厂家信息
{
  0x031a, //03 不要动,1a=("Mediatek Inc"的长度为 12+ 1)* 2= 26= 0x1a
  'M',
  'e',
  'd',
  'i',
  'a',
  'T',
  'e',
  'k',
```

```
    ' ',
    'I',
    'n',
    'c'
};
static const kal_uint16 USB_PRODUCT_STRING[] =    //USB产品信息
{
    0x0310,
    'M',
    'T',
    '6',
    '2',
    '2',
    '5',
    ' ',
};
```

(3) custom_drv_init.c 文件中要注意 custom_usb_ms_init 函数，如下：

```
void custom_usb_ms_init(void)
    {
# ifdef __USB_ENABLE__
  # if ((defined(__MSDC_MS__))||(defined(__MSDC_MSPRO__))||(defined(__MSDC_SD_MMC__)))
    # ifdef __SIM_PLUS__
    if(g_usb_ms_simplus_exist == KAL_TRUE)
    {
    USB_Ms_Register_DiskDriver(&USB_SIMPLUS_drv);
    }
    # endif
    USB_Ms_Register_DiskDriver(&USB_MSDC_drv);//挂载 MSDC
    # endif
    # ifdef __USB_RAMDISK__
    USB_Ms_Register_DiskDriver(&USB_RAM_drv);
    # endif
    # if (! defined(__FS_SYSDRV_ON_NAND__) && ! defined( _NAND_FLASH_BOOTING_))
    if(FS_GetDevPartitions(FS_DEVICE_TYPE_NOR) > = 2)
    {
    USB_Ms_Register_DiskDriver(&USB_NOR_drv);//挂载 NOR
    }
    # endif
    # ifdef NAND_SUPPORT
    if(FS_GetDevPartitions(FS_DEVICE_TYPE_NAND) > = 2)
    {
    USB_Ms_Register_DiskDriver(&USB_NAND_drv);
    }
```

```
    else if (FS_GetDevPartitions(FS_DEVICE_TYPE_NAND) == 1)
    {
# if (! defined(__FS_SYSDRV_ON_NAND__))
    USB_Ms_Register_DiskDriver(&USB_NAND_drv);//挂载 NAND
# endif
    }
# endif
# endif   /* __USB_ENABLE__ */
}
```

14.2.12 GPIO 设置

1. GPIO 有关的函数

(1) GPIO_ModeSetup 函数：

原型：void GPIO_ModeSetup(kal_uint16 pin, kal_uint16 conf_dada)。

功能：设置 GPIO 的工作模式是作为 GPIO,还是作为专有功能接口。

参数：

pin：GPIO 的 pin 脚号,对应于原理图上 MTK62XX 主 CPU 芯片上的 GPIO 标号。

conf_dada：值为 0～3。其中 0 是表示作为 GPIO 模式,其他根据专有功能的不同进行设置。

(2) GPO_InitIO 函数：

原型：void GPIO_InitIO(char direction, char port)。

功能：初始化 GPIO 的工作方向是作为输入,还是作为输出。

参数：

direction：工作方向,0 表示输入,1 表示输出。

port：GPIO 的 pin 脚。

(3) GPIO_ReadIO 函数：

原型：char GPIO_ReadIO(char port)。

功能：从 GPIO 读取数据。

参数：

port：GPIO 的 pin 脚。

(4) GPIO_WriteIO 函数：

原型：void GPIO_WriteIO(kal_char data, kal_char port)。

功能：往 GPIO 写数据。

参数：

data：1 表示给高电平,0 表示给低电平。

port:GPIO 的 pin 脚。

备注:这些函数在 Gpio.c 中可以找到。

2. GPIO 模式设置

GPIO 口在系统上电的时候,有的是默认高电平,有的是默认低电平,这是 MCU 内部决定的,软件无法更改。但是在系统开机过程中会对 GPIO 进行初始化,MCU 中有几个 GPIO 模式初始化寄存器,通过这个寄存器给 GPIO 设置初始模式。

例如:以下这个寄存器就是用来设置 0~7 号 GPIO 工作模式的。

这个初始化过程在 Gpio_Drv.C 中的函数 GPIO_init()中,项目开始的时候先要检查这个部分的模式设置是否正确。

3. 各个功能模块的 GPIO 设置

(1) LCD 背光:

有的 LCD 背光是靠 GPIO 进行控制的,有的则靠 PMIC 进行控制。但不管靠哪个方式进行控制,都只需修改 Custom_equipment.c 中的相关部分就可以了,具体如下:

首先,检查数组:

```
GPIO_MAP_ENTRY gpio_map_tbl[] = {
/* GPIO_LABEL_LCD_BACKLIGHT * / {GPIO_VAILD, GPIO_PORT_24, netname[GPIO_LABEL_LCD_BACKLIGHT], NULL },
。
。
。
};
```

将没有使用的 GPIO 用 GPIO_INVALID 屏蔽掉。

然后,修改函数 custom_cfg_gpio_set_level,在对应的 GPIO 类型上将控制函数添加进去即可,比如:

```
switch(gpio_dev_type)
{
case GPIO_DEV_LED_MAINLCD:
    if( gpio_dev_level == LED_LIGHT_LEVEL0)// LEVEL0~ LEVEL5 是背光由若到强的控制,LEVEL0 表示关闭背光
    GPIO_WriteIO(GPIO_OFF, custom_cfg_outward_gpio_port(GPIO_LABEL_LCD_BACKLIGHT));
        else
            GPIO_WriteIO(GPIO_ON, custom_cfg_outward_gpio_port(GPIO_LABEL_LCD_BACKLIGHT) );
    PWM2_level(gpio_dev_level);
    break;
```

(2) 蓝 牙:

在文件 bt_hw_define.h 中参照原理图进行对应 GPIO 的修改:

```
# define BT_GPIO_RESET     52//39 //GPIO_39 : PMIC reset
# define BT_GPIO_DSC       36//;4 //GPIO_4 : to disconnect RFComm link
# define BT_GPIO_POWER   4//12 //GPIO_12: Power
# define BT_GPIO_DATASELECT 0//;3 //GPIO_3: DataSelect
```

(3) Camera:

在文件 Camera_hw.c 和 sccb.h 中参照原理图进行对应 GPIO 的修改:

```
Camera_hw.c:
  # define MODULE_POWER_PIN        6         // GPIO NO.
  # define MODULE_RESET_PIN       12         // GPIO NO.
  # define MODULE_CMPDN_PIN       13         // GPIO NO.
sccb.h:
  # define SCCB_SERIAL_CLK_PIN     8
  # define SCCB_SERIAL_DATA_PIN    9
```

(4) TouchPanel:

在文件 Touch_panel_spi.h 中参照原理图进行对应 GPIO 的修改:

```
# define SPI_DIN_PIN          1 //17  /* 1GPO* /
# define SPI_CLK_PIN          8 //20  /* 8GPO* /
# define SPI_DOUT_PIN        38 //22  /* 18GPI* /
# define SPI_CS_PIN           9 //23  /* 9GPO* /
# define SPI_BUSY_PIN         5 //21  /* 5GPI* /
```

4. 总 结

GPIO 的设置相对比较简单,只要仔细参对原理图基本上就可以将其配置好。当然有些时候 GPIO 配置好了也达不到效果,就需要和硬件工程师一起来进行检测分析、测量对应电路的工作电压或电流,以判断工作是否正常。总之在前期的调试方面,多跟硬件工程师沟通、讨论、分析,会很快解决问题。

14.2.13 中断调试

中断调试一般来说包括以下几个方面:

1. 中断号匹配

这个部分在文件 eint_def.c 中进行设置,参照原理图设置即可。

2. 中断触发方式的设置

在文件 eint_def.c 中,首先要在数组变量 custom_eint_sw_debounce_time_delay 中设置中断的触发响应时间。是一般情况下这个部分是不用动的,但中断触发有问题的时候,这就是一个调试点。比如对于 Touchpanel 的中断,对应的响应时间一般是 0,如果不是 0,就需要修改。

另外,因为中断触发分电平触发和边沿触发,电平触发又分高电平触发和低电平触发,边沿触发又分为上升沿触发和下降沿触发，因此需要先跟硬件工程师了解对应的中断触发方式，然后在对应的中断初始化的地方修改触发方式。

3. 中断处理流程调试

有时候中断设置好了，对应功能也不能正常使用，那么就需要调试中断处理流程了，需要增加 trace。一般用系统自带的 trace 函数 kal_prompt_trace；有时候调试这个函数还不能正常工作，那么就用这个文件中的函数 sys_print 打印 trace 信息。要使用这个函数，需要在系统最开始启动的时候调用 sys_uart_init 进行初始化。这个函数库是在 6228 平台上做的，可能在其他平台上因为寄存器不同，需要进行修改。在调试的过程中，经常发现是给芯片供电方面出了问题。因为有时候 MTK 给过来的代码，在其参考设计上是一种供电方式，但是在设计上可能就不一样了。所以在找到芯片供电部分代码的时候，要查找对应资料看是否调用正常。

结　语：

本章要深刻理解 MTK 平台驱动开发的流程和方法，本章的内容在全书占有重要地位。

第 15 章

MTK 平台 Java 应用程序开发

引　子：

在 SUN 公司推出了 J2ME 平台后，众多移动式系统都纷纷支持 Java 应用程序。由于 Java 已经成为了业界公认的通用网络语言，具有超强的跨平台性，所以 Java 这种"Write once, Run anywhere（写一次即到处运行）"的特性被目前几乎所有的手机系统开发商所承认并运用。

无一例外，当今的智能手机操作系统都支持 Java ME 技术。为了保证手机操作系统支持运行 Java 程序，需要将 Java 虚拟机移植到手机操作系统上。由于手机这种移动式信息设备都采用小容量的 Flash 和 RAM，所以就要求虚拟机体积更小，实时效率更高，故这种 Java 虚拟机被称为 KVM(K Virtual Machine)。

由于 J2ME 是以消费性产品为目标而设计的 Java 运行环境，专门针对移动电话、数字机顶盒和汽车导航系统，因而影响力巨大。

本章例子源代码请见"第 15 章的例子"文件夹下的"HTTP 测试"文件夹。接下来探讨 MTK 平台 Java 开发的相关问题。

15.1　MTK 平台和 Java 的结合

1. MTK 系统的主要功能

① 任务管理。系统任务采用静态创建方式，静态配置任务优先级、栈大小、任务全局唯一 ID 等；不提供动态创建 Task 的方式；任务内部以及任务之间的通信通过内部事件队列和外部事件队列完成。

② 内存管理。平台不提供动态分配内存的方式。应用程序需要使用动态分配内存时，可以采用以下几种方式：与系统其他模块共享内存，典型的是使用 MED 模块的内存；定义一个静态数组，交给系统 adm 托管，然后调用 kal_adm_alloc、kal_adm_free 等内存操作函数实现动态内存分配；定义一个静态数组，应用自己实现基于此数组的分配和管理，也就是实现自己的内存管理模块。

③ 事件机制。平台事件机制采用"注册—回调"机制,把需要处理的各个按键、触摸屏等通过系统函数注册,当有事件发生时系统调用所注册的监听者。

④ UI。系统 MMI 层提供了丰富的 UI 元素,如各种消息框、列表、图标等。

2. 平台设计

(1) 平台功能分析

在 MTK 平台上实现 J2ME 运行环境,需要实现的功能如下:

① 应用程序管理。Java 拥有丰富的应用程序,平台需要管理这些应用程序,因此要实现应用程序管理系统。应用程序管理系统功能包括程序的安装、删除、运行、下载等。

② 虚拟机的实现平台。嵌入式 Java 虚拟机的实现平台有多种方式。它可以直接嵌入到裸机上,也可以加载于其他嵌入式操作系统之上,成为一台抽象的计算机。它的平台无关性为其带来了巨大的发展前景。经过研究,在 MTK 平台上,采用 SUN 公司公布的 KVM 作为核心,结合虚拟机所需要实现的功能和 MTK 平台,设计和实现移植接口,最后在 MTK 平台上运行 KVM,在 KVM 之上运行 Java 应用程序。

(2) 平台框架设计

系统平台由应用程序管理系统(Application Management System,AMS)、KVM 核心(KVM core)、KVM 移植接口层、MTK 系统平台构成。

移植接口层包含以下部分:

① 文件系统部分,对文件操作,实现创建、打开、关闭、读、写等功能。KVM 在运行的时候需要通过这部分接口使用本地文件,如打开 jar、jad 文件等。

② 网络部分,提供 Socket 访问功能。

③ 外部事件,获取用户输入,包括按键输入和触摸屏输入。

④ 图形显示部分,负责 KVM 图形及文字显示。

⑤ 系统时间部分,提供给 KVM 精确的系统时间。

⑥ 输入法,Java 程序运行时可能要求用户输入,此接口实现调用系统输入法功能。

⑦ 其他接口,内存访问、交互性事件通知以及扩充的 JSR 实现所需要的接口,如 JSR120、JSR135 等。

(3) 应用程序管理系统设计

应用程序管理系统管理整个 Java 运行环境,实现如下功能:

① 显示应用程序列表,展示给用户当前手机系统的所有可用的应用程序。

② 应用管理功能选择菜单,菜单应包括两种类型,分别是程序已经安装好的菜单项和程序还未下载,只有 jad 文件在本地,需要向服务器请求下载应用安装后才能运行的菜单项。

③ 下载应用,与服务器通信下载用户选择的应用。

第 15 章　MTK 平台 Java 应用程序开发

根据 UI 和 engine 的划分，可以把应用程序管理系统分为应用程序管理界面和应用管理系统核心：应用程序管理界面提供给用户交互式界面，包括管理系统主界面、程序下载界面、程序运行界面、管理功能菜单以及各级子界面；应用管理系统核心由实现功能的一系列 API 组成，提供给上层界面调用，实现程序的下载、安装、删除、运行等功能。

3．平台的实现

(1) Java 虚拟机移植的实现

在实现内存管理模块时，由于平台不提供动态分配内存方式，而虚拟机需要一块比较大的内存，不能从 MED 模块分配，且根据需要会对内存进行压缩整理，不适合采用系统托管方式。所以，采用虚拟机自己管理内存的方式，实现内存管理模块。

KVM 就像一个软处理器一样控制解释 Java 字节码和它的执行状况，每一个创建的 Java 线程在 Java 堆中都会有各自的线程执行栈，并且由 KVM 运行来调度管理。为了使 KVM 能尽量正确地划分时间片，需要给一个时间标准作为 KVM 的内部时钟，由时间接口实现。系统提供 void kal_get_time(kal_uint32 * tieks_ptr)函数，可精确到 1 个 ticks(4.615 ms)。

系统只提供一种大小字体，而 Java 应用需要使用 3 种大小字体，可以采用以下方式实现：

① 设计实现虚拟机自身的文字模块，采用 3 种大小的 ASCII 和 GB2312 字体点阵字库，从中提取文字点阵信息，由虚拟机图形显示模块显示。

② 只提供一种大小的字体，这样应用会受限制。由于系统平台可用内存小，文字点阵字库相对比较大，不适合在这个平台使用，因此选择采用第 2 种方式。如今在移动多媒体领域，Java 应用大多要求联网，所以实现网络通信，即要实现 TCP/IP，支持套接字，是 KVM 一个非常重要的功能。系统 soc_api.h 文件中定义了套接字接口 API，使用此接口实现虚拟机网络方面移植非常方便。

Java 应用要求支持多媒体音频和事件处理，提供用户最好的交互功能。在多媒体音频方面，MTK 系统提供了非常全面的支持——支持 MID、MP3 等格式的音频播放。根据 Java 应用的需求，一些基于 MIDP2.0 扩展包的实现成为必要。本系统实现了 JSR120 的短信功能以及 JSR135 的部分功能。

(2) 应用程序管理系统的实现

实现了应用程序管理核心 API，包括对 jar、jad 文件的安装、删除、信息获取等等。系统 MMI 层提供了丰富的 UI 元素，因此比较容易地实现了应用程序管理界面，实现了应用下载模块，与服务器通信下载应用。由于平台未提供 HTTP 协议的实现，因此在基于所设计的虚拟机 Socket 接口之上，实现了 HTTP 协议，连接服务器下载用户选择的相关应用。

上面介绍了 MTK 平台是如何和 Java 融合的。如果在 MTK 平台上进行 Java 开发，那就要搭建 Java 开发环境，接下来就如何 MTK Java 搭建环境进行阐述。

15.2 Java 环境的搭建

15.2.1 搭建 Java 开发环境所需工具

（1）Eclipse 3.2.0：是开发的 IDE 环境，下载网址为 http://www.eclipse.org。

（2）jdk-1_5_0-windows-i586.exe：是 Java 开发支持包，下载网址为 http://java.sun.com/j2se。

（3）sun_java_wireless_toolkit-2_5_2-windows.exe：编程工具。

15.2.2 具体搭建 Java 开发环境

1. 安装 jdk-1_5_0-windows-i586.exe

步骤如下：

（1）运行 jdk-1_5_0-windows-i586.exe，则弹出如图 15.1 所示的界面。

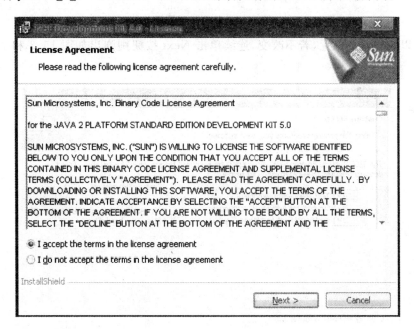

图 15.1 JKD 安装界面一

（2）选中 I accept the terms in the license agreement 选项，单击 Next 按钮，则弹出如图 15.2 所示的界面。

第 15 章　MTK 平台 Java 应用程序开发

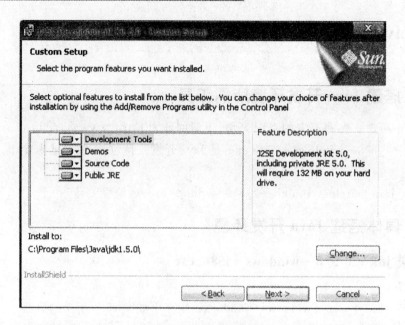

图 15.2　JKD 安装界面二

（3）可以改变安装位置，若不改变，连续单击 Next 按钮则弹出如图 15.3 和 15.4 所示的界面。

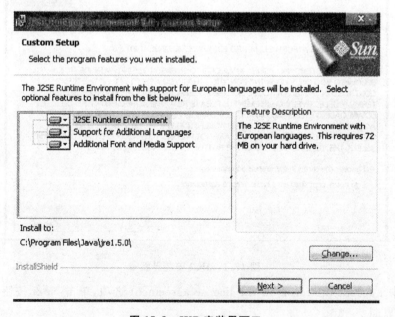

图 15.3　JKD 安装界面三

第 15 章　MTK 平台 Java 应用程序开发

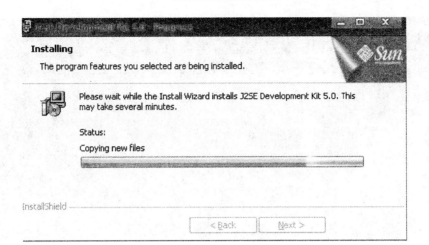

图 15.4　JKD 安装界面四

（4）安装完成，弹出如图 15.5 所示的界面，单击 Finish 按钮结束安装。

图 15.5　JKD 安装完成界面

2. 安装 sun_java_wireless_toolkit－2_5_2－windows.exe

步骤如下：

（1）运行 sun_java_wireless_toolkit－2_5_2－windows.exe，弹出如图 15.6 所示的界面。

第 15 章　MTK 平台 Java 应用程序开发

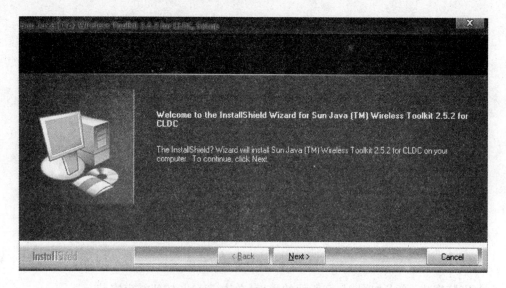

图 15.6　sun_java_wireless_toolkit 安装界面一

（2）单击 Next 按钮，则弹出如图 15.7 所示的界面。

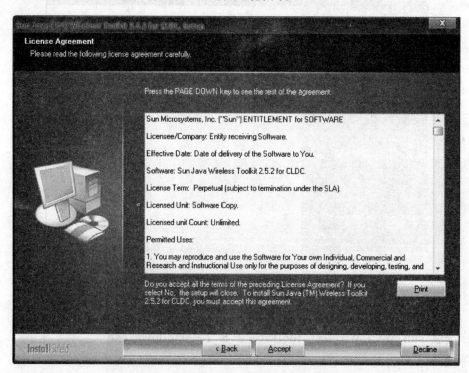

图 15.7　sun_java_wireless_toolkit 安装界面二

(3) 单击 Accept 按钮接受协议，则弹出如图 15.8 所示的界面。界面上显示的路径是前面安装的 JDK 路径，保持默认即可。

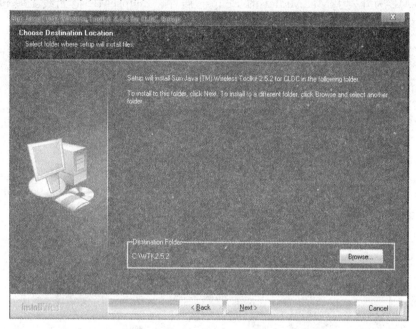

图 15.8　sun_java_wireless_toolkit 安装界面三

若改变路径则单击 Browse 按钮，若不改变路径，一路单击 Next 按钮，直到弹出如图 15.9 所示的界面。单击 Finish 按钮结束安装。

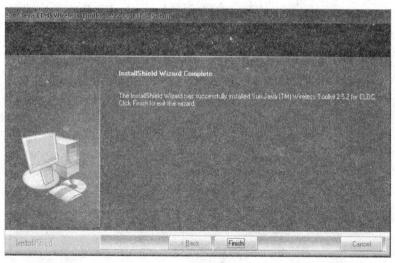

图 15.9　安装完成界面

第 15 章 MTK 平台 Java 应用程序开发

3. 安装 Eclipse

EclipseME 为开发 J2ME Midlet 的 Eclipse 插件。EclipseME 把无线工具包整合到 Eclipse 开发环境中，这样就可以进行应用程序的开发。

具体步骤如下：

（1）Eclipse 解压缩后就可运行，所以解压 Eclipse 的压缩包运行 eclipse.exe，则弹出如图 15.10 所示的界面：

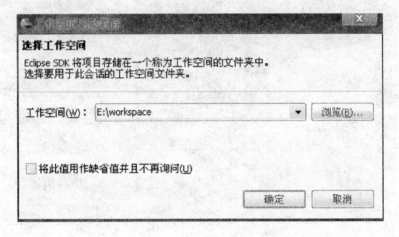

图 15.10 选择工作空间

（2）在如图 5.10 所示的对话框中，只要指定工作空间的路径即可。单击"确定"按钮后出现如图 15.11 所示的界面：

图 15.11 "欢迎"界面

（3）选择菜单栏上的"帮助"→"软件更新"→"查找并安装"命令，检查有无软件要更新，如图 15.12 所示。

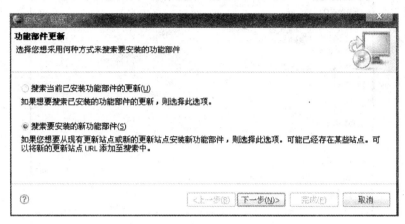

图 15.12　功能部件更新

（4）选中"搜索要安装的新功能部件"选项，单击"下一步"按钮，则弹出如图 15.13 所示界面。

图 15.13　更新要访问的站点

（5）选择"新建已归档的站点"选项，单击"下一步"按钮，弹出如图15.14所示的对话框。

图 15.14　选择本地站点归档

（6）选择"eclipseme.feature_1.7.9_site"选项，单击"打开"按钮，弹出如图15.15所示的界面。

图 15.15　更新要访问的站点

（7）单击"完成"按钮，则弹出如图 15.16 所示的界面。

图 15.16　搜索结果

（8）单击"下一步"按钮，则弹出如图 15.17 所示的界面。

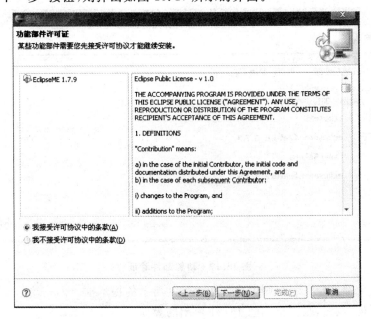

图 15.17　功能部件许可证

(9) 接受协议,单击"下一步"按钮,则弹出如图 15.18 所示的界面。

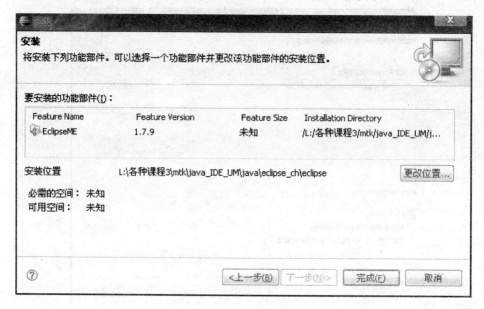

图 15.18　安装界面

(10) 单击"完成"按钮继续安装,则弹出如图 15.19 所示的界面。

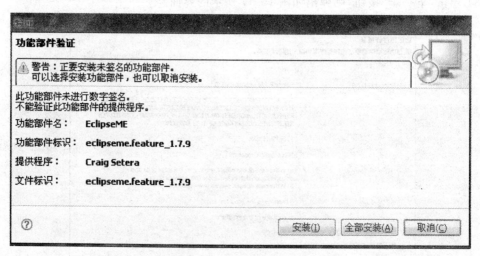

图 15.19　功能部件验证

(11) 单击"全部安装"按钮,则弹出如图 15.20 所示的提示框。

(12) 单击"是"按钮,则弹出如图 15.21 所示的界面。

第15章 MTK平台Java应用程序开发

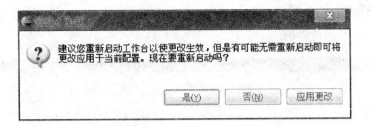

图 15.20 提示框

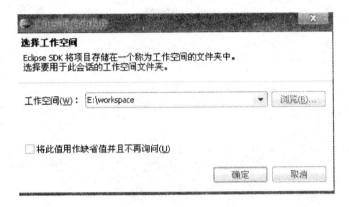

图 15.21 选择工作空间

选择工作空间的路径，单击"确定"按钮。

（13）配置 Eclipse ME 和 Eclipse。要使用 Eclipse ME 必须配置一种设备。从 Eclipse 的"窗口"菜单中选择"首选项"命令，则弹出如图 15.22 所示的界面。

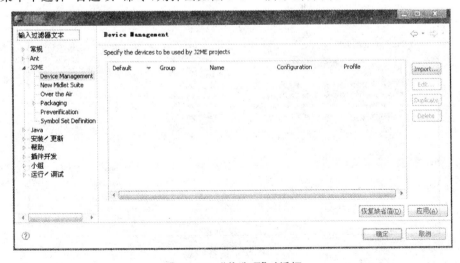

图 15.22 "首选项"对话框

（14）展开左边面板的 J2ME 选项，选择 Device Management 选项，再单击 Import 按钮，则弹出如图 15.23 所示的界面。

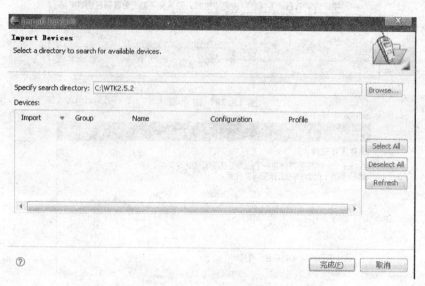

图 15.23　引入设备

（15）选择一个包含无线工具包的根目录，EclipseME 将从中查找已知设备的定义。这里选择"C:\WTK2.5.2"，单击 Refresh 按钮，则弹出如图 15.24 所示的界面。

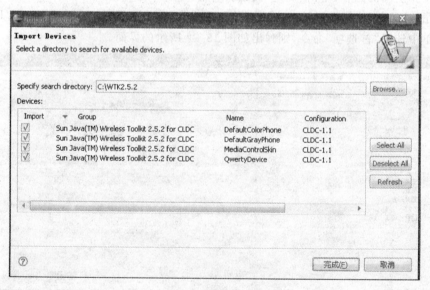

图 15.24　设备列表

(16) 单击"完成"按钮,则弹出如图 15.25 所示的界面。

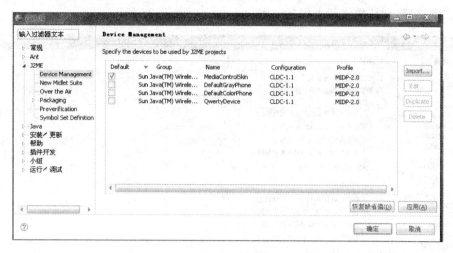

图 15.25 设备管理

(17) 单击"确定"按钮保存设备定义。选择 Eclipse 的"窗口"菜单中的"首选项"命令,在弹出的窗口中展开左面面板的 Java 选项,选择"调试"选项,则弹出如图 15.26 所示的界面。

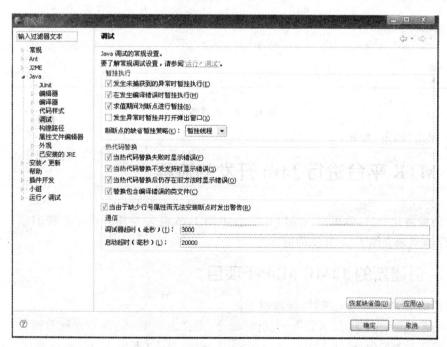

图 15.26 调试

第 15 章 MTK 平台 Java 应用程序开发

（18）确保选中"发生未捕获到的异常时暂挂执行"和"在发生编译错误时暂挂执行"复选框并且把"调试器超时"的值调大到至少 15000 ms，如图 15.27 所示。

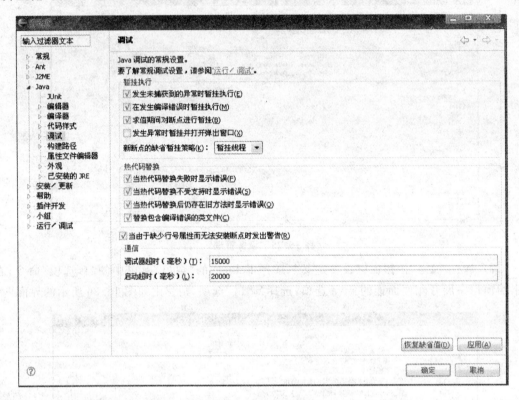

图 15.27 调试设置

（19）单击"确定"按钮，关闭对话框。

15.3 MTK 平台进行 Java 开发的流程

开发环境搭建好后，就可以在 MTK 平台中用 Java 开发应用程序了。我们以一个 Java-Demo 程序为例来介绍 Java 开发的流程。

15.3.1 创建新的 J2ME Midlet 项目

创建新的 J2ME Midlet 项目，步骤如下：

（1）在 Eclipse 中，选择"文件"→"其他"命令，则弹出如图 15.28 所示的界面。

（2）展开 J2ME 项，选择 J2ME Midlet Suite 选项，单击"下一步"按钮，则弹出如图 15.29 所示的界面。

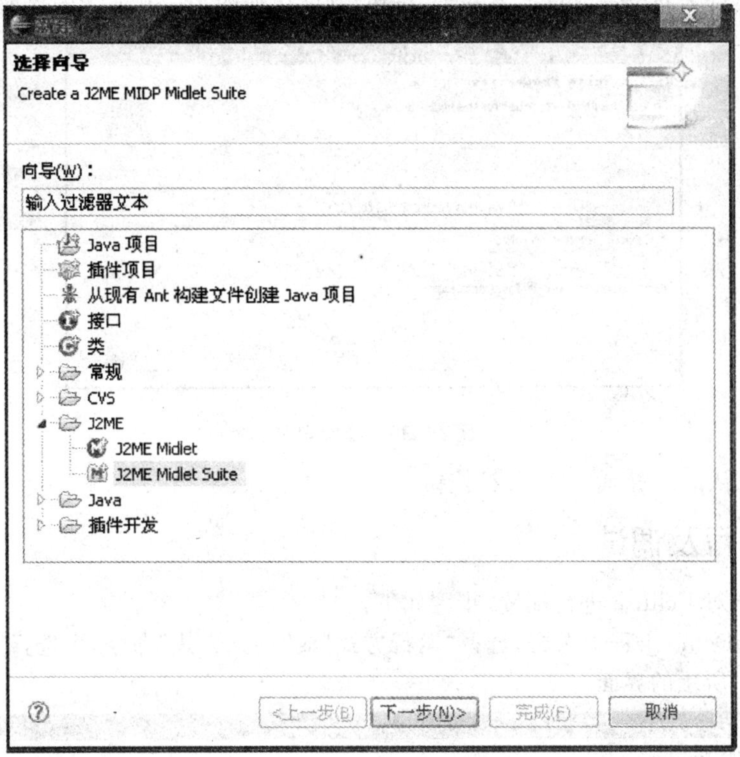

图 15.28　选择向导

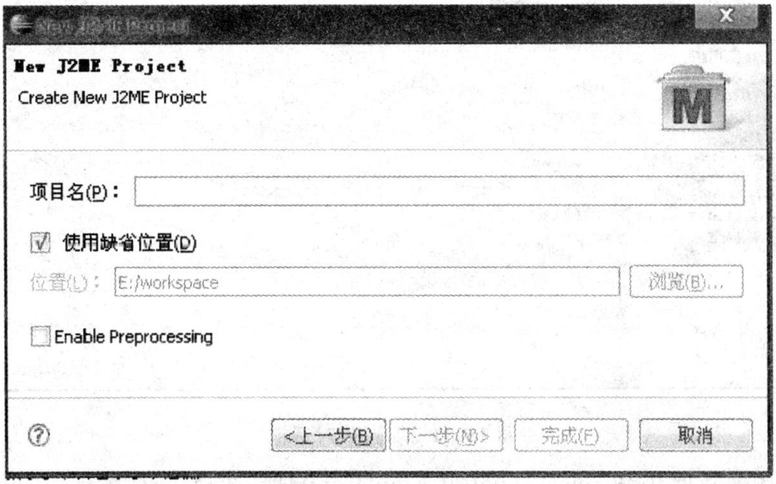

图 15.29　新建 J2ME 项目

(3) 指定项目名和位置,单击"下一步"按钮,则弹出如图 15.30 所示的界面。

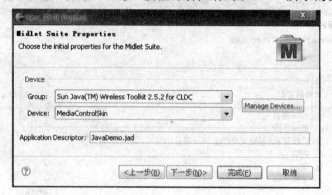

图 15.30　配置安装

(4) 保持默认的配置,单击"完成"按钮。

15.3.2　运行及调试

在调试前须对 Eclipse 进行配置,步骤如下:

(1) 在 JavaDemo 工程上右击,选择"运行方式"或"调试方式"命令,再选择"运行"选项,则弹出如图 15.31 所示的界面。

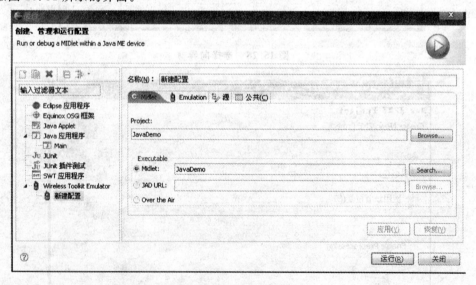

图 15.31　"运行"对话框

(2) 在左侧面板展开 Wireless Toolkit Emulator 选项,选择"新建配置"选项,Midlet 选项卡配置如图 15.32 所示。

第 15 章 MTK 平台 Java 应用程序开发

（3）单击"运行"按钮，则弹出如图 15.33 所示的界面。

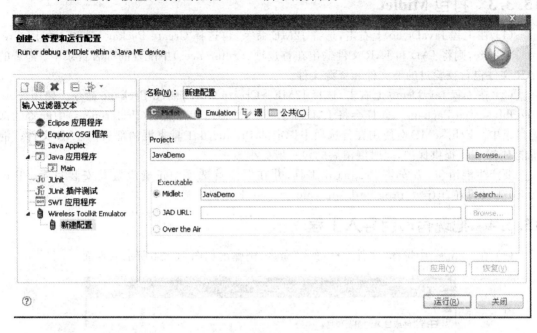

图 15.32 配置界面

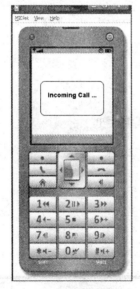

图 15.33 运行界面

15.3.3 打包 Midlet

（1）在工程 JavaDemo 上右击，选择 J2ME 命令，再选择 Create Package 选项。使用 Create Package，则将 JAD 和 JAR 文件输出在首选项（Preferences）中配置的部署目录中。部署的 JAR 文件包含校验过的类文件和资源文件。

（2）在工程 JavaDemo 上右击，选择 J2ME→Create Obfuscated Package 命令。使用"Create Obfuscated Package"，同样会将 JAD 和 JAR 文件输出在首选项（Preferences）中配置的部署目录中。EclipseME 会使用在首选项中指定的 Proguard 工具来混淆部署的 JAR 文件。混淆能对 Midlet 提供保护，同时混淆后的包一般更小。

要产生混淆包，需安装 Proguard 工具，并在混淆首选项中正确设置其安装目录。Proguard 工具可在 http://proguard.sourceforge.net 上免费下载。

15.3.4 把现有项目导入工程

（1）在 Eclipse 中选择"文件"→"导入"命令，则弹出如图 15.34 所示的界面。

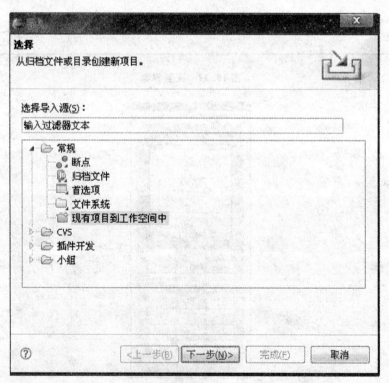

图 15.34 "导入"对话框

（2）单击"下一步"按钮，则弹出如图 15.35 所示的界面。

第 15 章　MTK 平台 Java 应用程序开发

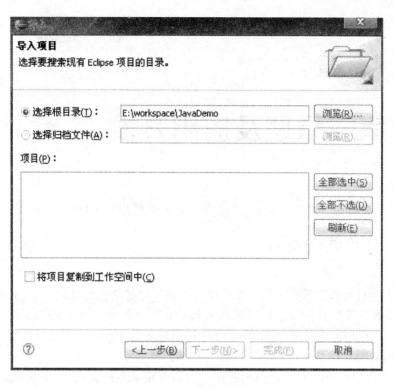

图 15.35　导入项目

(3) 选择工程路径,单击"完成"按钮即可。

结　语：

本章要重点掌握 Java 开发环境的搭建,以及怎样在 Java 环境下开发应用程序。

第 16 章

MTK 串口原理及应用开发

引　子：
串口是手机中的一个重要的接口，本章介绍它的原理及怎样对它编程。

16.1　串口通信的特性

串口按位(bit)发送和接收字节。尽管比按字节(Byte)的并行通信慢，但是串口可以在使用一根线发送数据的同时用另一根线接收数据。它很简单并且能够实现远距离通信。比如 IEEE488 定义并行通信状态时，规定设备线总长不得超过 20 m，并且任意两个设备间的长度不得超过 2 m；而对于串口而言，长度可达 1 200 m。

典型地，串口用于 ASCII 码字符的传输。通信使用 3 根线完成：①地线；②发送；③接收。由于串口通信是异步的，端口能够在一根线上发送数据同时在另一根线上接收数据。其他线用于握手，但是不是必须的。串口通信最重要的参数是波特率、数据位、停止位和奇偶校验。对于两个进行通信的端口，这些参数必须匹配：

(1) 波特率：这是一个衡量通信速度的参数。它表示每秒钟传送的 bit 的个数。例如 300 波特表示每秒钟发送 300 个 bit。当我们提到时钟周期时，就是指波特率。例如，如果协议需要 4 800 波特率，那么时钟是 4 800 Hz。这意味着串口通信在数据线上的采样率为 4 800 Hz。通常电话线的波特率为 14 400、28 800 和 36 600。波特率可以远远大于这些值，但是波特率和距离成反比。高波特率常常用于放置得很近的仪器间的通信。

(2) 数据位：这是衡量通信中实际数据位的参数。当计算机发送一个信息包，实际的数据不会是 8 位的，标准的值是 5、7 和 8 位。如何设置取决于想传送的信息。比如，标准的 ASCII 码是 0～127(7 位)。扩展的 ASCII 码是 0～255(8 位)。如果数据使用简单的文本(标准 ASCII 码)，那么每个数据包使用 7 位数据。每个包是指一个字节，包括开始/停止位、数据位和奇偶校验位。由于实际数据位取决于通信协议的选取，术语"包"指任何通信的情况。

(3) 停止位：用于表示单个包的最后一位。典型的值为 1、1.5 和 2 位。由于数据是在传输线上定时的，并且每一个设备有其自己的时钟，很可能在通信中两台设备间出现了小小的不同步。因此停止位不仅仅是表示传输的结束，并且提供计算机校正时钟同步的机会。适用于停止位的位数越多,不同时钟同步的容忍程度越大,但是数据传输率同时也越慢。

(4) 奇偶校验位:在串口通信中一种简单的检错方式。有四种检错方式:偶、奇、高和低。当然没有校验位也是可以的。对于偶和奇校验的情况,串口会设置校验位(数据位后面的一位),用一个值确保传输的数据有偶个或者奇个逻辑高位。

上面的参数设置如图 16.1 所示。

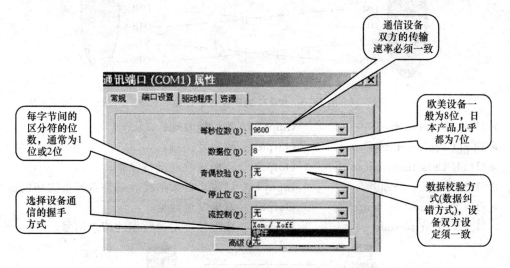

图 16.1 超级终端界面

16.2 串口的握手方式

在进行数据通信的设备之间,需要有一个统一的传输协议以协调数据传输的规律,使得数据传输井然有序。

通信双方以某种协议方式来告诉对方何时开始传送数据,或根据对方的信号来进入数据接收状态以控制数据流的启停。串口可以用硬件握手或软件握手方式来进行通信,如图 16.2、图 16.3 和图 16.4 所示。

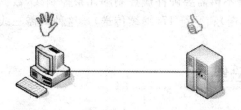

图 16.2 握手

第 16 章 MTK 串口原理及应用开发

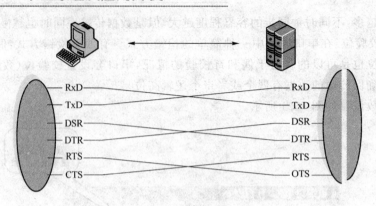

图 16.3 RS232 的硬件握手方式

- 2RxD Receive data　　　　　Input　　数据接收端；
- 3TxD Transmit data　　　　 Output　 数据发送端；
- 4DTR Data terminal ready　　Output　 数据接收端准备完毕；
- 6DSR Data set ready　　　　 Input　　接收来自数据接收端是否准备完毕的信号；
- 7RTS Request to send　　　　Output　 请求发送数据；
- 8CTS Clear to send　　　　　Input　　接收是否发送数据的请求信号。

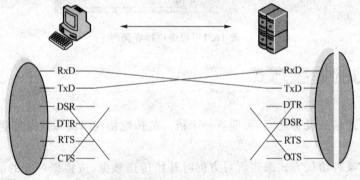

图 16.4 RS232 软件握手的方式

在软件握手方面，端口不再需要硬件流控制的几条控制线，数据流的启停通过数据 ASCII 代码表示：字符 19（停止传送）和字符 17（继续传送）。这种只需三线（地、发送、接收）的通信协议方式应用较为广泛。

16.3 串口特性总结

1. 物理特性

（1）9 针，真正用到的只有 3 个针，GND、RxD（接收端）和 TxD（发送端）。

(2) 传输的速度和距离成反比。

2. 传输的原理

(1) 按包传送：

包的组成部分：1个开始位＋8个数据位＋1个停止位

(2) 一个包里面是按位来传送的。

16.4 串口的功能接口

MTK提供了一套对UART的操作函数。典型的操作函数如下：

(1) UART_Open(UART_PORT port,module_type owner)：

该函数用来申请串口所需的内存空间,刷新UART队列以及使UART可以产生中断,等等,其参数解释如下：

◆ port：UART端口。

◆ owner：所有者ID,在端口之后有效。

(2) void UART_Close(UART_PORT port)；

该函数用来释放UART_Open函数所申请的内存空间,禁止UART产生中断等。

(3) UART_SetOwner(UART_PORT port,module_type owner)：

该函数用来设定串行端口的占用者。参数解释如下：

◆ UART_PORT port：串行端口。

◆ Owner：占用者ID。

(4) UART_SetDCBConfig(UART_PORT port,UARTDCBStruct * DCB)：

该函数用来配置串口,参数解释如下：

◆ UART_PORT port：串行端口。

◆ UARTDCBStruct * DCB：指向串行设备块的指针。

(5) UART_ReadDCBConfig(UART_PORT port,UARTDCBStruct * DCB)：

该函数用来读取串口的配置。参数解释如下：

◆ UART_PORT port：串行端口。

◆ UARTDCBStruct * DCB：指向串行设备块的指针。

(6) kal_uint16 UART_GetBytes(UART_PORT port,kal_uint8 * Buffaddr,kal_uint16 Length,kal_uint8 * status)：

该函数用来从串口读取数据。参数解释如下：

◆ UART_PORT port：串行端口。

◆ kal_uint8 * Buffaddr：指向数据地址的指针。

◆ kal_uint16 Length：最大长度。

第 16 章　MTK 串口原理及应用开发

◆ kal_uint8 * status：bit 0(1，escape sequence is detected；0，escape sequence in not detected)，bit 1(1，检测中断信号；0，为检测中断信号)。

(7) kal_uint16 UART_PutBytes(UART_PORT port，kal_uint8 * Buffaddr，kal_uint16 Length)：

该函数用来向串口发送数据，参数解释如下：

◆ UART_PORT port：串行端口。

◆ kal_uint8 * Buffaddr：指向数据地址的指针。

◆ kal_uint16 Length：最大长度。

(8) void UART_Purge(UART_PORT port，UART_buffer dir)：

清除串行队列，其参数解释如下：

◆ UART_PORT port：端口。

◆ UART_buffer dir：UART_buffer(RX_BUF=0/TX_BUF=1)

(9) kal_uint16 UART_GetByteAvail(UART_PORT port)：

该函数用来返回 Rx 缓冲中有多少数据可以被读取。

(10) kal_uint16 UART_ClrRxBuffer(UART_PORT port)：

该函数用来清空 Rx 缓冲区。

(11) void UART_ClrTxBuffer(UART_PORT port)：

该函数用来清空 Tx 缓冲区。

16.5　串口编程实例

本节例子源代码请见源代码"第 16 章的例子"文件夹下的"串口通信程序"文件夹。

16.5.1　编程要点

1. 串口的初始化

```
////////////////////////////////////////////////////////////////////////////////
# define    MOD_HELLO_WORLD    MOD_MMI
# define    MAX_ECHO_PACKET_LEN   128
static kal_uint8   ghSleepMode; //睡眠模式句柄,句柄一般用 static 修饰,避免被编译器优化
static module_type   gnOrigUartOwner; //我们要用到的串口之前的占用者
static kal_bool    gbUartInitialized = KAL_FALSE;
static void init_uart(void)
{
# ifdef __MMI_HELLOWORLD_ENABLED__
  if(gbUartInitialized)
  {
    return;
```

```
    }
    ghSleepMode = L1SM_GetHandle();
    L1SM_SleepDisable(ghSleepMode);  //禁止休眠,避免收发过程中出错
    gnOrigUartOwner = UART_GetOwnerID(HELLO_WORLD_UART_PORT);//记录我们要用到的串口当
//前的占用者
    UART_SetOwner(HELLO_WORLD_UART_PORT, MOD_HELLO_WORLD);  //抢占,申明要占用这个串口
    UART_SetBaudRate(HELLO_WORLD_UART_PORT, UART_BAUD_115200, MOD_HELLO_WORLD);//设置
//传输波特率,默认是按照8个数据位,1个停止位,无校验
    SetProtocolEventHandler(mmi_HelloWorld_uart_readyToRead_ind_handler, MSG_ID_
UART_READY_TO_READ_IND);
    gbUartInitialized = KAL_TRUE;  //初始化
# endif
}
```

2. 从串口读数据

```
static void mmi_HelloWorld_uart_readyToRead_ind_handler(void * msg)     //检查是否准备
//好去读
{
# ifdef __MMI_HELLOWORLD_ENABLED__
    uart_ready_to_read_ind_struct*   uart_rtr_ind = (uart_ready_to_read_ind_
struct* )msg;
      /
    if( KAL_FALSE == gbUartEchoStarted ||
        HELLO_WORLD_UART_PORT != uart_rtr_ind- > port ||
        MOD_HELLO_WORLD != UART_GetOwnerID(uart_rtr_ind- > port) )    //检查端口以及所
//有者信息,不匹配数据略过
    {
    return;
    }
        gwLenUartBuffer = read_from_uart(gabyUartBuffer, sizeof(gabyUartBuffer),
HELLO_WORLD_UART_PORT, MOD_HELLO_WORLD);
        uart_echo_process();
# endif
}
static U16 read_from_uart(U8 * pbyBuf, U16 wLenMax, UART_PORT hPort, module_type
hOwner)
{
  U16 wLenAvail;
  U16 wLenRead;
  U16 wLenRet = 0;
  U8  byStatus = 0;
# ifdef __MMI_HELLOWORLD_ENABLED__
    while( (wLenAvail = UART_GetBytesAvail(hPort) > 0  && wLenRet < wLenMax) ) //包
//传输的过程,超过最大包长的数据将丢弃
    {
      if (wLenAvail + wLenRet > wLenMax)
      {
        wLenAvail = wLenMax - wLenRet;
```

```
        }
        wLenRead = UART_GetBytes(hPort, (kal_uint8 * )(pbyBuf + wLenRet), (kal_uint16)
wLenAvail, &byStatus, hOwner);
        wLenRet + = wLenRead;
    }
    UART_ClrRxBuffer(hPort, hOwner); //清除接收 buffer
# endif
    return wLenRet;
}
```

3. 向串口写数据

```
static U8 write_to_uart(U8 * pbyBuf, U16 wLenBuf, UART_PORT hPort, module_type hOwner)
{
        U16 wSent= 0;
        U8  bRet = FALSE;
# ifdef   __MMI_HELLOWORLD_ENABLED__
        //在发送之前一定要先清 buffer 和 FIFO(先进先出)
        UART_Purge(hPort, RX_BUF, hOwner); //清除设备输入 FIFO
        UART_Purge(hPort, TX_BUF, hOwner); //清除设备输出 FIFO
        UART_ClrTxBuffer(hPort, hOwner); //清除发送 Buffer
        UART_ClrRxBuffer(hPort, hOwner); //清除接收 Buffer
        wSent = UART_PutBytes(hPort, (kal_uint8 * )pbyBuf, (kal_uint16)wLenBuf,
hOwner);
# endif
        if (wSent == wLenBuf)
        {
            bRet = TRUE;
        }
        return bRet ;
}
```

4. 关闭串口

将相关的设置改动恢复到之前的状态,不需要有 close 的动作。

```
static void exit_uart()
{
# ifdef   __MMI_HELLOWORLD_ENABLED__
  if(gbUartInitialized)
    {
        UART_SetOwner(HELLO_WORLD_UART_PORT, (kal_uint8) gnOrigUartOwner);//恢复
//成原有的端口占用者
        L1SM_SleepEnable(ghSleepMode); //允许休眠
        gbUartInitialized = KAL_FALSE;
    }
# endif
}
```

16.5.2 完整代码

```c
#include "stdC.h"
#include "MMI_Features.h"    /* 编译开关将出现在该文件里面 */
#include "L4Dr.h"
#include "L4Dr1.h"
#include "AllAppGprot.h"
#include "FrameworkStruct.h"
#include "GlobalConstants.h"
#include "EventsGprot.h"
#include "mmiappfnptrs.h"
#include "HistoryGprot.h"
#include "HelloWorldProt.h"
#include "HelloWorldTypes.h"
#include "HelloWorldDefs.h"
#include "MainMenuDef.h"
#include "wgui_categories.h"
#include "Unicodexdcl.h"
#include "gui_data_types.h"
#include "Uart_sw.h"
// 我们要用到的串口，uart_port1 是枚举型数值，USB 串口的编号
#define HELLO_WORLD_UART_PORT    uart_port1    // 手机接 USB 下载线的地方
// 定义我们的应用所属系统的哪一个模块
// 这里是 MMI 模块
#define MOD_HELLO_WORLD          MOD_MMI
// 数据接收 Buffer 大小
#define MAX_ECHO_PACKET_LEN      128
extern module_type UART_GetOwnerID(UART_PORT  port);
extern void UART_ClrTxBuffer(UART_PORT port, module_type ownerid);
extern void UART_ClrRxBuffer(UART_PORT port, module_type ownerid);
// 本程序内部使用的函数申明
static void init_uart(void);
static void mmi_HelloWorld_uart_readyToRead_ind_handler(void * msg);
static U16  read_from_uart(U8 * pbyBuf, U16 wLenMax, UART_PORT hPort, module_type hOwner);
static U8   write_to_uart(U8 * pbyBuf, U16 wLenBuf, UART_PORT hPort, module_type hOwner);
static void exit_uart();
static void start_uart_echo(void);
static void uart_echo_process(void);
static void stop_uart_echo(void);

// 睡眠模式句柄
static kal_uint8      ghSleepMode;
// 我们要用到的串口之前的占用者
static module_type    gnOrigUartOwner;
static kal_bool       gbUartInitialized = KAL_FALSE;
static kal_bool       gbUartEchoStarted = KAL_FALSE;
```

第16章 MTK串口原理及应用开发

```c
    static U16              gwLenUartBuffer = 0;
    static U8               gabyUartBuffer[MAX_ECHO_PACKET_LEN];
    static void init_uart(void)
    {
# ifdef __MMI_HELLOWORLD_ENABLED__
        if(gbUartInitialized)
        {
            return;
        }
        ghSleepMode = L1SM_GetHandle();
        // 禁止休眠,休眠后串口收发会有问题
        L1SM_SleepDisable(ghSleepMode);
        // 记录我们要用的串口的当前占有者
        gnOrigUartOwner = UART_GetOwnerID(HELLO_WORLD_UART_PORT);
        // 下面申明对该串口进行占用
        UART_SetOwner(HELLO_WORLD_UART_PORT, MOD_HELLO_WORLD);
        // 设置波特率,默认的启停位和校验为:8、n、1,即 8个数据位,1个停止位,无校验
        UART_SetBaudRate(HELLO_WORLD_UART_PORT, UART_BAUD_115200, MOD_HELLO_WORLD);
        // 其他串口设定(如启停位、校验等)使用函数 UART_ReadDCBConfig 和 UART_SetDCBConfig
        // 详细参数见结构体 UARTDCBStruct
        // 注册一个事件钩子函数,当串口(任何)有数据到达时,我们的钩子函数将被调用
        // 注意,同一种事件同时只能注册一个钩子函数,因此
        //     如果在我们的程序处理串口的同时还有其他程序要读取和处理(任何)串口数据
        //     就必须由当前的钩子函数代为处理
        //实际上我觉得系统底层可以改一下,改成 Windows 钩子的方式,可以挂多个,能够依次调用或跳过
        SetProtocolEventHandler(mmi_HelloWorld_uart_readyToRead_ind_handler, MSG_ID_UART_READY_TO_READ_IND);
        gbUartInitialized = KAL_TRUE;
# endif
    }
    static U16 read_from_uart(U8 * pbyBuf, U16 wLenMax, UART_PORT hPort, module_type hOwner)
    {
        U16 wLenAvail;
        U16 wLenRead;
        U16 wLenRet = 0;
        U8  byStatus = 0;
# ifdef __MMI_HELLOWORLD_ENABLED__
        // 收取数据,超出最大包长的数据将简单丢弃,这一层需要具体的应用协议做相应处理
        while( (wLenAvail = UART_GetBytesAvail(hPort) > 0  &&  wLenRet < wLenMax) )
        {
          if (wLenAvail + wLenRet > wLenMax)
          {
            wLenAvail = wLenMax - wLenRet;
          }
          wLenRead = UART_GetBytes(hPort, (kal_uint8 * )(pbyBuf + wLenRet), (kal_uint16)wLenAvail, &byStatus, hOwner);
          wLenRet += wLenRead;
        }
```

```c
    // 读完之后,清除接收 Buffer
    UART_ClrRxBuffer(hPort, hOwner);
# endif
    return wLenRet;
}
static U8 write_to_uart(U8 * pbyBuf, U16 wLenBuf, UART_PORT hPort, module_type hOwner)
{
    U16 wSent= 0;
    U8  bRet = FALSE;
# ifdef __MMI_HELLOWORLD_ENABLED__
    // 发送前清 FIFO 和 Buffer,注意:这一步必须做,否则收发会有问题
    UART_Purge(hPort, RX_BUF, hOwner);    // 清除设备输入 FIFO
    UART_Purge(hPort, TX_BUF, hOwner);    // 清除设备输出 FIFO
    UART_ClrTxBuffer(hPort, hOwner);    // 清除发送 Buffer
    UART_ClrRxBuffer(hPort, hOwner);    // 清除接收 Buffer
    wSent = UART_PutBytes(hPort, (kal_uint8 * )pbyBuf, (kal_uint16)wLenBuf, hOwner);
# endif
    if (wSent == wLenBuf)
    {
        bRet = TRUE;
    }
    return bRet ;
}
static void exit_uart()
{
# ifdef __MMI_HELLOWORLD_ENABLED__
    if(gbUartInitialized)
    {
      // 恢复成原有的端口占用者
      UART_SetOwner(HELLO_WORLD_UART_PORT, (kal_uint8) gnOrigUartOwner);
      // 允许休眠
      L1SM_SleepEnable(ghSleepMode);

      gbUartInitialized = KAL_FALSE;
    }
# endif
}
static void mmi_HelloWorld_uart_readyToRead_ind_handler(void * msg)
{
# ifdef __MMI_HELLOWORLD_ENABLED__
    uart_ready_to_read_ind_struct*  uart_rtr_ind = (uart_ready_to_read_ind_struct* )msg;
        // 检查一下端口以及所有者信息,不匹配的数据略过
        if( KAL_FALSE == gbUartEchoStarted ||
        HELLO_WORLD_UART_PORT != uart_rtr_ind->port ||
        MOD_HELLO_WORLD != UART_GetOwnerID(uart_rtr_ind->port) )
    {
            return;
```

第16章 MTK 串口原理及应用开发

```c
    }
    gwLenUartBuffer = read_from_uart(gabyUartBuffer, sizeof(gabyUartBuffer), HELLO
_WORLD_UART_PORT, MOD_HELLO_WORLD);
    // 呼叫数据处理部分
    uart_echo_process();
# endif
}
static void start_uart_echo(void)
{
# ifdef __MMI_HELLOWORLD_ENABLED__
    S8 strHello[] = "Hello World Uart Echo Example Started! \r\n";
    if(gbUartEchoStarted)
    {
        return;
    }
    init_uart();
    write_to_uart((kal_uint8*)strHello, (kal_uint16)strlen(strHello), HELLO_WORLD_
UART_PORT, MOD_HELLO_WORLD);
    gbUartEchoStarted = KAL_TRUE;
    SetKeyHandler(stop_uart_echo, KEY_LSK, KEY_EVENT_UP);
# endif
}
static void uart_echo_process(void)
{
# ifdef __MMI_HELLOWORLD_ENABLED__
    U8 i;
    //观察是否是我们的程序在处理数据
    for(i = 0; i < gwLenUartBuffer; i++ )
    {
        if(gabyUartBuffer[i] >= 'a' && gabyUartBuffer[i] <= 'z')
        {
            gabyUartBuffer[i] -= 0x20;
        }
    }
    // 回显
    write_to_uart(gabyUartBuffer, gwLenUartBuffer, HELLO_WORLD_UART_PORT, MOD_HELLO
_WORLD);
# endif
}
static void stop_uart_echo(void)
{
# ifdef __MMI_HELLOWORLD_ENABLED__
    S8 strBye[] = "Hello World Uart Echo Example Stop! \r\n";
    if(gbUartEchoStarted)
    {
        write_to_uart((kal_uint8*)strBye, (kal_uint16)strlen(strBye), HELLO_WORLD_
UART_PORT, MOD_HELLO_WORLD);
        gbUartEchoStarted = KAL_FALSE;
        SetKeyHandler(start_uart_echo, KEY_LSK, KEY_EVENT_UP);
```

```c
    }
    exit_uart();
# endif
}
    gdi_handle hAnimation;
void stop_play_anim(void)
{
  gdi_anim_stop(hAnimation);
}
/* 模块入口 */
void mmi_HelloWorld_entry(void)
{
# ifdef __MMI_HELLOWORLD_ENABLED__
    S32 x, y, w, h;
    color colorText = {255, 255, 128, 100};
    color colorFill = {207, 252, 109, 100};
    color colorShadow = {166, 201, 81, 100};
    stFontAttribute tFont = {0};
    U8 dotted_line_bitvalues[] = {1, 0, 1, 0, 1, 0, 1};
    UI_filled_area tFiller = {0};
    static color g_colors[3] = {{255, 0, 0}, {0, 255, 0}, {0, 0, 255}};
    static U8 perc[2] = {50, 50};
    gradient_color gc = {g_colors, perc, 3};
    tFont.size = LARGE_FONT;
    tFont.italic = 1;

    /* 强制退出当前屏幕,之后进入到我们的模块了 */
    /* 上电默认是 idle 屏幕,现进入 MAIN_MENU_SCREENID 屏 */
    /* 注意看第二个参数,这个是当我们模块被强制退出时执行的一些操作 */
    EntryNewScreen(SCR_HELLOWORLD, mmi_HelloWorld_exit, NULL, NULL);
    gui_lock_double_buffer();
    /* 关掉屏幕顶部的状态条,我们要用整个屏幕 */
    entry_full_screen();
    /* 擦除当前背景 */
    clear_screen();
    tFiller.flags = UI_FILLED_AREA_TYPE_GRADIENT_COLOR | UI_FILLED_AREA_VERTICAL_FILL | UI_FILLED_AREA_DOUBLE_BORDER;
    tFiller.border_color = UI_COLOR_GREEN;
    tFiller.gc = &gc;
    gui_draw_filled_area(0, 0, UI_device_width - 1, UI_device_height - 1, &tFiller);
    /* 设置字体颜色 */
    gui_set_text_color(colorText/* UI_COLOR_RED* /);
    gui_set_font(&tFont);
    gui_set_text_border_color(UI_COLOR_GREEN);
    gui_measure_string((UI_string_type)GetString(STR_HELLOWORLD_HELLO), &w, &h);
    x = (UI_device_width - w) >> 1;
    y = UI_device_height - ((UI_device_height - h) >> 2);
    gui_draw_rectangle(x - 7, y - 7, x + w + 7, y + h + 7, UI_COLOR_RED);
    gui_fill_rectangle(x - 6, y - 6, x + w + 6, y + h + 6, colorFill);
    gui_line(x - 4, y + h + 4, x + w + 4, y + h + 4, colorShadow);
```

第16章 MTK 串口原理及应用开发

```
        gui_line(x - 5, y + h + 5, x + w + 5, y + h + 5, colorShadow);
        gui_line(x - 6, y + h + 6, x + w + 6, y + h + 6, colorShadow);
        gui_line(x + w + 4, y - 4, x + w + 4, y + h + 4, colorShadow);
        gui_line(x + w + 5, y - 5, x + w + 5, y + h + 5, colorShadow);
        gui_line(x + w + 6, y - 6, x + w + 6, y + h + 6, colorShadow);
        /* 移动文本输出光标 */
        gui_move_text_cursor(x, y);
        /* 输出文本到显示缓冲,注意是 Unicode 编码 */
//      gui_print_text((UI_string_type)GetString(STR_HELLOWORLD_HELLO));
        gui_print_bordered_text((UI_string_type)GetString(STR_HELLOWORLD_HELLO));
        gdi_draw_line_style(x, y + h + 2, x + w + 2, y + h + 2,
            gdi_act_color_from_rgb(100, 255, 0, 0),
            sizeof(dotted_line_bitvalues),
            dotted_line_bitvalues);
        // 显示图片
        gdi_image_get_dimension_id(MAIN_MENU_MATRIX_ORGANIZER_ICON, &w, &h);
        x = (UI_device_width - w) >> 1;
        y = (UI_device_height - h) >> 1;
        gdi_image_draw_id(x, 10, MAIN_MENU_MATRIX_ORGANIZER_ICON);

        // 显示动画
        gdi_image_get_dimension_id(MAIN_MENU_MATRIX_ORGANIZER_ANIMATION, &w, &h);
        x = (UI_device_width - w) >> 1;
        y = (UI_device_height - h) >> 1;
        gdi_anim_draw_id(x, 10 + h, MAIN_MENU_MATRIX_ORGANIZER_ANIMATION, &hAnimation);
        gui_unlock_double_buffer();
        /* 刷新屏幕显示,MMI 用的是双缓冲绘图方式,而且需要显式刷新 */
        gui_BLT_double_buffer(0, 0, UI_device_width - 1, UI_device_height - 1);
        /* 注册一个按键处理,右软键弹起时返回到之前被我们强制退出的模块 */
        SetKeyHandler(GoBackHistory, KEY_RSK, KEY_EVENT_UP);
//      SetKeyHandler(stop_play_anim, KEY_LSK, KEY_EVENT_UP);
        SetKeyHandler(start_uart_echo, KEY_LSK, KEY_EVENT_UP);
# endif
}
/* 模块出口
 * 当我们的模块被其他模块强制退出时会执行这个函数,
 * 这个函数的常见写法,包括:
 *     (1)模块已申请资源的释放(如果需要的话),这一步可选。
 *     (2)手动把自己压栈到窗口(实际是整个屏)堆栈里面,
 *         便于强制我们退出的模块执行完后重新把我们叫出来。
 *         不像 Window 的窗口管理是自动压栈的,Pluto MMI 需要手动压栈。
 *     (3)其他一些清理动作
 */
void mmi_HelloWorld_exit(void)
{
# ifdef __MMI_HELLOWORLD_ENABLED__
    history currHistory;
    S16 nHistory = 0;
    currHistory.scrnID = MAIN_MENU_SCREENID;
    currHistory.entryFuncPtr = mmi_HelloWorld_entry;
```

```
        pfnUnicodeStrcpy( (S8* )currHistory.inputBuffer, (S8* )&nHistory);
        AddHistory(currHistory);
        stop_uart_echo();
# endif
}
void mmi_HelloWorld_hilite(void)
{
# ifdef __MMI_HELLOWORLD_ENABLED__
    SetLeftSoftkeyFunction(mmi_HelloWorld_entry, KEY_EVENT_UP);
# endif
}
void mmi_HelloWorld_init(void)
{
# ifdef __MMI_HELLOWORLD_ENABLED__
    SetHiliteHandler(MENU_ID_HELLOWORLD, mmi_HelloWorld_hilite);
# endif
}
```

上面的例子实际操作及效果如下：

编译→下载程序到手机→关闭下载工具→运行串口工具，打开 USB 下载线对应的串口，设定为 115200,8N1→手机开机(此时下载线不要拔下，我们用的就是这个下载线测试的)→手机工具菜单→Hello World→手机左键启动串口 Echo(启动后再按左键停止串口 Echo)。

程序运行后的计算机端截图如图 16.5 所示。

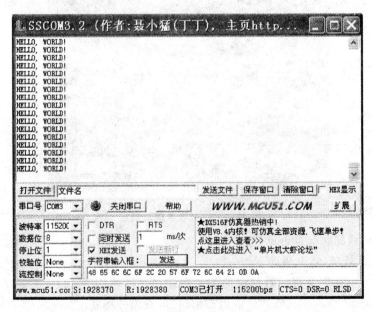

图 16.5 程序运行后的界面

16.6　USB转串口线的制作过程

调试串口时肯定要用到USB转串口线(即刷机线或下载线),但MTK手机的尾插种类多达9种,经常找不到合适端口的下载线。下面介绍制作一根下载线过程。

首先说明一下,USB转串口线不是数据线(当然极少数数据线是可以刷机的),这点很多读者搞不清楚。

需要准备的材料:

(1) 含PL2303芯片的线。如果你手头没有任何端口下载线,推荐用诺基亚DK-5的下载数据线,或其他内含PL2303芯片的数据线。

(2) PL2303驱动。网上搜一下,很多,而且基本通用,下载一下,并在PC机上安装。

(3) 万用表:测量RxD和RxD针脚和电压用。

操作步骤如下:

第一步:把数据线的大头子用剪刀剪掉,里面会有三根线,一根是GND(黑色),一根是TxD(白色),一根是RxD(红色),如图16.6所示。

图16.6　数据线剪掉后的线

第二步:测试线的状况是否良好。

(1) 先插上计算机,装上驱动。

(2) 打开平台,平台会提示数据线的芯片和端口。可使用"东海至尊系列-智能大王子"软件测试,如图16.7所示。从该软件的底部窗口,可看出连接状况。

第三步:拆机,在主板上能找到RxD、TxD、GND的点,如图16.8所示。

现在我们把这三根线焊上去就可以了,如图16.9和图16.10所示。

第16章 MTK串口原理及应用开发

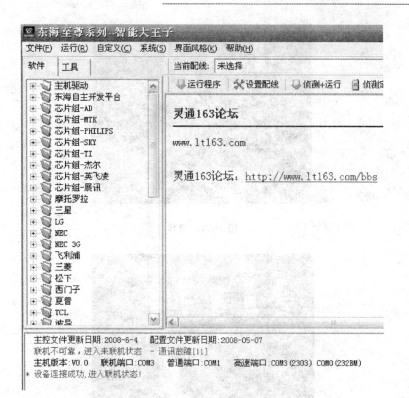

图16.7 "东海至尊系列-智能大王子"软件测试界面

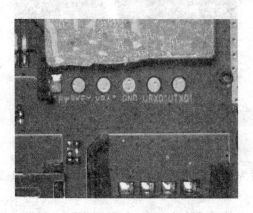

图16.8 手机主板上的 RxD、TxD、GND 接点

第16章 MTK串口原理及应用开发

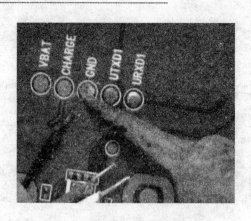

图 16.9 焊接

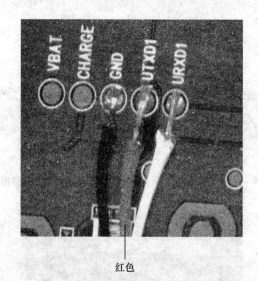

红色

图 16.10 焊接后

注意
图 16.10 的红线有时为绿线,如果你的下载线里有红线也有绿线,那就接绿线。

如果 RxD 和 TxD 接反的话平台有提示,如果正确则按开机键就会弹出芯片的型号了。
如果想不拆机刷机,可以这样做:
首先得有 MTK 手机的尾插插头,大约 9 种,如图 16.11 所示。
有了插头,如何才知道定义呢?方法如下:

第 16 章 MTK 串口原理及应用开发

图 16.11 尾插插头

把万用表调到电压档,黑表笔接地(尾插上面的金属部分,红表笔一个一个碰插头上面的触点,RxD 和 TxD 的电压都是一样的,大概 2.7~2.9 V。如果你测得尾插上有两个一样的电压而且在 2.7~2.9 V 之间,那就是 RXD 和 TXD 了,把下载线绿线和白线接上去就可以了。

运行效果如图 16.12 和图 16.13 所示。

图 16.12 连接测试一

第16章　MTK串口原理及应用开发

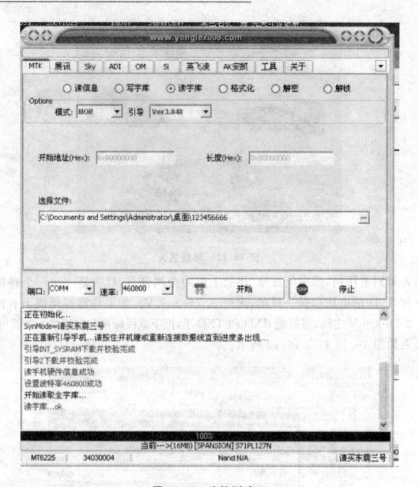

图 16.13　连接测试二

结　语：

本章应重点掌握串口的功能接口函数的使用，以及怎样运用这些接口函数对串口进行编程。本章自制刷机线部分对 MTK 项目开发和测试非常有帮助，望读者重点掌握，也能通过此动手案例加深对串口工作原理的理解。

附录 A

常见 AT 指令及使用方法

引子：
AT 指令是手机开发中非常重要的概念，下面介绍 AT 指令的使用。

A.1 AT 指令概念

AT 即 Attention，AT 指令集是从终端设备(Terminal Equipment，TE)或数据终端设备(Data Terminal Equipment，DTE)向终端适配器(Terminal Adapter，TA)或数据电路终端设备(Data Circuit Terminal Equipment，DCE)发送的。通过 TA，TE 发送 AT 指令来控制移动台(Mobile Station，MS)的功能，与 GSM 网络业务进行交互。用户可以通过 AT 指令进行呼叫、短信、电话本、数据业务、传真等方面的控制。

A.2 AT 指令使用举例

发送的 AT 命令：41540D
即：A T \r
接收到的返回数据为：41540D 0D0A 4F4B 0D0A
即：A T \r \r \n O K \r \n
这条命令 AT\r 是最基本的命令，用来测试通信是否正常，正常返回 ok，否则返回 error。所有的 AT 命令都要以\r 结尾，也就是回车。

A.3 使用 AT 指令前对手机和计算机串口调试工具的配置

使用 AT 指令前对手机和计算机串口调试工具的配置，应遵循以下步骤：
(1) 用下载线将手机与计算机连接好，建立物理链接。
(2) 明确下载线连接的串口是多少，手机引出的是串口 1 还是串口 2。
(3) 输入 ＊＃3646633＃，进入工程模式→设备→Set UART→UART setting→将 PS

Config 下设置成相应的串口(一般是 UART 1)。

注意：
TST Config 和 PS Config 不允许设同一个串口,可将 TST Config 的设为无。

(4) 同样在工程模式设备下→sleep mode→将它设成 Disable 后确定(默认为 Enable)。
(5) 打开串口调试软件,在我的电脑→属性→硬件→设备管理器→端口下查看端口,设置好串口调试软件,在发送区内输入 AT 命名就可以进行测试了。

A.4 典型 AT 指令的解释

A.4.1 常用操作

(1) AT
命令解释：检测 Module 与串口是否连通,能否接收 AT 命令。
命令格式：AT<CR>
命令返回：OK (与串口通信正常)
　　　　　(无返回,与串口通信未连通)
测试结果：AT
　　　　　OK

(2) AT+CSQ
命令解释：检查网络信号强度和 SIM 卡情况。
命令格式：AT+CSQ<CR>
命令返回：+CSQ：**,##
　　　　　其中 ** 应在 10~31 之间,数值越大表明信号质量越好,## 应为 99。否则应检查天线或 SIM 卡是否正确安装。
测试结果：AT+CSQ<CR>
　　　　　+CSQ：31,99
　　　　　信号强度值会有少许变化,用手遮住天线,信号强度值会下降(26 左右)。

(3) ATZ
命令解释：恢复原厂设置。
命令格式：ATZ<CR>
命令返回：OK

(4) AT+CGMR

命令解释:查询模块版本。

命令格式:AT+CGMR<CR>

命令返回:<revision>

　　　　　+CMEERROR <err>

测试结果:AT+CGMR<CR>

　　　　　R4A021 CXC1122528

　　　　　OK

解释:模块版本号为 R4A021。

(5) AT+IPR

命令解释:修改串口 1 波特率。

命令格式:AT+IPR=<value><CR>

命令返回:ERROR

　　　　　OK

测试结果:AT+IPR=19200<CR>

　　　　　OK

注意:

串口波特率修改为 19 200 后要把串口调试工具的波特率设为相应波特率后模块才会有返回。

(6) AT&W

命令解释:保存模块设置。

命令格式:AT&W<CR>

命令返回:OK

　　　　　ERROR(保存不成功)

测试结果:AT&W <CR>

　　　　　OK

A.4.2 通话操作

(1) ATD

命令解释:拨打电话。

命令格式:ATD**********;<CR>(**** 为电话号码)

命令返回:OK

附录 常见AT指令及使用方法

NO DIAL TONE(没有拨号音)
NO CARRIER(无载波)
测试结果:① ATD13510090403;<CR>
OK
　　　　呼叫成功。
② ATD13510090403;<CR>
NO DIAL TONE
　　　　天线未接好,接触不良。
③ ATD13510090403<CR>
NO CARRIER
　　　　命令错误,缺{;}。

(2) RING
命令解释:有电话呼入。
命令格式:有来电时串口自动送出RING字符串。
命令返回:无。

(3) ATA
命令解释:摘机。
命令格式:ATA<CR>
命令返回:OK
测试结果:RING
RING
　　　　ATA<CR>
OK
接通电话。

(4) ATH
命令解释:挂机。
命令格式:ATH<CR>
命令返回:OK
测试结果:ATH<CR>
OK
电话挂断(通话过程中)。

(5) AT+CHUP
命令解释:挂机。
命令格式:AT+CHUP<CR>

命令返回:OK
测试结果:RING
  ATH<CR>
    OK
电话挂断(尚未接通来电)。

(6) AT+VTS
命令解释:拨打分机。
命令格式:AT+VTS="分机号码"<CR>
命令返回:OK
测试结果:
  AT+VTS="0"<CR>
    OK

A.4.3 短信息操作

短信操作步骤及相关命令:
(1) 设置短信格式:AT+CMGF。
(2) 设置短信存储载体:AT+CPMS。
(3) 设置短信接收提示方式:AT+CNMI。
(4) 发送短信:AT+CMGS。
(5) 显示短信:AT+CMGL。

1. AT+CPMS

命令解释:选择短信存储载体。
(1) 命令格式:AT+CPMS=<mem1>[,<mem2>][,<mem3>]
   设置短信存储载体。
命令返回:+CPMS:<used1>,<total1>,<used2>,<total2>,<used3>,<total3>
OK
ERROR
测试结果:① AT+CPMS="SM"
+CPMS:8,15,8,15,1,40

OK

设置成功,并显示状态:SM(SIM 卡)存储器总容量为 15,当前存储量为 8;ME(模块)存储器总容量为 40,当前存储量为 1;mem1 定义为 SM。

 ② AT+CPMS="SM","SM" +CPMS:8,15,8,15,1,40
OK

设置成功,并显示状态:SM 存储器总容量为 15,当前存储量为 8;ME 存储器总容量为 40,当前存储量为 1;mem1 定义为 SM;mem2 定义为 SM。

③ AT+CPMS="SM","SM","SM","ME","SM","ME" +CPMS:1,40,8,15,1,40

OK

设置成功,并显示状态:SM 存储器总容量为 15,当前存储量为 8;ME 存储器总容量为 40,当前存储量为 1;mem1 定义为 ME;mem2 定义为 SM;mem3 定义为 ME。

④ AT+CPMS="ME

ERROR

命令格式错误,缺少{"}。

(2) 命令格式:AT+CPMS?

显示当前短信存储载体设置。

命令返回:+CPMS:<mem1>,<used1>,<total1>,<mem1>,<used2>,<total2>,<mem1>,<used3>,<total3>

OK

ERROR

测试结果:① AT+CPMS?

+CPMS:"SM",8,15,"SM",8,15,"ME",1,40

OK

当前短信存储载体设置为:mem1 为 SM,mem2 为 SM,mem3 为 ME。

② AT+CPMS!

ERROR

命令错误。

(3) 命令格式:AT+CPMS=?

显示本命令支持的参数。

命令返回:+CPMS:(list of supported<mem1>s),(list of supported<mem2>s),(list of supported<mem3>s)

OK

ERROR

测试结果:AT+CPMS=?

+CPMS:("ME","SM"),("ME","SM"),("ME","SM")

OK

2. AT+CMGF

命令解释:设置短信格式。

(1) 命令格式:AT＋CMGF=<mode>
命令返回:OK
ERROR
设置短信格式。
(2) 命令格式:AT＋CMGF=?
命令返回:OK
ERROR
显示本命令支持的参数。
(3) 命令格式:AT＋CMGF?
命令返回:OK
ERROR
显示当前短信格式。
测试结果:AT＋CMGF=?
　　　　+CMGF:(0,1)
　　　　OK
　　　　AT＋CMGF?
　　　　+CMGF:0
　　　　OK
　　　　AT＋CMGF=1
　　　　OK
　　　　AT＋CMGF?
　　　　+CMGF:1
　　　　OK

3. AT＋CMGS

命令解释:发送短信。
命令格式:AT＋CMGS=<da>[,<toda>]<CR>
　　　　　Text is entered<ctrl－z/ESC>
命令返回:+CMGS:<mr>[,<scts>]
　　　　　+CMS ERROR:<err>
　　　　　OK
ERROR
测试结果:① AT＋CMGS=13510090403<CR>
>ABCD1234.456<ctrl－z>
+CMS ERROR:500

命令错误。

② AT+CMGS="13510090403"<CR>

> IT IS TEST NOW<ctrl-z>

+CMGS:235

OK

4. AT+CMGR

命令解释:读短信。

命令格式:AT+CMGR=<indes>

命令返回:+CMGS:<stat>,[<alpha>],<length>]<CR><LF><pdu>

+CMS ERROR:<err>

OK

ERROR

测试结果:① AT+CMGR=5

+CMS ERROR:500

命令错误,5号短信位置为空。

② AT+CMGR=2

+CMGL:2,"REC READ","+8613682326205","N？R","03/08/28 17:30:35+00"

998B76844F60002E518D5FCD5FCD5427+CMGS:235

OK

读出 2 号短信。

5. AT+CMGW

命令解释:写短信,并保存到存储载体。

命令格式:AT+CMGW=<length>[,<stat>]<CR>

命令返回:+CMGS:<index>

　　　　　+CMS ERROR:<err>

　　　　　OK

ERROR

测试结果:AT+CMGW="13534139079"<CR>

> SHELLEY123456<ctrl-z>

+CMGW:1

OK

把目标地址为 13534139079 的短信存入存储载体,且被分配的地址为 1 号短信。

6. AT+CMGD

命令解释:删除短信。

命令格式:AT+CMGD=<index>

命令返回:+CMS ERROR:<err>

　　　　　OK

ERROR

测试结果:AT+CMGD=1

OK

1号短信被删除。

7. AT+CMGL

命令解释:显示短信清单。

命令格式:AT+CMGL=<stat>

命令返回:+CMGL:<index1>,<stat>,<oa/da>,[<alpha>],[<scts>][,<tooa/toda>,<length>]

　　　　<CR><LF><data>[<CR><LF>

测试结果,见总测试结果。

8. AT+CMSS

命令解释:发送存储载体中的短信。

命令格式:AT+CMSS=<index>

命令返回:+CMSS:<mr>

+CMS ERROR:<err>

OK

ERROR

测试结果:AT+CMSS=2

+CMSS:204

OK

9. AT+CNMI

命令解释:新短信提示。

(1) 命令格式:AT+CNMI=[<mode>[,<mt>[,<bm>[,<ds>]]]]

命令返回:OK

ERROR

测试结果:AT+CNMI=3,2

OK

(2) 命令格式：AT+CNMI?

命令返回：+CNMI：<mode>,<mt>,<bm>,<ds>

OK

ERROR

测试结果：AT+CNMI?

+CNMI：3,2,0,0

OK

(3) 命令格式：AT+CNMI=?

命令返回：+CNMI：(list of supported<mode>s), (list of supported<mt>s), (list of supported<bm>s), (list of supported<ds>s)

OK

ERROR

测试结果：AT+CNMI=3,2

OK

A.4.4 蓝牙部分

(1) AT+EMBT

命令解释：蓝牙工程模式。

7.1.1 命令格式：AT+ EMBT= <mode> [,<name>,<addr>] [,<level>]

AT+ EMBT=? Show if the command is supported

(2) Example

AT+EMBT=1

OK //(BT module now is in test mode)

AT+EMBT=3,1

OK //(BT module power - on)

AT+EMBT=3,0

OK

AT+EMBT=4,1 //(BT module power - off)

OK //(Set BT module RESET as high)

AT+EMBT=4,0

OK //(Set BT module RESET as low

AT+EMBT=0, EVBoard, 1234565b0101 //[Note] <name> and <addr> are without double quotes.

OK

(3) 典型应用举例:
① 连接后一般操作
AT
OK
测试信号强度:
AT+CSQ
+CSQ: 29, 99
OK
恢复原厂设置:
ATZ
OK
查询模块版本:
AT+CGMR
R4A021 CXC1122528
OK
修改串口波特率:
AT+IPR=19200
OK
保存设置:
AT&W
OK
② 拨打电话
拨打电话:
ATD13510090403;
OK
挂机:
AT+CHUP
OK
有电话呼入:
RING
RING
摘机:
ATA
OK

附录 常见 AT 指令及使用方法

挂机：
ATH
OK

③ 短信息服务

选择短信存储载体：

```
AT+ CPMS?
+ CPMS: "SM",7,15,"SM",7,15,"ME",0,40
OK
AT+ CPMS= ?
+ CPMS: ("ME","SM"),("ME","SM"),("ME","SM")
OK
AT+ CPMS= "ME"
+ CPMS: 0,40,7,15,0,40
OK
AT+ CPMS= ?
+ CPMS: ("ME","SM"),("ME","SM"),("ME","SM")
OK
AT+ CPMS/
ERROR
AT+ CPMS?
+ CPMS: "ME",0,40,"SM",7,15,"ME",0,40
OK
AT+ CPMS= "SM","SM","SM"
+ CPMS: 7,15,7,15,7,15
OK
AT+ CPMS?
+ CPMS: "SM",7,15,"SM",7,15,"SM",7,15
OK
ATZ
OK
AT+ CPMS?
+ CPMS: "SM",7,15,"SM",7,15,"ME",0,40
OK
AT+ CPMS= "SM","SM","SM"
+ CPMS: 7,15,7,15,7,15
OK
```

设置短信息格式：

```
AT+ CMGF= ?
+ CMGF: (0,1)
OK
AT+ CMGF?
+ CMGF: 1
OK
AT+ CMGF= 0
OK
```

```
AT+ CMGF?
+ CMGF: 0
OK
AT+ CMGF= 1
OK
```

发送短信息：

```
AT+ CMGS= "13510090403"
    > HI IT IS TEST,PLS ANSWER ME.
    + CMGS: 0
    OK
```

设置新短信提示方式：

```
AT+ CNMI?
    + CNMI: 3,0,0,0,0
    OK
    AT+ CNMI= ?
    + CNMI: (3),(0,1,2,3),(0,2),(0,1,2),(0)
    OK
    AT+ CNMI= 3,1,0,0
    OK
    AT+ CNMI?
    + CNMI: 3,1,0,0,0
    OK
```

有新短信（并显示：短信存储在载体"SM"中的 1 号位置）：

```
+ CMTI:"SM",1
    读短信：
    AT+ CMGR= 1
    + CMGR: "REC UNREAD","+ 8613662626940",,"03/08/29,09:44:02+ 00"
    123456ABC
    OK
```

设置新短信提示方式：

```
AT+ CNMI= 3,2
    OK
    AT+ CNMI?
    + CNMI: 3,2,0,0,0
    OK
```

有新短信：

```
+ CMT: "+ 8613662626940",,"03/08/29,09:47:14+ 00"
123456ABC333
```

设置新短信提示方式：

```
AT+ CNMI= 3,3
```

附录 常见 AT 指令及使用方法

OK

有新短信：

+ CMTI:"SM",6
AT+ CMGR= 6
+ CMGR:"REC UNREAD","+ 8613662626940",,"03/08/29,09:49:14+ 00"
123456ABC333
OK

显示短信清单：

AT+ CMGL= "ALL"
+ CMGL: 1,"REC READ","+ 8613662626940",,"03/08/29,09:44:02+ 00"
123456ABC
+ CMGL: 2,"REC READ","+ 8613902970800","DAVID","02/05/17,14:19:50+ 00"
  66FE7ECF591A5C116B21FF0C4F6075285AE96ED17684808C80A47D278D348
  D6488F876846211FF0C
  4F608F7B67D47684629A6478548C4E0D89C4521976848FD052A8FF0C7ED962
  115E26676596359635
  5FEB611FFF0C7136540E4F606E106E106D887626FF0C62404EE5621189818B
  F4FF1A621172314F60
  FF0C99997682FF01
  OK

删除指定短信：

AT+ CMGD= 2
OK
AT+ CMGL= "ALL"
+ CMGL: 1,"REC READ","+ 8613662626940",,"03/08/29,09:44:02+ 00"
123456ABC
OK
AT+ CMGL= ?
+ CMGL: "REC UNREAD","REC READ","STO UNSENT","STO SENT","ALL"
OK

结　语：

学习本附录内容重点要掌握典型 AT 指令的使用方法。

参 考 文 献

[1] 张兴伟. MTK芯片组手机电路原理与维修. 北京:电子工业出版社,2008
[2] 赵志新,王绍伟;霍志强. MTK手机开发入门. 北京:人民邮电出版社,2010
[3] 陈智鹏. 走出山寨:MTK芯片开发指南. 北京:人民邮电出版社,2010
[4] 马宁伟,祖景平. 手机结构设计. 北京:人民邮电出版社,2010
[5] 和凌志,郭世平. 手机软件平台架构解析. 北京:电子工业出版社,2009
[6] 黄东魏. 3G终端及业务技术. 北京:机械工业出版社,2009